高等院校计算机任务驱动教改教材

数据库系统原理与应用

（MySQL版）

黄宝贵　马春梅　禹继国　主　编

董兆安　刘效武　张元科　副主编

清华大学出版社

北　京

内 容 简 介

本书系统地介绍了数据库系统的基本原理、设计与安全。全书内容如下：第 1～4 章介绍数据库的基本概念、关系模型、关系代数、SQL 语句和数据库编程；第 5 章和第 6 章介绍关系规范化理论和数据库设计的详细步骤，并以一个图书管理系统的实例详细说明数据库设计的过程；第 7～9 章介绍数据库安全技术，包括外围安全措施、内在安全机制和数据并发控制与恢复技术。本书具有较好的系统性、逻辑性和实用性。全书以一个完整的教务管理系统数据库为例，阐明了数据库的创建（设计）与应用（SQL 操作）的整个生命周期，并使用当前最为流行的 MySQL 数据库为实验平台加以实现，具有较强的实操性。

本书可作为高等院校本科计算机各专业以及信息类、电子类等专业数据库课程的教材，也适合数据库开发和应用的研究人员及工程技术人员阅读与参考。

图书在版编目（CIP）数据

数据库系统原理与应用：MySQL 版/黄宝贵，马春梅，禹继国主编.—北京：清华大学出版社，2022.3
高等院校计算机任务驱动教改教材
ISBN 978-7-302-60120-3

Ⅰ.①数…　Ⅱ.①黄…②马…③禹…　Ⅲ.①SQL 语言－程序设计－高等学校－教材
Ⅳ.①TP311.132.3

中国版本图书馆 CIP 数据核字(2022)第 021034 号

责任编辑：郭丽娜
封面设计：傅瑞学
责任校对：刘　静
责任印制：沈　露

出版发行：清华大学出版社
　　　　网　　　址：http://www.tup.com.cn,http://www.wqbook.com
　　　　地　　　址：北京清华大学学研大厦 A 座　　　　邮　　编：100084
　　　　社 总 机：010-83470000　　　　邮　　购：010-62786544
　　　　投稿与读者服务：010-62776969,c-service@tup.tsinghua.edu.cn
　　　　质量反馈：010-62772015,zhiliang@tup.tsinghua.edu.cn
　　　　课件下载：http://www.tup.com.cn,010-83470410
印 装 者：三河市龙大印装有限公司
经　　　销：全国新华书店
开　　　本：185mm×260mm　　　　印　　张：17　　　　字　　数：408 千字
版　　　次：2022 年 4 月第 1 版　　　　印　　次：2022 年 4 月第 1 次印刷
定　　　价：59.00 元

产品编号：094998-01

前　言

大数据时代,数据的存储和处理渗透在各个应用领域。数据库技术是一种基础且重要的数据处理手段,数据库的操作、设计与开发能力已成为 IT 人员必备的基本素质。数据库课程是计算机专业的核心基础课程,数据库技术及数据库的应用正以日新月异的速度发展,因此计算机及相关专业的学生学习和掌握数据库知识是非常必要的。

数据库技术起源于 20 世纪 60 年代后期,目前历经了近 60 年的发展,数据库技术依然在许多应用领域发挥着重要的作用。关系型数据库在埃德加·科德的引领下,形成了一套完整的科学理论体系,产生了大量商用的关系数据库产品,其中尤以 MySQL 数据库最为流行。由于 MySQL 具有轻便快捷、多用户、多线程和免费等特点,受到国内外众多的互联网公司和个人用户的青睐。据统计,世界上一流的互联网公司中,排名前 20 位的有 80% 是 MySQL 的忠实用户。IT 行业关于数据库岗位的招聘中,90% 以上要求会使用 MySQL 数据库。基于此背景,本书选用 MySQL 数据库管理系统作为实验平台。

本书的特色之一是本着"以人为本,学以致用"的教学理念,强调理论和实践的紧密结合,不动手不学习,学习必动手。不仅要知其然,还要知其所以然。本书编者经过多年的课程建设与教学改革将数据库理论中晦涩难懂的、与实际应用相去甚远的内容删除,并基于理论学习找到解决实际问题的便捷方法,形成了一系列高效、快速解决数据库使用问题的方法,让读者快速掌握数据库应用技术。

本书的特色之二是用一个高校教务管理数据库实例贯穿全书的所有应用部分,包括数据库的设计、数据库的操作和数据库的安全,使学生全方面、系统性地学习数据库的产生、使用、消亡整个生命周期,形成一个数据库知识的闭环。

全书内容共分为 9 章,各章具体内容安排如下。

第 1 章是数据库系统概述,从全局的角度介绍了数据库系统的基本概念、特点、内部结构与外部结构,以及数据库新技术,并以关系模型为主介绍了数据模型。

第 2 章介绍了关系数据库理论基础,从数学的角度重新定义了关系、元组、属性等基本概念,详细地介绍了关系模型的三要素,以及关系的完整性约束和对关系模型进行操作的关系代数。在关系代数中,从应用的角度出发详细地介绍了各种查询运算规则及应用场景,并给出了简单有效的优化查询的技巧。

第 3 章以应用为目标,介绍了 SQL 语句对数据库及表的创建、操纵、查询,视图的创建与应用,索引的创建与应用规则。其中,表的查询操作给出了实用的查询技巧,也给出了尽可能多的查询方法及其等价转换。

第 4 章介绍了数据库高级编程功能,包括存储过程、函数、游标和触发器等各种复杂数据库对象的创建及在数据库中的应用。

第 5 章介绍了指导数据库设计的关系规范化理论及其应用方法,并给出了在实际应用中查找关系的所有码、分解关系的简单有效的方法。

第 6 章以高校教务管理数据库为实例,介绍了实际应用中数据库设计的基本步骤和方法,并给出了详细的设计过程,以一个图书管理系统的设计完整地再现了整个数据库系统的设计过程。

第 7 章介绍了数据库的安全标准和安全控制措施,并以 MySQL 的安全机制为例进行了详细剖析。

第 8 章介绍了事务的概念和特征,重点介绍了以事务为单位的并发控制操作和判断正确的并发控制调度的方法。

第 9 章介绍了数据库中故障的种类及其恢复方法和提高恢复效率的策略。

本书由课题组成员黄宝贵、马春梅、禹继国、董兆安、刘效武、张元科编写,全书内容由马春梅统稿,感谢王茂励和李光顺为本书提出的建设性意见。

在编写本书的过程中,编者参考了一些优秀的数据库教材及网络资料,在此向资料的作者表示感谢,也感谢清华大学出版社的各位编辑老师。

因成书时间仓促,加之编者水平所限,书中不妥之处在所难免,恳请专家和广大读者批评指正。

编　者

2022 年 1 月于山东日照

目 录

第1章　数据库系统概述 ………… 1

1.1　数据与信息 ………… 2

1.1.1　数据 ………… 2

1.1.2　信息 ………… 2

1.1.3　数据处理 ………… 2

1.2　数据管理技术的发展 ………… 3

1.2.1　人工管理阶段 ………… 3

1.2.2　文件系统阶段 ………… 3

1.2.3　数据库系统阶段 ………… 4

1.3　数据库系统的基本概念 ………… 6

1.3.1　数据库 ………… 6

1.3.2　数据库管理系统 ………… 6

1.3.3　数据库应用系统 ………… 7

1.3.4　数据库用户 ………… 7

1.3.5　数据库系统 ………… 7

1.4　数据模型 ………… 8

1.4.1　三个世界的划分 ………… 8

1.4.2　数据模型的组成
要素 ………… 12

1.4.3　常用的数据模型 ………… 12

1.5　数据库系统的内部结构 ………… 14

1.6　数据库系统的外部结构 ………… 16

1.6.1　单用户结构的数据库
系统 ………… 16

1.6.2　主从式结构的数据库
系统 ………… 16

1.6.3　客户/服务器结构的
数据库系统 ………… 16

1.6.4　浏览器/服务器结构的
数据库系统 ………… 17

1.6.5　分布式结构的数据库
系统 ………… 17

1.7　常见的关系数据库 ………… 18

1.8　数据库新技术 ………… 19

1.8.1　第三代数据库系统 ………… 19

1.8.2　大数据时代的数据
管理技术 ………… 21

本章小结 ………… 22

习题 ………… 23

第2章　关系数据库理论基础 ………… 26

2.1　关系的形式化定义及有关
概念 ………… 27

2.1.1　关系的形式化定义 ………… 27

2.1.2　关系的性质 ………… 28

2.1.3　关系模式与关系
数据库 ………… 29

2.2　关系数据库示例 ………… 29

2.3　关系模型的完整性 ………… 32

2.3.1　实体完整性 ………… 33

2.3.2　参照完整性 ………… 33

2.3.3　用户自定义完整性 ………… 34

2.4　关系模型的数据操作 ………… 34

2.4.1　关系模型的数据操作
分类 ………… 34

2.4.2　关系模型的数据操作
语言 ………… 34

2.5　关系代数 ………… 35

2.5.1　传统的集合运算 ………… 36

2.5.2　专门的关系运算 ………… 37

本章小结 ⋯⋯⋯⋯⋯⋯⋯⋯ 46
习题 ⋯⋯⋯⋯⋯⋯⋯⋯⋯⋯ 46

第 3 章　关系数据库标准语言 SQL ⋯⋯ 50
3.1　SQL 语言简介 ⋯⋯⋯⋯⋯ 51
　3.1.1　SQL 数据库的三级
　　　　 模式结构 ⋯⋯⋯ 51
　3.1.2　SQL 语言的组成 ⋯⋯ 52
　3.1.3　SQL 语言的特点 ⋯⋯ 53
　3.1.4　SQL 语言的书写
　　　　 规则 ⋯⋯⋯⋯⋯ 53
3.2　SQL 的数据定义 ⋯⋯⋯ 54
　3.2.1　定义数据库 ⋯⋯⋯⋯ 54
　3.2.2　MySQL 支持的常用
　　　　 数据类型 ⋯⋯⋯ 56
　3.2.3　创建基本表 ⋯⋯⋯⋯ 58
　3.2.4　修改基本表 ⋯⋯⋯⋯ 63
　3.2.5　删除基本表 ⋯⋯⋯⋯ 71
3.3　SQL 的数据操纵 ⋯⋯⋯ 71
　3.3.1　插入数据 ⋯⋯⋯⋯⋯ 71
　3.3.2　更新数据 ⋯⋯⋯⋯⋯ 73
　3.3.3　删除数据 ⋯⋯⋯⋯⋯ 74
　3.3.4　DML 操作时参照完
　　　　 整性的检查 ⋯⋯ 75
3.4　SQL 的数据查询 ⋯⋯⋯ 76
　3.4.1　单表查询 ⋯⋯⋯⋯⋯ 76
　3.4.2　分组查询 ⋯⋯⋯⋯⋯ 85
　3.4.3　连接查询 ⋯⋯⋯⋯⋯ 91
　3.4.4　嵌套查询 ⋯⋯⋯⋯⋯ 98
　3.4.5　集合查询 ⋯⋯⋯⋯ 109
　3.4.6　多表查询的等价
　　　　 形式 ⋯⋯⋯⋯ 110
3.5　视图 ⋯⋯⋯⋯⋯⋯⋯⋯ 115
　3.5.1　定义视图 ⋯⋯⋯⋯ 115
　3.5.2　查询视图 ⋯⋯⋯⋯ 118
　3.5.3　操纵视图 ⋯⋯⋯⋯ 118
3.6　索引 ⋯⋯⋯⋯⋯⋯⋯⋯ 120
　3.6.1　定义索引 ⋯⋯⋯⋯ 120
　3.6.2　创建索引的原则 ⋯⋯ 122

本章小结 ⋯⋯⋯⋯⋯⋯⋯ 122
习题 ⋯⋯⋯⋯⋯⋯⋯⋯⋯ 123

第 4 章　数据库编程 ⋯⋯⋯⋯⋯⋯ 127
4.1　SQL 编程基础 ⋯⋯⋯⋯ 128
　4.1.1　常量 ⋯⋯⋯⋯⋯⋯ 128
　4.1.2　变量 ⋯⋯⋯⋯⋯⋯ 129
　4.1.3　SQL 流程控制
　　　　 语句 ⋯⋯⋯⋯ 133
　4.1.4　SQL 的异常处理 ⋯⋯ 136
4.2　存储过程 ⋯⋯⋯⋯⋯⋯ 137
　4.2.1　创建存储过程 ⋯⋯ 137
　4.2.2　调用存储过程 ⋯⋯ 138
　4.2.3　带参数的存储过程 ⋯ 139
　4.2.4　删除存储过程 ⋯⋯ 141
4.3　函数 ⋯⋯⋯⋯⋯⋯⋯⋯ 141
　4.3.1　创建函数 ⋯⋯⋯⋯ 141
　4.3.2　调用函数 ⋯⋯⋯⋯ 142
　4.3.3　删除函数 ⋯⋯⋯⋯ 142
4.4　游标 ⋯⋯⋯⋯⋯⋯⋯⋯ 143
4.5　触发器 ⋯⋯⋯⋯⋯⋯⋯ 145
　4.5.1　创建触发器 ⋯⋯⋯ 145
　4.5.2　删除触发器 ⋯⋯⋯ 148

本章小结 ⋯⋯⋯⋯⋯⋯⋯ 148
习题 ⋯⋯⋯⋯⋯⋯⋯⋯⋯ 149

第 5 章　关系规范化理论 ⋯⋯⋯⋯ 151
5.1　关系规范化的作用 ⋯⋯ 152
　5.1.1　问题的提出 ⋯⋯⋯ 152
　5.1.2　问题的原因 ⋯⋯⋯ 153
　5.1.3　问题的解决 ⋯⋯⋯ 153
5.2　函数依赖 ⋯⋯⋯⋯⋯⋯ 154
　5.2.1　函数依赖的定义 ⋯⋯ 155
　5.2.2　函数依赖的分类 ⋯⋯ 155
　5.2.3　函数依赖的推理
　　　　 规则 ⋯⋯⋯⋯ 156
5.3　候选码和极小(或最小)函数
　　 依赖集 ⋯⋯⋯⋯⋯⋯ 157
　5.3.1　候选码 ⋯⋯⋯⋯⋯ 157

5.3.2 极小(或最小)函数
依赖集 ………… 157
5.4 关系的规范化 ………… 159
5.4.1 范式及规范化 ………… 159
5.4.2 1NF ………… 160
5.4.3 2NF ………… 160
5.4.4 3NF ………… 162
5.4.5 BCNF ………… 163
5.4.6 关系规范化的应用 … 165
5.5 多值依赖与4NF ………… 166
本章小结 ………… 170
习题 ………… 170

第6章 数据库设计 ………… 175
6.1 数据库设计概述 ………… 176
6.1.1 数据库设计的定义 … 176
6.1.2 数据库设计的特点 … 177
6.1.3 数据库设计的方法 … 177
6.1.4 数据库设计的步骤 … 178
6.2 需求分析 ………… 179
6.2.1 需求分析的任务 …… 180
6.2.2 需求分析的方法 …… 181
6.2.3 需求分析的成果 …… 181
6.3 概念结构设计 ………… 182
6.3.1 概念结构设计概述 … 182
6.3.2 概念结构设计的方法
和步骤 ………… 183
6.3.3 数据抽象与局部 E-R
模型设计 ………… 185
6.3.4 全局 E-R 模型
设计 ………… 187
6.4 逻辑结构设计 ………… 193
6.4.1 E-R 图向关系模型的
转换 ………… 193
6.4.2 关系模型的优化 …… 197
6.4.3 设计用户子模式 …… 199
6.5 物理结构设计 ………… 199
6.5.1 选择关系模式存取
方法 ………… 199

6.5.2 确定数据库的存储
结构 ………… 201
6.5.3 物理结构的评价 …… 201
6.6 数据库的实施 ………… 202
6.6.1 建立数据库结构 …… 202
6.6.2 数据载入 ………… 202
6.6.3 编写与调试应用
程序 ………… 202
6.6.4 数据库试运行 ……… 203
6.7 数据库的运行和维护 ……… 203
6.8 数据库设计案例 ………… 204
6.8.1 需求分析 ………… 204
6.8.2 概念结构设计 ……… 205
6.8.3 逻辑结构设计 ……… 205
6.8.4 物理结构设计 ……… 207
6.8.5 数据库的实施 ……… 207
本章小结 ………… 210
习题 ………… 210

第7章 数据库安全性 ………… 213
7.1 计算机安全性概述 ………… 214
7.1.1 计算机系统的三类
安全性问题 ………… 214
7.1.2 安全标准简介 ……… 214
7.2 数据库安全性控制 ………… 216
7.2.1 用户标识与鉴别 …… 216
7.2.2 存取控制 ………… 217
7.2.3 审计跟踪 ………… 218
7.2.4 数据加密 ………… 219
7.3 MySQL 的安全机制 ………… 219
7.3.1 用户管理 ………… 219
7.3.2 权限管理 ………… 221
7.3.3 角色管理 ………… 226
本章小结 ………… 229
习题 ………… 229

第8章 数据库并发控制 ………… 231
8.1 事务 ………… 232
8.1.1 事务的概念 ………… 232

8.1.2　事务的 ACID 特性 ⋯ 232

8.1.3　MySQL 中的事务
处理 ⋯⋯⋯⋯⋯⋯ 233

8.1.4　事务的执行方式 ⋯⋯ 236

8.2　并发控制 ⋯⋯⋯⋯⋯⋯ 236

8.2.1　丢失修改 ⋯⋯⋯⋯⋯ 237

8.2.2　读"脏"数据 ⋯⋯⋯⋯ 237

8.2.3　不可重复读 ⋯⋯⋯⋯ 237

8.3　封锁 ⋯⋯⋯⋯⋯⋯⋯⋯ 238

8.3.1　基本锁 ⋯⋯⋯⋯⋯⋯ 238

8.3.2　封锁协议 ⋯⋯⋯⋯⋯ 239

8.3.3　活锁与死锁 ⋯⋯⋯⋯ 240

8.4　并发调度的可串行性 ⋯⋯ 243

8.4.1　可串行化调度 ⋯⋯⋯ 243

8.4.2　冲突可串行化调度 ⋯ 244

8.5　两段锁协议 ⋯⋯⋯⋯⋯ 246

本章小结⋯⋯⋯⋯⋯⋯⋯⋯ 248

习题⋯⋯⋯⋯⋯⋯⋯⋯⋯⋯ 248

第 9 章　数据库恢复技术 ⋯⋯⋯⋯⋯ 251

9.1　故障的种类 ⋯⋯⋯⋯⋯⋯ 252

9.1.1　事务故障 ⋯⋯⋯⋯⋯ 252

9.1.2　系统故障 ⋯⋯⋯⋯⋯ 253

9.1.3　介质故障 ⋯⋯⋯⋯⋯ 253

9.1.4　计算机病毒 ⋯⋯⋯⋯ 253

9.2　恢复的实现技术 ⋯⋯⋯⋯ 253

9.2.1　数据转储 ⋯⋯⋯⋯⋯ 254

9.2.2　登记日志文件 ⋯⋯⋯ 255

9.3　恢复策略 ⋯⋯⋯⋯⋯⋯ 255

9.3.1　事务故障的恢复 ⋯⋯ 255

9.3.2　系统故障的恢复 ⋯⋯ 256

9.3.3　介质故障的恢复 ⋯⋯ 256

9.4　具有检查点的恢复技术 ⋯⋯ 258

9.4.1　检查点记录 ⋯⋯⋯⋯ 258

9.4.2　利用检查点的恢复
策略 ⋯⋯⋯⋯⋯⋯ 258

本章小结⋯⋯⋯⋯⋯⋯⋯⋯ 259

习题⋯⋯⋯⋯⋯⋯⋯⋯⋯⋯ 260

参考文献 ⋯⋯⋯⋯⋯⋯⋯⋯⋯⋯ 261

第 1 章   数据库系统概述

📝 本章学习目标

(1) 了解数据管理技术发展的三个阶段。

(2) 掌握数据库系统的基本概念。

(3) 理解三个世界的划分及信息世界的基本概念。

(4) 掌握关系模型的基本概念。

(5) 掌握数据库系统的三级模式二级映像结构。

(6) 了解数据库的外部结构和数据库新技术的发展。

重点：数据库系统的基本概念、信息世界的基本概念和数据库系统的三级模式二级映像结构。

难点：数据库系统的三级模式二级映像结构及其作用。

🧭 本章学习导航

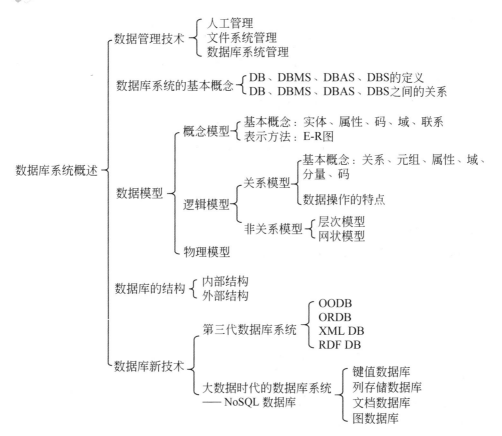

众所周知，我们正处在一个高度信息化的社会，信息资源的获取、使用与管理已成为个人和企业的重要财富和资源。数据（Data）是信息（Information）的载体，数据库（Database，DB）是存储与管理大量数据的技术，其应用领域越来越广泛，如客户关系管理系统（Customer Relationship Management，CRM）、教学管理、电子政务（E-Government）、人口普查等信息管理系统，订票、银行、电子商务（E-Business）等业务处理系统，地震救灾、电信营销等决策支持系统。数据库系统的建设规模、信息量的大小及其使用频度已经成为衡量一个企业乃至一个国家信息化程度高低的重要标志。

数据库课程是计算机相关专业的基础必修课，也是众多非计算机专业的重要选修课。数据库技术是现代计算机信息系统的基础和核心，是绝大多数应用软件必备的后台数据管理技术，因此我们要学好数据库课程，为后续相关课程的学习打下坚实的基础。

1.1 数据与信息

1.1.1 数据

数据是描述事物的符号记录，是信息的符号表示或载体，也是数据库中存储的基本对象。数据不仅包括常见的数字（如 89、－100、3.14、￥688），而且包括文本、图形、图像、音频、视频等。

数据本身无意义，具有客观性，经过解释后才能表示一定的意义。数据的含义是对数据的解释，称为数据的语义，数据与其语义是密不可分的。例如，89 可以表示一个人的年龄，也可以表示一个人的成绩或体重等。再如，一条人员档案记录（赵刚，男，199603，山东，计算机学院，2014），如果在学生管理系统中可以这样解释：赵刚同学，男，1996 年 3 月出生，籍贯山东省，就读于计算机学院，2014 年入学。但是，如果该记录存在于教工管理系统中，则可能得到这样的解释：赵刚老师，男，工号 199603，籍贯山东省，现工作于计算机学院，办公室房间号是2014。由此可以看出，数据在不同的环境中有不同的语义解释，数据和语义是密不可分的。

1.1.2 信息

信息是数据的内涵，是数据的语义解释。数据经过处理后就转变成信息。例如，数据 40℃，若解释成体温 40℃，就表达出发烧的信息；若解释成气温 40℃，就表达出天气炎热的信息。

1.1.3 数据处理

数据处理是将数据转换成信息的过程，包括对数据的收集、存储、分类、加工、检索、维护等一系列活动，其目的是从大量的原始数据中抽取和推导出有价值的信息。数据、信息及数据处理之间的关系如图 1-1 所示。

图 1-1　数据、信息及数据处理之间的关系

1.2　数据管理技术的发展

计算机诞生之初的主要用途是进行科学计算。随着现代信息社会的飞速发展，计算机的应用范围扩展到存储与处理各种形式的海量数据，数据管理技术应运而生。数据管理就是对数据进行分类、组织、编码、存储、检索、传播和利用的一系列活动的总和。随着计算机软硬件的发展及应用需求的推动，数据管理技术经历了人工管理、文件系统和数据库系统三个阶段。

1.2.1　人工管理阶段

20 世纪 50 年代中期，计算机主要用于科学计算。当时，在硬件方面，计算机没有磁盘等能随机存取数据的存储设备，只有磁带、卡片和纸带等顺序存储设备；在软件方面，计算机没有操作系统，也没有管理数据的软件。数据处理主要采用批处理的方式，效率极低。这种情况下的数据管理方式称为人工管理，其特点如下。

（1）数据不单独保存。该阶段计算机主要用于科学计算，一般不需要长期保存数据，且数据与程序是一个整体，数据只为本程序使用，因此数据不单独保存。

（2）应用程序管理数据。当时没有相应的软件系统负责数据的管理，数据由应用程序自己设计、说明（定义）和管理。因此，每个应用程序不仅要规定数据的逻辑结构，而且要设计物理结构，包括存储结构、存取方法、输入方式等，程序员负担很重。

（3）数据不共享。数据是面向应用程序的，一组数据只能对应一个程序。即使多个应用程序使用相同的数据，也必须各自定义，因此程序之间有大量的数据冗余。

（4）数据不具有独立性。数据与程序是一体的，程序依赖数据，如果数据的类型、格式或输入/输出格式等逻辑结构发生变化，必须对应用程序做相应的修改，这进一步加重了程序员的负担。数据脱离了程序就没有任何存在的价值，无独立性。

人工管理阶段应用程序和数据之间的对应关系及示例如图 1-2 所示。

图 1-2　人工管理阶段应用程序和数据之间的对应关系及示例

1.2.2　文件系统阶段

20 世纪 50 年代后期到 60 年代中期是文件系统阶段，这时的计算机不仅用于科学计算,还大量应用于数据处理。在硬件方面,计算机有了磁盘、磁鼓等直接存取设备,数据可以长期保存;在软件方面,计算机出现了操作系统,而且操作系统中的文件系统是专门进行数据管理的软件,用于管理以记录的形式存放在不同文件中的数据。数据的处理方式不仅有批处理,而且有联机实时处理。文件系统阶段的特点如下。

（1）数据以文件的形式长期保存在外存储器中。由于计算机大量用于数据处理,因此数据需要长期保存在外存储器上,以反复进行查询、修改、插入和删除等操作。

（2）由文件系统对数据进行管理。操作系统中的文件系统把数据组织成相互独立的数据文件,利用"按文件名访问,按记录进行存取"的管理技术对文件进行修改、增加和删除等操作。

（3）数据共享性差,冗余度大。在文件系统中,一个（或一组）文件基本上对应一个应用程序,即文件是面向应用的。当不同的应用程序使用部分相同的数据时,文件系统也必须建立各自的文件,而不能共享相同的数据。因此,数据的冗余度大,浪费存储空间,而且大量冗余的数据在进行更新操作时容易造成数据不一致。

（4）数据独立性差。文件系统中的文件是为某一特定应用服务的,文件的逻辑结构对该应用程序来说是优化的,如果要对现有的数据增加一些新的应用会很困难,系统不容易扩充。数据和应用程序相互依赖,一旦改变数据的逻辑结构,则必须改变相应的应用程序,而应用程序的变化（如采用另一种语言编写）也需要修改数据结构。因此,数据和应用程序之间缺乏独立性。

文件系统阶段应用程序和数据之间的对应关系及示例如图 1-3 所示。

图 1-3　文件系统阶段应用程序和数据之间的对应关系及示例

1.2.3　数据库系统阶段

20 世纪 60 年代后期,计算机软硬件有了进一步的发展。随着计算机管理对象的规模越来越大,应用范围越来越广,数据量急剧增长,用户对数据共享的要求也越来越强烈。在硬件方面,计算机出现了大容量磁盘,使联机存取大量数据成为可能。硬件价格下降,软件价格上升,使得开发和维护系统软件的成本增加。文件系统管理数据的方法已不能满足应用系统的需求,为解决多用户、多应用程序共享数据的要求,数据库技术应运而生,出现了统一管理数据的专门软件系统——数据库管理系统（Database Management System,DBMS）。

数据库系统阶段应用程序与数据之间的对应关系及示例如图 1-4 所示。

从文件系统到数据库系统,标志着数据管理技术的飞跃。和文件系统阶段相比,数据库系统阶段数据管理的特点如下。

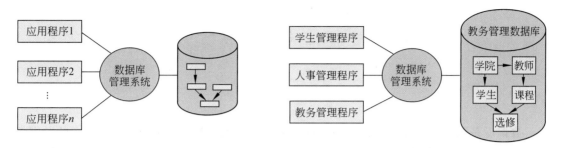

图 1-4 数据库系统阶段应用程序和数据之间的对应关系及示例

1. 数据结构化

在文件系统中,尽管记录内部是有结构的,但记录之间没有联系;而数据库系统则实现了整体数据的结构化,这是数据库的主要特征之一,也是数据库系统与文件系统的本质区别。

数据库中数据整体的结构化是指在数据库中的数据都不属于任何一个应用,而是面向全组织的、公共的。不仅数据内部是结构化的(如都以记录的形式存储数据),而且整体是结构化的,是一个有机整体。

例如,某高校教务管理系统中有学生(学号,姓名,性别,出生日期,照片,兴趣爱好,所在学院)、课程(课程号,课程名,直接先修课,学分)和选修(学号,课程号,成绩)等数据,分别对应三个文件。若采用文件管理系统进行处理,则三个文件单独存储和使用,每个文件内部是有结构的,即文件由记录组成,每条记录由若干属性组成;但文件与文件之间没有联系,如选修文件中的某条记录的学号不是学生文件中的某个学号,这表明该记录中的成绩不是已有的某个学生的成绩或该成绩表示一个并不存在的学生的成绩。同理,选修文件的课程号也可能不是课程文件中的某一个课程号。

若采用数据库系统存储这三个文件,则学生、课程、选修三个文件之间是有联系的,如图 1-4 所示,箭头的方向表示二者之间的一对多联系。选修文件中的学号必须是学生文件中的某个学号,即成绩必须是某个已存在的相关学生的成绩。

2. 数据的共享性高,冗余度低,易扩充

在数据库系统中,数据是面向整个系统的,可被多个应用程序共享,因此冗余度低。如图 1-4 中的数据库系统建成后,既可用于学生管理系统,也可用于人事管理系统。

3. 数据独立性高

数据独立性包括数据的物理独立性和逻辑独立性,分别表示当数据的物理存储和逻辑结构发生改变时,应用程序都不必发生改变,即数据与应用程序完全独立(详见 1.5 节)。

4. 数据由 DBMS 统一管理和控制

数据库的共享是并发的共享,即多个用户可以同时存取数据库中的数据,甚至可以同时存取数据库中的同一个数据。因此,DBMS 必须提供相应的数据控制功能,主要包括数据的安全性(Security)保护、数据的完整性(Integrity)检查、并发(Concurrency)控制和故障恢复(Recovery)。

1.3 数据库系统的基本概念

1.3.1 数据库

数据库是长期存储在计算机内、有组织、可共享的大量数据的集合。数据库中的数据按一定的数据模型组织、描述和储存,具有较小的冗余度、较高的数据独立性和易扩展性,并可为各种用户共享。数据库中的数据通常是面向部门或企业等应用环境的整体数据,如高校教务管理系统中的学院信息、学生信息、教师信息、课程信息和选修信息等数据。

1.3.2 数据库管理系统

数据库管理系统是管理数据库的系统软件,它运行于用户与操作系统之间,如图 1-5 所示。

DBMS 是整个数据库系统的核心部分,用户对数据库的一切操作都由它统一管理和控制,包括数据的定义、查询、更新、完整性约束、安全性保护、多用户的并发控制、数据库故障的恢复等操作。DBMS 的主要功能如下。

图 1-5　DBMS 在计算机系统中的地位

1. 数据定义功能

DBMS 提供数据定义语言(Data Definition Language, DDL),用户通过 DDL 可以方便地对数据库中的数据对象进行定义。例如,创建基本表时,为保证数据库安全而定义的用户口令和存取权限、为保证正确语义而定义的完整性规则等。

2. 数据操纵功能

DBMS 提供数据操纵语言(Data Manipulation Language, DML),实现对数据库的基本操作,包括查询、插入、修改、删除等。

3. 数据组织、存储和管理

DBMS 要分类组织、存储和管理各种数据,包括数据字典、用户数据和数据的存取路径等,要确定以何种文件结构和存取方式在存储级上组织这些数据,以及如何实现数据之间的联系。数据组织和存储的基本目标是提高存储空间利用率和方便存取,提供多种存取方法(如索引查找、Hash 查找、顺序查找等)来提高存取效率。

4. 数据库运行管理

数据库在建立、运行和维护时由 DBMS 统一管理、统一控制。DBMS 通过对数据的安全性控制、完整性控制、多用户环境下的并发控制及数据库的恢复来确保数据正确和有效,以及数据库系统的正常运行。

5. 数据库的建立和维护功能

数据库的建立和维护功能包括数据库初始数据的装入和转换,数据库的转储、恢复、重组织,系统性能的监视和分析等功能,这些功能通常由一些应用程序完成。

6. 其他功能

其他功能包括 DBMS 与网络中其他软件系统的通信功能、两个 DBMS 系统的数据转换功能、异构数据库之间的互访和互操作功能等。

1.3.3 数据库应用系统

数据库应用系统(Database Application System,DBAS)是以数据库为基础、在 DBMS 的支持下使用应用开发工具建立的面向用户的应用系统,系统一般拥有友好的、人性化的图形用户界面,通过数据库语言或相应的数据访问接口存取数据库中的数据。例如,教务管理系统、人事管理系统等都是数据库应用系统。

1.3.4 数据库用户

数据库用户主要是指开发、管理和使用数据库的各类人员,包括数据库管理员(Database Administrator,DBA)、系统分析人员(System Analyst)、数据库设计人员(Database Designer)、应用程序开发人员(Application Developer)和最终用户(End User)。

DBA 是支持数据库系统的专业技术人员,负责全面管理和控制数据库系统,拥有对数据库的最高操作权限。DBA 的具体职责:决定数据库中的信息内容和结构;决定数据库的存储结构和存储策略;定义数据的安全性要求和完整性约束条件;监督数据库的使用和运行,以及数据库的改进和重组重构。

系统分析人员主要负责应用系统的需求分析和规范说明,参与数据库的概要设计。

数据库设计人员参与需求调查和系统分析,负责数据库中数据的确定和数据库各级模式的设计。

应用程序开发人员负责设计和编写访问数据库的应用系统的程序模块,并对程序进行调试和安装。

最终用户是数据库应用程序的使用者,包括不经常访问数据库的偶然用户,如企业中的中高级管理人员;通过应用程序界面对数据库进行查询和数据更新工作的简单用户,如银行职员和售货员等;能直接使用数据库语言访问数据库的具有较高科学技术背景的人员,如工程师和科学技术工作者。

1.3.5 数据库系统

数据库系统(Database System,DBS)是指在计算机系统中引入数据库后的系统,一般由数据库、DBMS 及其开发工具、应用系统、DBA 和用户组成,如图 1-6 所示。

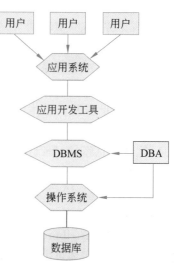

图 1-6 数据库系统的组成

1.4 数据模型

模型（Model）是对现实世界中某个对象特征的抽象，如楼盘模型、分子模型。数据模型（Data Model）是对现实世界数据特征的抽象，是数据库管理的数学形式框架。

由于计算机不能直接处理现实世界中的人、事物、活动及其联系，因此计算机要事先对具体事物及其联系进行特征抽象，转换成自身能够处理的数据。

数据模型是数据库的框架，该框架描述了数据及其联系的组织方式、表达方式和存取路径，是数据库系统的核心和基础。各种 DBMS 软件都是基于某种数据模型的，数据模型的数据结构直接影响到数据库系统的其他部分性能，也是数据定义和数据操纵语言的基础。

1.4.1 三个世界的划分

为了把现实世界中的具体事物抽象、组织为某一 DBMS 支持的数据模型，人们首先对现实世界的事物及其联系进行特征抽取，形成信息世界的概念模型，这种模型不依赖于具体的计算机系统，再将概念模型转换为机器世界中某一 DBMS 支持的逻辑模型和物理模型，如图 1-7 所示。

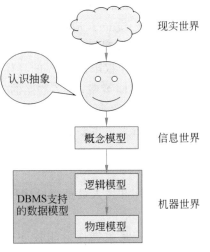

图 1-7 现实世界中客观对象的抽象过程

1. 现实世界

现实世界即客观存在的世界。

客观世界中存在着各种事物，它们都有自己的特征，人们总是选用感兴趣的最能表征一个事物的若干特征来描述该事物。例如，要描述一位员工，人们常选用员工号、员工名、性别、年龄来描述，有了这些特征，人们就能区分不同的员工。

客观世界中，事物之间又是相互联系的，而这种联系可能是多方面的，但人们只选择那些感兴趣的联系。例如，在超市管理系统中，人们可以选择"销售"这一联系来表示员工和商品之间的联系。

2. 信息世界及其基本概念

信息世界是现实世界在人们头脑中的反映，现实世界经过人脑的分析、归纳和抽象形成信息，这些信息经过记录、整理、归类和格式化后就构成了信息世界。信息世界中常用的主要概念如下。

（1）实体（Entity）：客观存在并且可以相互区分的事物称为实体。实体可以是具体的人或物，如张三、桌子等；也可以是抽象的事件或概念，如一场比赛。

（2）属性（Attribute）：实体具有的某一特性称为属性。一个实体可由若干属性来描述。例如，员工实体可由员工号、员工名、性别、年龄等属性描述，那么（2018001，张三，男，29）这组属性值就构成了一个具体的员工实体。属性有属性名和属性值之分，如"员工名"是属性名,"张三"是属性值。

（3）码（Key）：能唯一标识实体的属性或属性的组合称为码,也称为键。例如,"员工"实体中的"员工号"属性是它的码。

（4）域（Domain）：属性的取值范围称为该属性的域。例如,"员工"实体的"性别"属性的域为("男","女")。

（5）实体型（Entity Type）：具有相同属性的实体具有相同的特征和性质,用实体名及其所有属性的集合描述同类实体,称为实体型。例如,员工(员工号,员工名,性别,年龄)就是一个实体型。

（6）实体集（Entity Set）：同一类型实体的集合称为实体集。例如,全体员工就是一个实体集。同一实体集中没有完全相同的两个实体。

注意：在不引起混淆的情况下,通常将实体型和实体集称为实体。

（7）联系（Relationship）：在现实世界中,事物内部及事物之间都是有联系的。实体内部的联系是指组成实体的各属性之间的联系,实体之间的联系是指不同实体集之间的联系。这里只讨论实体集之间的联系,分为以下三种情况。

① 两个实体集之间的联系。两个实体集之间的联系类型有三种。

a. 一对一联系（1:1）：如果对于实体集 E_1 中的每一个实体,实体集 E_2 中至多有一个实体与之联系,反之亦然,则称实体集 E_1 与实体集 E_2 具有一对一联系,记为 1:1。例如,一个班级只有一个班长,每个班长只能在一个班级任职,则班级与班长之间具有一对一联系。

b. 一对多联系（1:n）：如果对于实体集 E_1 中的每一个实体,实体集 E_2 中至多有 n 个实体($n \geqslant 0$)与之联系;对于实体集 E_2 中的每一个实体,实体集 E_1 中至多有一个实体与之联系,则称实体集 E_1 与实体集 E_2 具有一对多联系,记为 1:n。例如,一个班级有多名学生,一名学生只能属于一个班级,则班级和学生之间具有一对多联系。

c. 多对多联系（$m:n$）：如果对于实体集 E_1 中的每一个实体,实体集 E_2 中有 n 个实体($n \geqslant 0$)与之联系;对于实体集 E_2 中的每一个实体,实体集 E_1 中也有 m 个实体($m \geqslant 0$)与之联系,则称实体集 E_1 与实体集 E_2 具有多对多联系,记为 $m:n$。例如,一名学生可以选修多门课程,每门课程可由多名学生选修,则学生和课程之间具有多对多联系。

实际上,一对一联系是一对多联系的特例,而一对多联系又是多对多联系的特例。

② 三个或三个以上实体集之间的联系。一般地,三个或三个以上的实体集之间也存在一对一、一对多和多对多联系。下面仅给出多个实体集之间多对多联系的定义。

若实体集 $E_j (j=1,2,\cdots,i-1,i+1,\cdots,n)$ 中的给定实体和 E_i 中的多个实体相联系,则 E_i 与 $E_1,E_2,\cdots,E_{i-1},E_{i+1},\cdots,E_n$ 之间的联系是多对多的。例如,供应商、项目和零件三个实体集之间具有多对多联系,其语义是：一个供应商可以供给多个项目多种零件,每个项目可以使用多个供应商供应的多种零件,每种零件可由不同供应商供给且可应用于不同的项目。

③ 单个实体集之间的联系。单个实体集与它自身之间也存在一对一、一对多和多对多联系。

a. 一对一联系（1:1）：例如,职工实体集中每位职工的配偶(也是职工)最多有一个,则职工实体集中的"配偶"联系是一对一的。

b. 一对多联系（1:n）：例如,职工实体集中每位领导(也是职工)管理若干职工,每位职工只被一位领导管理,则职工实体集中的"领导"联系是一对多的。

　　c. 多对多联系($m : n$)：如果零件实体集中的每种零件都由若干种子零件构成,每种子零件又参与了多种母零件的组装,那么零件实体集中的"构成"联系是多对多的。

　　(8) 概念模型(Conceptual Model)的表示方法。概念模型是对信息世界的建模,它能方便、准确地描述信息世界中的概念。概念模型有很多表示方法,其中最著名、最常用的是华裔科学家陈品山(Peter Pin-Shan Chen)于1976年提出的实体—联系方法(Entity-Relationship Approach),也称为实体—联系模型(Entity-Relationship Model),该方法用 E-R 图表示实体、属性及实体间的联系。

概念模型的表示方法 E-R 图

　　① 实体用矩形表示,矩形框内写明实体名。例如,"部门"实体和"员工"实体的表示方法如图 1-8 所示。

图 1-8　E-R 图中实体的表示方法

　　② 属性用椭圆形表示,并用无向边将其与相应的实体连接起来。例如,"部门"和"员工"实体的属性表示方法如图 1-9 所示。

图 1-9　E-R 图中属性的表示方法

　　③ 联系用菱形表示,菱形框内写明联系名,并用无向边分别与有关实体连接起来,同时在无向边旁标上联系的类型($1 : 1$、$1 : n$ 或 $m : n$)。例如,"部门"和"员工"实体间的"属于"联系表示方法如图 1-10 所示。

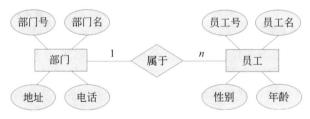

图 1-10　E-R 图中联系的表示方法

　　联系也可能有属性,联系的属性用椭圆形表示,并用无向边与该联系连接起来。例如,"属于"联系可以有"工作时间"属性,其表示方法如图 1-11 所示。

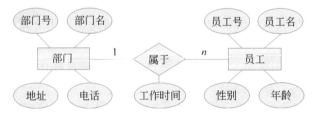

图 1-11　E-R 图中联系的属性的表示方法

上面提到的各种实体集及其联系的 E-R 图如图 1-12 所示。

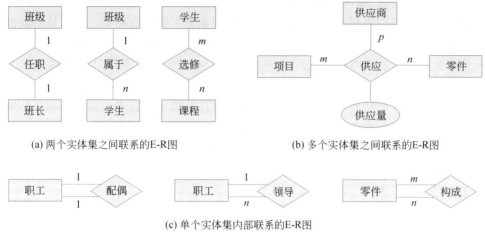

(a) 两个实体集之间联系的E-R图　　　　　　(b) 多个实体集之间联系的E-R图

(c) 单个实体集内部联系的E-R图

图 1-12　实体集及其联系的 E-R 图

3. 机器世界及其基本概念

机器世界是信息世界中信息的数据化,就是将信息用字符和数值等数据表示,存储在计算机中,并由计算机进行识别和处理。机器世界中常用的主要概念如下。

(1) 字段(Field):标记实体属性的命名单位称为字段,也称为数据项。字段的命名往往和属性名相同。例如,员工有"员工号""员工名""性别""年龄"等字段。

(2) 记录(Record):字段的有序集合称为记录。通常用一条记录描述一个实体,因此记录也可以定义为能完整地描述一个实体的字段集。例如,一名员工(2018001,张三,男,29)为一条记录。

(3) 文件(File):同一类记录的集合称为文件,文件是用来描述实体集的。例如,所有员工的记录组成了一个员工文件。

(4) 关键字(Key):能唯一标识文件中每条记录的字段或字段集称为记录的关键字,简称为键。例如,在员工文件中,"员工号"可以作为员工记录的关键字。

在机器世界中,信息模型被抽象为数据模型,实体型内部的联系被抽象为同一记录内部各字段之间的联系,实体型之间的联系抽象为记录与记录之间的联系。

三个世界中各术语的对应关系如表 1-1 所示。

表 1-1　三个世界中各术语的对应关系

现 实 世 界	信 息 世 界	机 器 世 界
事物个体	实体	记录
事物总体	实体集	文件
事物特征	属性	字段
事物之间的联系	概念模型	数据模型

从现实世界到信息世界的抽象形成概念模型,也称为信息模型。概念模型是对现实世界的事物及其联系的第一层抽象,是按用户的观点对信息世界进行建模,强调其语义表达能

力,概念应该简单、清晰,易于用户理解。概念模型不依赖于具体的计算机系统,也不涉及信息在计算机内如何表示、如何处理等问题,只用来描述某个特定组织所关心的信息结构,是数据库设计人员和用户之间进行交流的工具。从现实世界到概念模型的转换是由数据库设计人员完成的。常用的概念模型就是上面提到的实体联系模型,即 E-R 模型。

从信息世界到机器世界的抽象形成逻辑模型和物理模型,它们是从计算机的角度对数据进行建模,是对现实世界的第二层抽象,与具体的 DBMS 有关,有严格的形式化定义。从概念模型到逻辑模型的转换,可以由数据库设计人员完成,也可以用数据设计工具协助设计人员完成。常用的逻辑模型有层次模型、网状模型、关系模型等。物理模型是对数据最底层的抽象,它描述数据在磁盘或磁带上的存储方式和存取方法,是面向计算机系统的。物理模型的具体实现是 DBMS 的任务,用户一般不必考虑物理级细节。从逻辑模型到物理模型的转换由 DBMS 自动完成。

1.4.2　数据模型的组成要素

数据模型是严格定义的一组概念的集合,描述了系统的静态特征、动态特征和完整性约束条件,由数据结构、数据操作和完整性约束三个要素组成。

1. 数据结构

数据结构主要描述数据的类型、内容、性质及数据间的联系,是对系统静态特征的描述,是数据模型中最基本的部分,不同的数据模型采用不同的数据结构。

例如,在关系模型中用字段、记录、关系(二维表)等描述数据对象,并以关系结构的形式进行数据组织。因此,在数据库中,通常按照其数据结构的类型命名数据模型。例如,层次结构、网状结构和关系结构的数据模型分别命名为层次模型(Hierarchical Model)、网状模型(Network Model)和关系模型(Relational Model)。

2. 数据操作

数据操作主要描述在相应的数据结构上允许执行的操作的集合,包括操作及有关的操作规则,是对系统动态特征的描述。对数据库的操作主要有查询和操纵[插入(Insert)、删除(Delete)、修改(Update)]两类操作。数据模型必须定义这些操作的确切含义、操作符号、操作规则及实现操作的语言。

3. 完整性约束

完整性约束主要描述数据结构内的数据及其联系所具有的制约和依存规则,用以限定符合数据模型的数据库状态及状态的变化,以保证数据的正确性、有效性和相容性。

1.4.3　常用的数据模型

在数据库领域中常用的数据模型有层次模型、网状模型和关系模型,其中前两类模型称为非关系模型。

1. 非关系模型

非关系模型的数据库系统在 20 世纪 70 年代至 80 年代初非常流行,在数据库系统的初期占据了主导地位,起到了重要作用。

层次模型是数据库中最早出现的数据模型,其采用树型的层次结构表示各类实体及实体之间的联系。但现实世界中很多事物之间的联系不是一种上下级的层次关系,更多的是非层次关系,因此出现了可以表示实体间任意联系的网状模型。现实世界事物之间联系的复杂性导致网状模型结构复杂,不利于操作和掌握。因此,在关系模型得到发展后,非关系模型逐渐被取代。

2. 关系模型

关系模型是目前使用最多的数据模型,占据数据库领域的主导地位。因此,本书重点介绍目前理论最成熟、使用最广泛的关系模型。

关系模型是 1970 年美国 IBM 公司的研究员埃德加·科德(Edgar Frank Codd,E.F. Codd,1923—2003)提出的建立在严格的数学概念基础上的数据模型,开创了关系数据库理论和方法的研究,为数据库技术奠定了理论基础,埃德加·科德本人也因此于 1981 年获得 ACM 图灵奖。

1) 关系模型的数据结构及相关概念

关系模型的数据结构非常简单,其只包含单一的数据结构——关系。关系是由行和列交叉组成的规范化的二维表,如表 1-2 所示的员工表就是一个关系。

表 1-2 员工表

员 工 号	员 工 名	性 别	年 龄
2006101	孙强	男	45
2012202	李秀	女	28
2005301	周菲	女	31

在关系模型中,无论是实体还是实体之间的联系均由关系表示。

下面以表 1-2 为例介绍关系模型的相关概念。

(1) 关系(Relation):一个关系对应一张规范化的二维表,如表 1-2 中的员工关系。规范化是指关系中的每一列不可再分,即不允许表中有表。例如,员工关系是一个规范化的关系,但表 1-3 所示的工资表就不是一个规范化的关系。

表 1-3 工资表 单位: 元

员工号	员工名	应发工资			扣除款项		实发工资
		基本工资	职务工资	津贴	养老金	失业金	
2006101	孙强	1780	900	500	300	20	2860
2012202	李秀	1830	950	500	320	21	2939
2005301	周菲	1755	850	500	280	19	2806

(2) 元组(Tuple):表中的一行称为一个元组。例如,员工关系中的"孙强"这一行就是一个元组。注意,第一行不是元组,而是属性名。

(3) 属性(Attribute):表中的一列称为一个属性,列名即属性名,列值即属性值。例如,员工关系有四个属性:员工号、员工名、性别和年龄。

(4) 域(Domain):属性的取值范围称为域。例如,员工关系中的"性别"属性的域是("男","女"),"年龄"属性的域是[18,60]。

（5）分量（Component）：元组中一个属性的值称为分量。例如，"孙强"就是一个分量。

（6）码（Key）：能唯一确定每个元组的属性或者属性的组合称为码。例如，员工关系中的"员工号"能唯一确定每一名员工，它就是员工关系的一个码。

（7）关系模式（Relation Schema）：对关系的描述称为关系模式，一般表示为

关系名(属性 1,属性 2,...,属性 n)

例如，员工关系可以描述为

员工(员工号,员工名,性别,年龄)

在关系模型中，不仅实体是用关系表示的，实体和实体之间的联系也是用关系表示的，详见第 2 章。

2）关系模型的数据操作与完整性约束

关系模型的操作主要包括查询、插入、删除和更新。关系模型的完整性约束有三类：实体完整性（Entity Integrity）、参照完整性（Referential Integrity）和用户自定义完整性（User-defined Integrity），这些内容将在第 2 章进行详细介绍。

关系模型数据操作的特点如下。

（1）关系操作采用集合的操作方式，操作对象和操作结果都是集合，即对关系进行操作，得到的结果还是关系。这种操作方式称为"一次一集合"。

（2）对关系进行操作时，关系的存取路径对用户是隐藏的，用户只需要指出"做什么"，而不必详细说明"怎么做"，方便用户操作，提高了数据的独立性。

3）关系模型的物理存储结构

在关系数据库的物理组织中，有的 DBMS 中一个表对应一个文件，有的 DBMS 从操作系统获得若干大的文件，自己设计表、索引等存储结构。

1.5 数据库系统的内部结构

从专业角度看，数据库系统内部采用三级模式二级映像结构，即数据库系统由外模式（External Schema）、模式（Schema）和内模式（Internal Schema）三级构成。为了能实现这三个层次的联系的转换，DBMS 在这三级模式之间提供了外模式/模式、模式/内模式二级映像功能，以保证数据库中数据的逻辑独立性和物理独立性，如图 1-13 所示。

图 1-14 是数据库系统的三级模式二级映像结构实例。

1. 模式

模式是数据库中全体数据的逻辑结构和特征的描述，是所有用户的公共数据视图。模式处在中间层，与下层的物理存储和上层的应用程序都没有关系。一个数据库只有一个模式。

数据库系统的
内部结构

2. 内模式

内模式是全体数据的物理结构和存储方式的描述，是数据在数据库内部的表示方式。一个数据库只有一个内模式。

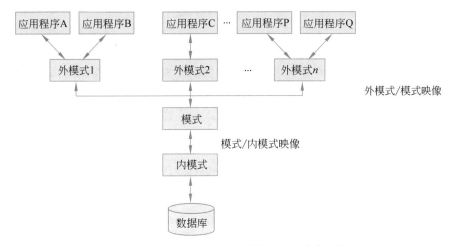

图 1-13　数据库系统的三级模式二级映像结构

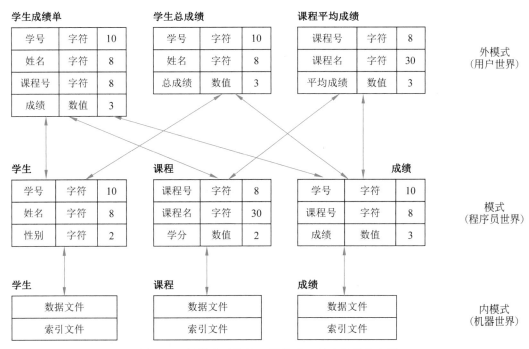

图 1-14　数据库系统的三级模式二级映像结构实例

3. 外模式

外模式也称子模式或用户模式,它是模式的子集,是数据库用户能够看见和使用的局部数据的逻辑结构和特征的描述,是数据库用户的数据视图,与某一应用有关。一个数据库可以有多个外模式。

4. 外模式/模式映像

每一个外模式都有一个外模式/模式映像,它定义了该外模式与模式之间的对应关系。当模式改变时(如增加新的关系、新的属性,改变属性的类型),DBA 修改外模式/模式映像,使得外模式不变,应用程序是基于外模式编写的,从而应用程序也不必修改,这样就保证了数据与程序的逻辑独立性。

5. 模式/内模式映像

数据库中有唯一的一个模式/内模式映像,它定义了数据全局逻辑结构与存储结构之间的对应关系,如某个逻辑字段在物理上是怎么存储的。当数据库的存储结构改变时(如选用了另外一种存储结构),DBA 修改模式/内模式映像,使得模式不变,从而外模式和应用程序也不必发生改变,这样就保证了数据与程序的物理独立性。

1.6 数据库系统的外部结构

数据库系统的内部结构是一个包含外模式、模式和内模式的三级模式结构,但这种模式结构对最终用户和程序员来说是不透明的,他们见到的仅仅是数据库的外模式和应用程序。从最终用户角度看,数据库系统的结构分为单用户结构、主从式结构、客户/服务器(Client/Server,CS)结构、浏览器/服务器(Browser/Server,BS)结构和分布式结构等。

1.6.1 单用户结构的数据库系统

单用户结构的数据库系统又称为桌面型数据库系统,其主要特点是将应用程序、DBMS和数据库都装在一台计算机上,由一个用户独占使用,不同计算机间不能共享数据。

DBMS 提供较弱的数据库管理和较强的前端开发工具,开发工具与数据库集成为一体,既是数据库管理工具,又是数据库应用开发的前端工具。例如,在 Visual FoxPro 6.0 里就集成了应用开发工具。

因此,单用户结构的数据库系统工作在单机环境,侧重于可操作性、易开发和简单管理等方面,适用于未联网用户、个人用户等。

1.6.2 主从式结构的数据库系统

主从式结构的数据库系统是大型主机带多个终端的多用户结构的系统。在这种结构中,将应用程序、DBMS 和数据库都集中存放在大型主机上,所有处理任务由主机完成,连在主机上的终端只是作为主机的输入/输出设备,各个用户通过主机的终端并发地存取数据库,共享数据资源。

主从式结构的数据库系统的主要优点是结构简单,易于维护和管理。其缺点是所有处理任务都由主机完成,对主机的性能要求较高,当终端数量太多时,主机的处理任务过重,易形成瓶颈,导致系统性能下降;另外,当主机出现故障时,整个系统无法使用。

1.6.3 客户/服务器结构的数据库系统

随着工作站功能的增强和广泛使用,人们开始把 DBMS 的功能与应用程序分开,网络上某个(些)节点专门用于执行 DBMS 功能,完成数据的管理,称为数据库服务器;其他节点上的计算机安装 DBMS 的应用开发工具和相关数据库应用程序,称为客户机,这就是客户/服务器(C/S)结构的数据库系统。

1. 两层 C/S 结构

在两层 C/S 结构中,将应用划分为前台和后台两部分,如图 1-15(a)所示。前台由客户机(Client)担任,存放应用程序和相关开发工具,负责与客户接口相关的任务,主要完成表示逻辑和业务逻辑;后台由数据库管理服务器(DBMS Server)担任,存放 DBMS 和数据库,负责数据库的管理,如查询处理、事务处理、并发控制等,主要完成数据服务。

由于客户机既要实现表示逻辑,又要完成业务逻辑,似乎比服务器完成的任务还要多,显得较"胖",因此两层 C/S 结构也称为"胖客户机"结构。

2. 三层 C/S 结构

为了减轻两层 C/S 结构中客户机的负担,人们增加了应用服务器(Application Server)来专门负责完成业务逻辑,于是形成了三层 C/S 结构,如图 1-15(b)所示。

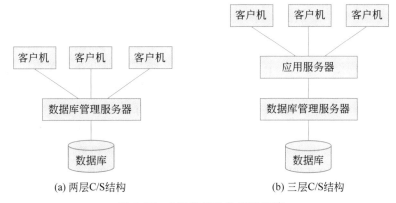

(a) 两层C/S结构   (b) 三层C/S结构

图 1-15　C/S 结构的数据库系统

1.6.4　浏览器/服务器结构的数据库系统

C/S 结构中的每个客户机上都要安装客户程序,用户才能通过应用服务器使用数据库中的数据。随着客户端规模的扩大,客户程序的安装、维护、升级和发布,以及用户的培训等都变得相当困难。Internet 的迅速普及为这一问题找到了有效的解决途径,用浏览器代替客户程序,就形成了浏览器/服务器(B/S)结构,如图 1-16 所示。

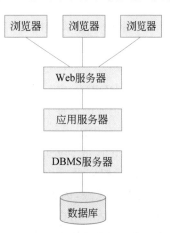

1.6.5　分布式结构的数据库系统

分布式结构的数据库系统(Distributed Database System,DDBS)是分布式网络技术与数据库技术相结合的产物,是分布在计算机网络上的多个逻辑相关的数据库

图 1-16　B/S 结构的数据库系统

集合。

分布式结构的数据库系统的特点如下。

（1）分布式存储。数据在物理上不是集中存放在一台服务器上，而是分布在不同地域的服务器上。每台服务器称为节点，具有独立处理的能力（称为场地自治），可以执行局部应用，同时每个节点也能通过网络通信子系统执行全局应用。

（2）所有数据在逻辑上是一个整体。虽然数据库中的数据在物理上是分散存储的，但在逻辑上互相关联，是相互联系的统一整体。

（3）节点上分布存储的数据相对独立。在普通用户看来，整个数据库系统仍然是集中的整体，用户不关心数据的分片存储，也不关心物理数据的具体分布，所有的操作完全由网络数据库在网络操作系统的支持下完成。用户的应用程序可以对整个数据库进行透明操作，既可以存取本地节点上的数据库，也可以存取异地节点上的数据库。

1.7 常见的关系数据库

关系数据库的理论研究起源于 20 世纪 70 年代，随后涌现出众多优秀的关系数据库管理系统（Relational Database Management System，RDBMS）。例如，小型的 DBMS 有 FoxPro、Access、Paradox 和 SQLite 等，大型的 DBMS 有 Oracle、DB2、SQL Server、Sybase 等，主流的开源关系数据库系统有 MySQL、PostgreSQL 等。RDBMS 产品的发展经历了从单机环境到网络环境、从集中到分布、从支持信息管理到联机事务处理（On-Line Transaction Processing，OLTP），再到联机分析处理（On-Line Analytical Processing，OLAP）的发展过程。本节介绍颇具代表性的几款 RDBMS。

1. Oracle

Oracle 是目前技术先进的、应用广泛的、著名的大型 RDBMS 之一，由 Oracle 公司在 1983 年推出。Oracle 数据库支持 Windows、UNIX 等多种操作系统，该软件运行稳定、功能齐全、性能超群。Oracle 主要针对大型企业，其应用已渗入银行、邮电、电力、铁路、气象、民航、公安、军事、财税、制造和教育等诸多行业。

2. MySQL

MySQL 是最流行的 RDBMS，由瑞典 MySQL AB 公司研发。2008 年 1 月 MySQL AB 公司被 Sun 公司收购，2010 年 Oracle 公司又收购了 Sun 公司，因此 MySQL 目前是 Oracle 公司旗下产品。MySQL 体积小、速度快、多线程、多用户，在 Web 应用方面，MySQL 也是最出色的 RDBMS 之一。尤其是开放源码这一特点，能大大降低成本，因此受到了个人使用者和中小企业的欢迎。

3. MariaDB

MariaDB 是 MySQL 的一个分支，主要由开源社区维护，采用 GPL（General Public License）授权许可。开发这个分支的原因之一是：Oracle 收购了 MySQL 后，有将 MySQL 闭源的潜在风险，因此开源社区采用分支方式避开该风险。MariaDB 的目的是完全兼容 MySQL，包括应用程序接口（Application Program Interface，API）和命令行，使之能轻松成为 MySQL 的代替品。

4. SQL Server

SQL Server 是 Microsoft 公司推出的 RDBMS,只能运行于 Windows 平台上。SQL Server 界面友好,易学易用,能充分利用 Windows 操作系统提供的特性提高系统事务处理速度,支持扩展标记语言(eXtensible Markup Language,XML),支持 Web 功能的数据库解决方案。对于在 Windows 平台上开发的各种企业级信息管理系统来说,无论是 C/S 架构还是 B/S 架构,SQL Server 都是一个不错的选择。

5. Sybase

Sybase 是由 Sybase 公司于 1987 年推出的大型 RDBMS。Sybase 可以运行于 UNIX、Windows 等多种操作系统平台上,支持标准的 SQL(Structured Query Language,结构化查询语言),使用 C/S 工作模式,采用开放的体系结构,能够实现网络环境下各节点上的数据库互访操作。

6. IBM DB2

DB2 是 IBM 公司研发的一个多媒体、Web 关系型数据库。起初 DB2 主要应用在大型机上,目前可以支持多种机型。DB2 在金融系统中应用较多,可以灵活地服务于中小型电子商务解决方案。

7. SQLite

SQLite 是一款轻量级的、开源的、嵌入式 RDBMS,由 D.理查德·希普(D. Richard Hipp)博士用 C 语言编写。SQLite 支持 ANSI SQL92 中的大多数标准,提供了对子查询、视图、触发器等机制的支持。SQLite 可移植性强,能够在 Windows、Linux、MAC OS 等主流操作系统上运行,同时为 C、Java、PHP、Python 等多种语言提供了 API。SQLite 由以下几个部分组成:SQL 编译器、内核、后端及附件。SQLite 的设计目标是嵌入式的,所以占用的资源非常少,而对数据库的访问速度却很高。

1.8　数据库新技术

数据库技术已经成为计算机领域发展速度极快、应用广泛的技术之一。数据库技术的发展受到多方面因素的影响,其中最主要的决定因素就是数据模型。数据模型是数据库系统的核心和基础。随着数据模型的不断演化,数据库系统的发展大致经历了三个阶段。

首先是以层次模型和网状模型为代表的第一代数据库系统,该阶段诞生了许多数据库领域的基本概念、经典方法和技术;其次是以关系模型为代表的第二代数据库系统,关系模型简单清晰,具有严格的数学理论基础,加上高度非过程化的 SQL 作为标准操作语言,更促进了关系数据库系统的全面推广和产业化。

1.8.1　第三代数据库系统

随着应用领域的不断扩大,关系数据库系统在复杂数据对象的表示和语义建模等方面暴露出了很多不足。因此,人们又相继研究和提出了一些新的数据模型,数据库系统的发展随之迈入了一个新的时代,即第三代数据库系统。

1. 典型的第三代数据库系统

1）面向对象的数据库

面向对象的数据库（Object Oriented Database，OODB）系统把语义数据模型和面向对象程序设计方法相结合，通过面向对象的数据模型描述现实世界中的实体、约束和联系，使数据库系统的分析、设计尽可能地与我们对客观世界的认识相一致。其典型的代表有Object Store、O2、ONTOS 等。不过，面向对象的数据库系统并没有获得全面推广，一方面是因为对应的数据库操作语言过于复杂，对开发人员和用户来说都不太友好；另一方面，对企业来说，彻底抛弃关系数据库的做法带来的系统升级代价太高，企业难以接受。

2）对象关系数据库

对象关系数据库（Object Relational Database，ORDB）系统是关系数据库与面向对象数据库的结合。对象关系数据模型在传统的关系数据模型基础上，又提供了元组、数组、集合等更为丰富的数据类型及对应的操作能力。它既保持了关系模型非过程化的数据存取方式和数据独立性，继承了关系数据库的优点，又能支持面向对象数据模型，便于各个数据库厂商在原有关系数据库上进行扩展升级，因此受到了普遍欢迎。其典型的代表如PostgreSQL 等。

3）XML 数据库

随着互联网的蓬勃发展，Web 网页上各种半结构化、非结构化的数据已经成为重要的信息来源。为了对这些数据进行表示和建模，人们提出了 XML（eXtended Markup Language）数据模型。目前主流的做法是通过关系数据库系统对关系代数进行扩展来支持XML 数据模型，这样就可以避免使用纯 XML 数据库系统带来的查询优化、并发控制、事务处理和索引等技术难题。

4）RDF 数据库

RDF（Resource Description Framework，资源描述框架）是 W3C 提出的一种用于描述和表达 Web 资源的数据模型，方便计算机对互联网上的各种信息资源进行管理和交换，目前作为基础数据模型被广泛应用于语义网（Semantics Web）、知识库（Knowledge Base）等。RDF 数据模型的基本结构是形如＜主语，谓词，宾语＞这样的三元组。这里的主语（Subject）通常是一个用统一资源标志符（Uniform Resource Identifier，URI）唯一确定的Web 资源，谓词（Predicate）则是主语的某个属性（Property）或者是主语和宾语之间的某种语义关系（Relationship），而宾语（Object）就是属性的一个具体取值或者是另外一个 Web资源的 URI。W3C 提出的 SparSQL 是 RDF 数据模型的标准查询语言。

2. 其他数据库系统

不同领域会对数据管理提出特定的需求，通用的数据库系统难以管理和处理某一领域内特殊的数据对象，因而人们开发了一些面向特定领域的数据库系统，也称专业数据库系统或者特种数据库系统。其典型代表如下。

1）时序数据库系统（Time Series Database System，TSDBS）

TSDBS 是用于存储和管理时间序列数据的专业化数据库。时序数据库特别适用于互联网/物联网业务监控场景。

2）空间数据库系统（Spatial Database System，SDBS）

SDBS 是描述、存储和处理空间数据及其属性的数据库系统，主要应用于地图测绘与遥感图像处理领域。

3）工程数据库系统（Engineering Database System，EDBS）

EDBS 是用于存储和管理各种工程图形，并为工程设计提供各种服务的数据库系统。它适用于计算机辅助设计（Computer Aided Design，CAD）、计算机集成制造（Computer Integrated Manufacturing，CIM）等工程应用领域，对工程对象进行管理和处理。

此外，数据库技术与其他计算机技术深度融合，也产生了许多新的数据库系统分支。例如，数据库技术与分布式处理技术相结合，产生了分布式数据库系统；与并行处理技术相结合，出现了并行数据库系统。类似地，还有多媒体数据库系统、模糊数据库系统、Web 数据库系统、移动数据库系统等。随着大数据时代的到来，对这些新型数据库系统的研究和开发都进入了一个新的阶段。

1.8.2　大数据时代的数据管理技术

大数据时代，无论是数据的规模和种类，还是数据管理的应用场景和需求都发生了巨大的变化，传统的数据库系统在可扩展性、可伸缩性、容错性和处理速度等方面都亟须提高。NoSQL 数据库技术顺势而生。NoSQL 是指非关系的、分布式的、不保证事务 ACID（Atomicity、Consistency、Isolation、Durability，原子性、一致性、隔离性、持久性）特性的数据库管理系统。根据数据存储模型的不同，NoSQL 数据库系统主要有以下几种。

1. 键值数据库

键值数据库（Key-Value Database）是一种形如＜关键字，值＞的二元组的集合。键值数据库是 NoSQL 数据库中最简单的一种，它的数据类型是不受限制的，可以是字符串，也可以是数字，甚至是由一系列的键—值对封装成的对象等。典型的键值数据库有 Redis 和 Amazon 的 DynamoDB 等。

2. 列存储数据库

列存储数据库（Column-Oriented Database）是基于列存储的数据库，它将每一列分开单独存放，而关系数据库是基于行（Row-Oriented）存储的。列存储模型针对每一列的数据操作是很容易的，如增加一列新的数据或者对某一列数据进行求和等聚集操作，因为现有的数据列不会受到新增列的影响。可见，列存储数据库的优势在于面向列数据的分析和处理。其典型的代表有 Google 的 BigTable、Apache 的 HBase 及 Facebook 的 Cassandra 等。

3. 文档数据库

文档数据库（Document-Oriented Databases）使用一种特定的模式（Schema）来说明可存放的文档，其格式可以是 XML、JSON、BSON 等，这些文档具备可述性，呈现分层的树状结构，可以包含映射表、集合和纯量值。数据库中的文档彼此相似，但不必完全相同。文档数据库存放的文档相当于键值数据库存放的"值"，文档存储是基于键值对的，其结构较之于键值对存储更为复杂。文档数据库包含 MongoDB 和 CouchDB。

4. 图数据库

图数据库（Graph Database）采用图模型存储和查询数据，通过节点、边和属性等方式表示和存储数据，支持增删改查（Create Retrieve Updata Delete，CRUD）等操作。常用的图模型有属性图（Property Graph）、RDF 三元组和超图（Hypergraph）。比较知名的图数据库采用的是属性图模型,确切地说,是带标签的属性图(Labeled-Property Graph)。与关系数据库或其他 NoSQL 数据库相比,图数据库的数据模型也更加简单,更具表现力。例如,Neo4j 就是一款开源的原生图数据库系统,它由 Java 开发实现。Neo4j 的数据操作语言 Cypher 是一种声明式的图查询语言,支持交互式查询,并且查询效率很高,适用于 OLTP 场景,可提供在线事务处理能力。与图数据库对应的是图计算引擎,如 Spark 中的 GraphX,其一般用于 OLAP 系统中,提供基于图的大数据分析能力。

需要说明的是,NoSQL 数据库的出现并不是为了取代关系数据库。相反地,后者依然是当前数据管理和分析领域的生力军,在数据库市场仍然占有绝对优势。同时,人们也在探索和研究既能够继承传统关系数据库的关键特性,又能够同时具备 NoSQL 的扩展性的 NewSQL 技术。例如,TiDB 就是一个分布式 NewSQL 数据库,其支持水平弹性扩展、ACID 事务、标准 SQL、MySQL 语法和 MySQL 协议,具有数据强一致的高可用特性,是一个不仅适合 OLTP 场景,还适合 OLAP 场景的混合型数据库。

总之,需求推动了技术的发展,而技术的不断发展又催生了新的需求。保持和继承传统关系数据库技术优势,与各类新技术不断融合和相互促进,在高速发展的计算机软件和硬件技术的支撑下,探索新的数据库技术和方法是当前数据库系统发展的必然趋势。

本 章 小 结

本章主要介绍了数据库领域的基本概念及数据库系统的整体架构,使读者对数据库系统有一个整体的了解。

数据库的本质是一种高级数据管理技术,因此本章介绍了在数据库出现之前的数据管理技术,如人工管理和文件系统管理,并将人工管理、文件系统管理与数据库系统管理进行了对比,强调了数据库中的数据是整体的、有联系的、可共享的。整个数据库系统必须运行在操作系统之上,有专门的数据库管理系统对数据进行管理,因此数据库管理系统在整个数据库系统中处于核心位置。

数据模型是数据库系统的核心和基础。为了将现实世界中的事物存储在计算机中的数据库内,需要经过认识与抽象,抽取其主要特征,形成用户和设计人员都容易识别的概念模型,并按照机器中支持的逻辑模型将信息世界中的概念模型转换为相应的数据存储在数据库中。在概念模型中重点介绍了应用广泛的 E-R 模型。

数据模型分为非关系模型和关系模型两种。早期的非关系模型——层次模型和网状模型已退出历史舞台,因此本章重点介绍了现在常用的关系模型。

从专业角度看,数据库的内部结构是三级模式二级映像结构,能保证数据库系统的逻辑独立性和物理独立性;从外部结构看,数据库系统主要有单用户结构、主从式结构、C/S 结构、B/S 结构和分布式结构。

本章最后介绍了一些有代表性的常用的关系型数据库产品,并且简要叙述了当前数据库技术的发展现状和趋势。

习　题

一、选择题

1. 下列(　　)不是数据库系统的特点。
   A. 数据结构化
   B. 数据独立性高
   C. 数据共享性高
   D. 数据没有冗余

2. 数据库系统的核心部分是(　　)。
   A. 数据库
   B. 数据库管理系统
   C. 数据库应用系统
   D. 数据库管理员

3. 数据库中存储的是(　　)。
   A. 数据
   B. 数据模型
   C. 数据及数据之间的联系
   D. 信息

4. 数据库管理系统是(　　)。
   A. 采用了数据库技术的计算机系统
   B. 包括数据库、硬件、软件和数据库管理员
   C. 位于用户与操作系统之间的一层数据管理软件
   D. 包含操作系统在内的数据管理软件系统

5. 数据库用户不包括(　　)。
   A. 机房管理人员
   B. 系统分析人员
   C. 数据库设计人员
   D. 数据库管理员

6. 对现实世界进行第一层抽象的模型是(　　)。
   A. 概念模型
   B. 逻辑模型
   C. 物理模型
   D. 关系模型

7. 关系模型的创始人是(　　)。
   A. Boyce
   B. Bachman
   C. Cod
   D. Ellison

8. 下列(　　)不是数据模型的组成要素。
   A. 数据结构
   B. 数据存储
   C. 数据操作
   D. 完整性约束

9. 数据具有完全的独立性始于(　　)阶段。
   A. 人工管理
   B. 文件管理
   C. 数据库系统
   D. 以上都不是

10. 在关系模型中,表中的一行称为(　　)。
    A. 元组
    B. 属性
    C. 域
    D. 分量

11. 相对于非关系模型,关系数据模型的缺点之一是(　　)。
    A. 存取路径对用户透明,需查询优化
    B. 数据结构简单
    C. 数据独立性高
    D. 有严格的数学基础

12. 关系模型的基本数据结构是(　　)。
    A. 树
    B. 图
    C. 索引
    D. 关系

13. 假设一个项目有一名项目主管，一名项目主管可以管理多个项目，则项目主管与项目之间的联系类型是（　　　）。

    A. $1:1$ B. $1:n$ C. $m:n$ D. $n:1$

14. 一般地，商品与顾客两个实体之间的联系类型是（　　　）。

    A. $1:1$ B. $1:n$ C. $m:n$ D. $n:1$

15. E-R 模型的三要素是（　　　）。

    A. 实体、属性、实体集   B. 实体、码、联系

    C. 实体、属性、联系   D. 实体、域、码

16. E-R 模型中的属性用（　　　）表示。

    A. 矩形   B. 椭圆   C. 菱形   D. 无向边

17. 在机器世界中，表示事物特征的属性称为（　　　）。

    A. 字段   B. 记录   C. 文件   D. 关键字

18. 与信息世界中的"实体"术语对应的数据库术语为（　　　）。

    A. 文件   B. 数据库   C. 字段   D. 记录

19. 下列不属于数据库的三级模式结构的是（　　　）。

    A. 内模式   B. 外模式   C. 模式   D. 抽象模式

20. 在数据库的三级模式结构中，描述数据库中全体数据的全局逻辑结构和特征的是（　　　）。

    A. 内模式   B. 外模式   C. 模式   D. 存储模式

21. 在数据库的三级模式结构中，模式与外模式的关系是（　　　）。

    A. $1:1$ B. $1:n$ C. $m:n$ D. $n:1$

22. 数据的独立性是指（　　　）。

    A. 不会因为数据的数值变化而影响应用程序

    B. 不会因为数据存储结构与逻辑结构的变化而影响应用程序

    C. 不会因为存取策略的变化而影响应用程序

    D. 不会因为某些存储结构的变化而影响其他的存储结构

23. 数据库的外模式有（　　　）。

    A. 1个   B. 2个   C. 3个   D. 多个

24. 数据与应用程序的物理独立性是指当数据库的存储结构改变时，修改（　　　）映像，使得内模式不变，从而外模式和应用程序也不必发生改变。

    A. 模式/内模式   B. 模式/外模式

    C. 外模式/模式   D. 外模式/内模式

25. 下列（　　　）不是常见的数据库。

    A. Oracle   B. ASP

    C. SQL Server   D. MySQL

二、简答题

1. 简述数据管理技术发展的三个阶段及各个阶段的特点。

2. 简述数据库、数据库管理系统与数据库系统三个概念的含义和联系。

3. 简述数据库管理系统的功能。

4. 简述数据库系统的组成。

5. 简述数据模型的定义及其三个组成要素。

6. 简述数据库的三级模式二级映像结构。

7. 简述数据与应用程序的逻辑独立性和物理独立性。

第2章 关系数据库理论基础

📝 **本章学习目标**

（1）了解关系的形式化定义。

（2）理解关系的各种码及主属性和非主属性的概念。

（3）掌握关系模型的完整性约束。

（4）掌握关系代数的基本操作。

重点：关系模型的实体完整性和参照完整性，以及关系代数的基本操作。

难点：外码的取值、除运算和关系代数的优化。

📖 **本章学习导航**

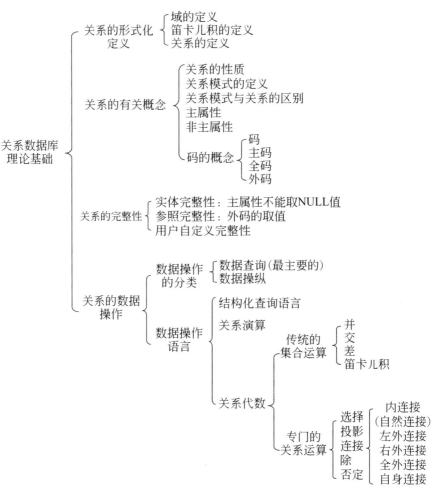

1970 年,美国 IBM 公司的埃德加·科德在美国计算机学会会刊 *Communications of the ACM* 上发表了题为"A Relational Model of Data for Shared Data Banks"的论文,开创了数据库系统的新纪元。ACM 在 1983 年把这篇论文列为从 1958 年以来的四分之一世纪中具有里程碑意义的 25 篇研究论文之一。在这之后,埃德加·科德连续发表了多篇论文,奠定了关系数据库的理论基础。如今,关系数据库是应用最广泛、最重要、最流行的数据库。本章将对关系模型理论进行详细介绍,包括关系的数据结构、关系模型的完整性约束和关系操作中的关系代数。

2.1 关系的形式化定义及有关概念

第 1 章中非形式化地介绍了关系模型及其基本概念。在关系模型中,关系的数据结构就是二维表。实体及实体之间的联系均由单一的结构类型即关系表示。关系模型以集合代数理论为基础,本节将从集合论角度给出关系的形式化定义。

2.1.1 关系的形式化定义

1. 域

定义 2-1 域是一组具有相同数据类型的值的集合,又称为值域,用 D 表示。例如,整数集合、字符串集合等都是域。

域中包含的值的个数称为域的基数,用 m 表示。例如,有 D_1、D_2 和 D_3 三个域,分别表示员工关系中员工名、性别和年龄的集合。

$$D_1 = \{孙强,李秀,周菲\},基数\ m_1 = 3。$$
$$D_2 = \{男,女\},基数\ m_2 = 2。$$
$$D_3 = \{45,28,31\},基数\ m_3 = 3。$$

2. 笛卡儿积

定义 2-2 给定任意一组域 $D_1, D_2, \cdots, D_n$,它们中可以有相同的域。定义 $D_1, D_2, \cdots, D_n$ 的笛卡儿积(Cartesian Product)为 $D_1 \times D_2 \times \cdots \times D_n = \{(d_1, d_2, \cdots, d_n) | d_i \in D_i, i = 1, 2, \cdots, n\}$。其中:

(1) 每个元素 $(d_1, d_2, \cdots, d_n)$ 称为一个 n 元组(n-Tuple),简称元组(Tuple)。

(2) 元素中的每一个值 d_i 称为一个分量(Component)。

(3) 若 $D_i(i = 1, 2, \cdots, n)$ 为有限集,其基数为 $m_i(i = 1, 2, \cdots, n)$,则 $D_1 \times D_2 \times \cdots \times D_n$ 的基数 M 为所有域的基数的累乘积,即 $M = \prod_{i=1}^{n} m_i$。

例如,员工关系中员工名、性别和年龄三个域的笛卡儿积为

$$
\begin{aligned}
D_1 \times D_2 \times D_3 = \{ & (孙强,男,45),(孙强,男,28),(孙强,男,31), \\
& (孙强,女,45),(孙强,女,28),(孙强,女,31), \\
& (李秀,男,45),(李秀,男,28),(李秀,男,31), \\
& (李秀,女,45),(李秀,女,28),(李秀,女,31),
\end{aligned}
$$

（周菲,男,45),(周菲,男,28),(周菲,男,31),
（周菲,女,45),(周菲,女,28),(周菲,女,31)}

该笛卡儿积的基数为 $M = m_1 \times m_2 \times m_3 = 3 \times 2 \times 3 = 18$,因此元组的个数是 18。

（4）笛卡儿积的元组可以用二维表的形式表示。例如,上述 $D_1 \times D_2 \times D_3$ 中的 18 个元组可以用表 2-1 所示的形式表示。

表 2-1　D_1、D_2、D_3 的笛卡儿积

员 工 名	性 别	年龄/岁	员 工 名	性 别	年龄/岁
孙强	男	45	李秀	女	45
孙强	男	28	李秀	女	28
孙强	男	31	李秀	女	31
孙强	女	45	周菲	男	45
孙强	女	28	周菲	男	28
孙强	女	31	周菲	男	31
李秀	男	45	周菲	女	45
李秀	男	28	周菲	女	28
李秀	男	31	周菲	女	31

3. 关系

定义 2-3　$D_1 \times D_2 \times \cdots \times D_n$ 的有意义的子集称为在域 $D_1, D_2, \cdots, D_n$ 上的关系,表示为

$$R(D_1, D_2, \cdots, D_n)$$

其中,R 为关系的名字;n 为关系的目或度。

当 $n = 1$ 时,称该关系为单元关系;当 $n = 2$ 时,称该关系为二元关系。关系 R 中的每个元素是关系中的一个元组。

显然,在表 2-1 中,D_1、D_2、D_3 的笛卡儿积是没有实际意义的,从中选出符合实际情况的、有意义的元组组成新的关系,如表 2-2 所示。

表 2-2　D_1、D_2、D_3 的笛卡儿积的子集

员 工 名	性 别	年龄/岁
孙强	男	45
李秀	女	28
周菲	女	31

由于关系是笛卡儿积的子集,因此也可以把关系看成一个二维表。其中:

（1）表的框架由域构成,即表的每一列对应一个域。

（2）表的每一行对应一个元组,通常用 t 表示。

（3）由于域可以相同,为了加以区别,必须为每列起一个名字,称为属性,通常用 A 表示。n 目关系必有 n 个属性,属性的取值范围 $D_i(i = 1, 2, \cdots, n)$ 称为值域。

2.1.2　关系的性质

严格地说,关系是规范化的二维表中行的集合。为了简化表中数据的操作,在关系模型

中对关系做了一些限制。关系具有如下性质。

(1) 列的同质性,即每一列的分量是同一类型的数据,来自同一个域。

(2) 属性名的唯一性,不同的列可以出自同一个域,但属性名必须不同。

(3) 码的唯一性,即任意两个元组的码不能相同,从而任意两个元组不相同。

(4) 列的顺序无关性,即交换任意两列的次序,得到的还是同一个关系。

(5) 行的顺序无关性,即交换任意两行的次序,得到的还是同一个关系。

(6) 分量的原子性,即每个分量都是不可分的数据项。

2.1.3 关系模式与关系数据库

1. 关系模式与关系

在数据库中有型和值之分。关系模式是型,关系是值,关系模式和关系就是型与值的联系。

关系模式是对一个关系结构的描述,包括关系由哪些属性构成、这些属性来自哪些域,以及属性和域之间的映像关系。因此,一个关系模式应当是一个五元组。

定义 2-4 关系模式是对关系的描述,可形式化地表示为

$$R(U, D, DOM, F)$$

式中,R 为关系名;U 为组成该关系的属性的集合;D 为 U 中属性对应的域的集合;DOM 为属性到域的映像的集合;F 为该关系中各属性间的依赖关系集合。

关系模式通常简记为 $R(U)$ 或 $R(A_1, A_2, \cdots, A_n)$,其中 A_i 为属性名。

关系是由满足关系模式结构的元组构成的集合,是关系模式在某一时刻的状态或内容。也就是说,关系模式是型,关系是它的值。例如,在员工关系中,元组的值会通过增加、删除和修改等操作经常发生变化,而关系的结构不会发生变化,任何时候总是有员工名、性别和年龄三个属性,因此关系模式是稳定的、静态的,而关系则是随时间变化的、动态的。通常在不引起混淆的情况下,二者都可以称为关系。

2. 关系数据库

在一个给定的应用领域中,所有实体及实体间联系的集合构成一个关系数据库。关系数据库也有型和值之分,关系数据库的型就是所有关系模式的集合,是对关系数据库的描述,相对固定;关系数据库的值就是这些关系模型在某一时刻对应的关系的集合,其值会随时间变化。

2.2 关系数据库示例

本书后续数据操作和数据库设计的内容都将以高校教务管理数据库 Teach 为例进行介绍。该数据库包含学院关系、学生关系、课程关系、教师关系、选修关系和任课关系六个关系,各关系的结构如下。

(1) 学院关系:Department(dno, dname, office, note)。

(2) 学生关系:Student(sno, sname, sex, birth, photo, hobby, dno)。

（3）课程关系：Course(cno,cname,cpno,credit)。

（4）教师关系：Teacher(tno,tname,prof,engage,dno)。

（5）选修关系：SC(sno,cno,score)。

（6）任课关系：TC(tcid,tno,cno,semester)。

各关系的数据内容如表 2-3～表 2-8 所示。

表 2-3　学院关系（Department）

学院编号 dno	学院名称 dname	办公地点 office	备注 note
D1	计算机学院	C101	成立于 2001 年
D2	软件学院	S201	成立于 2011 年
D3	网络学院	F301	成立于 2019 年
D4	工学院	B206	成立于 2000 年

表 2-4　学生关系（Student）

学号 sno	姓名 sname	性别 sex	出生日期 birth	照片 photo	兴趣爱好 hobby	所在学院 dno
S1	张轩	男	2001-7-21	S1.jpg	阅读,游泳	D1
S2	陈茹	女	2000-4-16	S2.jpg	游泳,远足	D3
S3	于林	男	2000-12-12	S3.jpg	登山,远足	D3
S4	贾哲	女	2002-2-18	S4.jpg	阅读,登山	D1
S5	刘强	男	2001-8-1	S5.jpg	游泳,登山	D2
S6	冯玉	女	2000-10-9	S6.jpg	阅读,远足	D4

表 2-5　课程关系（Course）

课程号 cno	课程名 cname	直接先修课 cpno	学分 credit
C1	数据库	C3	4
C2	计算机基础	NULL	3
C3	C_Design	C2	2
C4	网络数据库	C1	4

表 2-6　教师关系（Teacher）

教师编号 tno	教师姓名 tname	职称 prof	聘任时间 engage	所在学院 dno
T1	苏浩	教授	2009-6-16	D1
T2	丁洁	讲师	2015-7-13	D3
T3	唐海	讲师	2010-7-4	D3
T4	邓晓	副教授	2007-6-28	D1
T5	郑阳	助教	2018-7-4	D2
T6	周伟	讲师	2011-11-16	NULL

表 2-7　选修关系（SC）

学号 sno	课程号 cno	成绩 score	学号 sno	课程号 cno	成绩 score
S1	C1	90	S6	C2	87
S2	C2	82	S1	C3	98
S3	C1	85	S5	C3	77
S4	C1	46	S1	C4	52
S5	C2	78	S6	C4	79
S1	C2	98	S4	C2	69
S3	C2	67	S6	C3	NULL

表 2-8　任课关系（TC）

任课编号 tcid	教师编号 tno	课程号 cno	开课学期 semester
1	T1	C2	2021-1
2	T1	C1	2021-2
3	T2	C3	2022-1
4	T2	C3	2020-2
5	T4	C3	2022-2
6	T4	C4	2022-1
7	T5	C2	2021-1
8	T3	C3	2020-2
9	T1	C3	2020-2
10	T5	C3	2020-2
11	T1	C4	2021-2
12	T6	C1	2020-1
13	T6	C3	NULL

下面以 Teach 数据库中的各个关系为例介绍关系的各种码的概念。

（1）码：也称候选码，是能唯一标识每个元组的单个属性或最少属性的组合。例如，学院编号（dno）是学院关系的码；学号（sno）是学生关系的码；课程号（cno）是课程关系的码，而选修关系中的学号和课程号这两个属性的组合是码，即码(sno,cno)。

关系模型的基本概念

思考：请读者给出教师关系和任课关系的码。

一个关系的码可以有多个，如在学院关系中，若学院名称（dname）不允许重名，则学院名称也是该关系的码。

提示：寻找关系的码的总原则是根据语义确定。其具体步骤如下：首先判断单个属性是不是码；然后判断两个属性的组合、三个属性的组合，依次进行，直到全部属性的组合，找到所有的码。

（2）主码（Primary Key）：从候选码中选定其中一个作为主码，一个关系的主码只能有一个。例如,学院关系有两个候选码：学院编号和学院名称,可选定学院编号为学院关系的主码。

（3）全码(All-key)：若关系中所有属性的组合才是该关系的码,则称该关系的码为全码。例如,在仓库保管(仓库,保管员,商品)关系中,假设每个仓库保存所有种类的商品,每种商品都存放在所有的仓库里,保管员管理所有仓库的所有商品,则该关系的码是全码。

（4）外码(Foreign Key)：设属性 F 是关系 R 的一个属性,但不是 R 的码,如果 F 与关系 S 中的主码 K_s 相对应,则称 F 是 R 的外码。R 为参照关系(Referencing Relation),S 为被参照关系(Referenced Relation),R 和 S 不一定是不同的关系。

例如,学生关系中的所在学院(dno)不是学生的码,它与学院关系的主码学院编号(dno)相对应,则所在学院(dno)是学生关系的外码,学生是参照关系,学院是被参照关系；同理,选修关系中的学号(sno)和课程号(cno)都是选修关系的外码。

思考：请读者找出其他关系的外码。

在关系数据库中,外码表示两个关系之间的联系。例如,在 Teach 数据库中,六个关系之间的联系如图 2-1 所示。

（5）主属性(Prime Attribute)：包含在所有候选码中的属性称为主属性。例如,学生关系中的学号,课程关系中的课程号,选修关系中的学号和课程号都是主属性。

思考：请读者给出其他关系中的主属性。

（6）非主属性(Nonprime Attribute)：不包含在任何一个候选码中的属性称为非主属性。例如,学生关系中的姓名(sname)、性别(sex)、出生日期(birth)和所在学院(dno)是非主属性,选修关系中的成绩(score)也是非主属性。

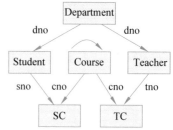

图 2-1 Teach 数据库中各关系之间的联系

思考：请读者给出其他关系中的非主属性。

综上所述,可以得到 Teach 数据库中六个关系的结构如下,其中主码用下画线表示,外码用波浪线表示。

（1）学院关系：Department(<u>dno</u>,dname,office,note)。

（2）学生关系：Student(<u>sno</u>,sname,sex,birth,photo,hobby,dno)。

（3）课程关系：Course(<u>cno</u>,cname,cpno,credit)。

（4）教师关系：Teacher(<u>tno</u>,tname,prof,engage,dno)。

（5）选修关系：SC(<u>sno</u>,<u>cno</u>,score)。

（6）任课关系：TC(<u>tcid</u>,tno,cno,semester)。

2.3 关系模型的完整性

关系模型有三类完整性约束：实体完整性、参照完整性和用户自定义完整性。其中,实体完整性和参照完整性是关系模型必须满足的完整性约束条件,称为关系的两个不变性,由关系系统自动支持；用户自定义完整性是应用

关系模型的完整性

领域要遵循的约束条件,体现了具体领域中的语义约束。

2.3.1　实体完整性

实体完整性规则:若属性 A 是基本关系 R 的主属性,则属性 A 不能取空值。

例如,在学生关系中,学号是主属性,则学号不能取空值;同理,课程关系中的课程号也不能取空值。

空值就是"不知道"或"不存在"的值。若主属性为空值,则说明包含该主属性的码是不确定的值,也就是说该实体不可标识,即不可区分,这与实体的定义"实体是客观存在并可相互区别的事物"相矛盾,因此主属性不能为空。

实体完整性规则规定的主属性不能为空值是指关系中的所有主属性都不能为空值。例如,选修关系中的学号和课程号都是主属性,都不能取空值。

2.3.2　参照完整性

现实世界中的实体之间往往存在着某种联系,这种联系是用关系来描述的,因此存在着关系与关系间的引用。

例如,学院关系和学生关系之间存在引用,即学生关系中的外码所在学院的值引用了学院关系中的主码学院编号的值,说明学生必须属于某个已存在的学院。

再如,学生、课程和选修三个关系间存在引用,即选修关系中的外码学号的值引用了学生关系中的主码学号的值,说明选修的学生必须是已存在的某个学生;同理,选修关系中的外码课程号的值引用了课程关系中的主码课程号的值,说明学生选修的课程必须是已存在的某门课程。

不仅两个或两个以上的关系间可以存在引用关系,同一关系内部属性间也可能存在引用关系。例如,在课程关系中,课程号属性是主码,直接先修课属性表示当前该课程的直接先修课的课程号,它引用了本关系中的课程号属性,即直接先修课必须是已经存在的课程的课程号。

参照完整性规则:若属性(或属性组)F 是基本关系 R 的外码,它与基本关系 S 的主码 K_S 相对应(R 和 S 不一定是不同的关系),则对于 R 中的每个元组,其在 F 上的值必须等于 S 中某个元组的主码值,或者取空值(F 的每个属性均为空值)。

例如,学生关系的外码所在学院在"张轩"这条元组上的取值为"D1",说明张轩是"计算机学院"的学生;若外码所在学院在"张轩"这条元组上的取值为空值,则说明张轩可能刚入学,暂时还没有分配学院,这与实际应用环境相符合。

再如,选修关系的外码学号和课程号在第一条元组上的取值分别为"S1"和"C1",说明已存在的学生 S1 选修了已存在的课程 C1。

思考:选修关系的外码学号和课程号能否取空值?

参照完整性规则中的外码 F 可以取空值,前提是该外码 F 同时不是其所在关系 R 的主属性,否则与实体完整性规则相矛盾。

2.3.3 用户自定义完整性

实体完整性和参照完整性是任何数据库系统都支持的，但不同的数据库系统根据应用环境的不同，往往还需要一些特殊的约束条件。用户自定义完整性是针对某一具体关系数据库的约束条件，它反映了某一具体应用涉及的数据必须满足的语义要求。例如，年龄必须为 15～45 岁、性别只能为"男"或"女"、成绩必须为 0～100 分等，这些规则由用户根据具体的应用环境定义，DBMS 负责检查和处理。

2.4 关系模型的数据操作

2.4.1 关系模型的数据操作分类

关系模型数据操作的特点是，采用集合操作方式，即操作对象和结果都是集合，这种操作方式也称为"一次一集合"方式。

关系模型数据操作主要分为查询和操纵两大部分，其中查询是最主要也是最重要的操作。查询操作包括选择（Select）、投影（Projection）、连接（Join）、除（Divide）、并（Union）、交（Intersection）、差（Difference）和笛卡儿积（Cartesian Product）等，其中选择、投影、并、差、笛卡儿积是五种基本操作。

2.4.2 关系模型的数据操作语言

关系模型数据操作语言分为三类，如表 2-9 所示。

表 2-9 关系模型数据操作语言分类

语 言 分 类	功　　能	示 例 语 言
关系代数语言	用关系运算表达操作要求，主要用于查询	ISBL
关系演算语言	用谓词表达操作要求，主要用于查询	APLHA、QUEL、QBE
结构化查询语言	具有关系代数和关系演算的双重特点，可进行查询、DDL、DML、DCL 等操作	SQL

关系代数用代数的方式对关系进行运算表达查询要求，关系演算用谓词表达查询要求，二者在表达能力上是完全等价的，都是抽象的查询语言，不能在具体的 DBMS 上实现，它们用作评估实际系统中查询语言能力的标准或基础。本书中主要介绍关系代数。

SQL 是介于关系代数和关系演算之间的语言，它不仅有丰富的查询功能，还有数据定义和数据控制功能，是集查询、DDL、DML 和 DCL 于一体的关系数据语言。SQL 充分体现了关系数据语言的特点和优点，是关系数据库的标准语言。

2.5 关 系 代 数

　　关系代数用关系的运算表达查询,是一种抽象的语言,不能在实际的机器上实现,但它是研究关系运算的数学工具,其给出的功能在任何语言中都能实现。

　　关系代数是对关系进行运算,得到的结果仍是关系。关系代数用到的运算符包括四类:传统的集合运算符、专门的关系运算符、比较运算符和逻辑运算符,如表 2-10 所示。

表 2-10　关系代数运算符

运算符分类	运算符	含义	表示方法	功　　能
传统的集合运算符	∪	并	$R \cup S$	由属于关系 R 或属于关系 S 的元组组成新的关系
	∩	交	$R \cap S$	由既属于关系 R 又属于关系 S 的元组组成新的关系
	—	差	$R - S$	由属于关系 R 但不属于关系 S 的元组组成新的关系
	×	笛卡儿积	$R \times S$	由关系 R 中的每个元组与关系 S 中的每个元组横向拼接形成的新元组组成新的关系
专门的关系运算符	σ	选择	$\sigma_F(R)$	在关系 R 中选择所有满足条件 F 的元组成新的关系
	π	投影	$\pi_{A_1,A_2,\cdots,A_n}(R)$	在关系 R 中将指定属性 $A_1,A_2,\cdots,A_n$ 投影出来组成新的关系,并删除重复的元组
	⋈	连接	$R \underset{A\theta B}{\bowtie} S$	从 R 和 S 的笛卡儿积中选择满足条件 $A\theta B$ 的元组组成新的关系
	÷	除	$R(A,B) \div S(B,C)$	得到一个新关系 $P(A)$,P 中的每个元组在 R 中的象集包含了 B 属性在关系 S 中的投影
比较运算符	>	大于	$X > Y$	若 X 大于 Y,则返回 True,否则返回 False
	⩾	大于等于	$X \geqslant Y$	若 X 大于等于 Y,则返回 True,否则返回 False
	<	小于	$X < Y$	若 X 小于 Y,则返回 True,否则返回 False
	⩽	小于等于	$X \leqslant Y$	若 X 小于等于 Y,则返回 True,否则返回 False
	=	等于	$X = Y$	若 X 等于 Y,则返回 True,否则返回 False
	<>	不等于	$X <> Y$	若 X 不等于 Y,则返回 True,否则返回 False
逻辑运算符	¬	非	$\neg X$	若 X 为 True,则返回 False,否则返回 True
	∧	与	$X \wedge Y$	若 X 与 Y 均为 True,则返回 True,否则返回 False
	∨	或	$X \vee Y$	若 X 与 Y 至少有一个为 True,则返回 True,否则返回 False

2.5.1 传统的集合运算

传统的集合运算是二目运算,将关系看成元组的集合,其运算是从关系的"水平"方向即行的角度进行的,包含并、交、差和笛卡儿积四种运算。

任意两个关系 R 和 S 进行并、交、差集合运算时都要满足下列两个条件。

（1）R 和 S 具有相同的目 n,即 R 和 S 都有 n 个属性。

（2）R 和 S 中相对应的属性域相同。

1. 并

关系 R 与关系 S 的并运算记作:

$$R \cup S = \{t \mid t \in R \lor t \in S\}$$

其结果仍为 n 目关系,由属于 R 或属于 S 的元组组成,并去掉了重复的元组。

2. 差

关系 R 与关系 S 的差运算记作:

$$R - S = \{t \mid t \in R \land t \notin S\}$$

其结果仍为 n 目关系,由属于 R 但不属于 S 的所有元组组成。

3. 交

关系 R 与关系 S 的交运算记作:

$$R \cap S = \{t \mid t \in R \land t \in S\}$$

其结果仍为 n 目关系,由既属于 R 又属于 S 的元组组成。

关系 R 和 S 的交运算也可以用差运算表示:

$$R \cap S = R - \{R - S\}$$

【例 2-1】 关系 R、S 和 Q 的内容及相应的运算结果如图 2-2 所示。

A	B	C
a_1	b_1	c_1
a_1	b_2	c_2
a_2	b_2	c_1

(a) R

A	B	C
a_1	b_2	c_2
a_1	b_3	c_2
a_2	b_2	c_1

(b) S

D	E
d_1	e_2
d_2	e_3

(c) Q

A	B	C
a_1	b_1	c_1
a_1	b_2	c_2
a_2	b_2	c_1
a_1	b_3	c_2

(d) $R \cup S$

A	B	C
a_1	b_1	c_1

(e) $R - S$

A	B	C	D	E
a_1	b_1	c_1	d_1	e_2
a_1	b_1	c_1	d_2	e_3
a_1	b_2	c_2	d_1	e_2
a_1	b_2	c_2	d_2	e_3
a_2	b_2	c_1	d_1	e_2
a_2	b_2	c_1	d_2	e_3

(g) $R \times Q$

A	B	C
a_1	b_2	c_2
a_2	b_2	c_1

(f) $R \cap S$

图 2-2 传统的集合运算示例

4. 笛卡儿积

设关系 R 有 n 目，k_1 个元组；关系 S 有 m 目，k_2 个元组，则 R 与 S 的笛卡儿积记作：

$$R \times S = \{\widehat{t_r t_s} \mid t_r \in R \land t_s \in S\}$$

笛卡儿积就是由 R 中的每个元组依次与 S 中的每个元组进行横向连接形成的新元组组成新关系。因此，笛卡儿积的结果集合中包含 $n+m$ 列，其中前 n 列是关系 R 中的元组，后 m 列是关系 S 中的元组，一共有 $k_1 \times k_2$ 个元组。图 2-2(g)是关系 R 和关系 Q 进行笛卡儿积运算的结果。

2.5.2 专门的关系运算

传统的集合运算只是从行的角度进行运算，而专门的关系运算不仅涉及行，也涉及列，能灵活地对数据库进行多种多样的操作。专门的关系运算包括选择、投影、连接和除等。

下面以高校教务管理数据库 Teach 为例给出这些关系运算的定义。

专门的关系运算——选择投影

1. 选择

选择运算是从关系 R 中选择满足给定条件的所有元组组成新的关系，记作：

$$\sigma_F(R) = \{t \mid t \in R \land F(t) = \text{True}\}$$

式中，σ 为选择运算符；F 为给定的条件，是一个逻辑表达式，结果为 True 或 False。

F 的基本形式如下：

$$X \theta Y$$

式中，θ 为比较运算符，表示 $>$、$\geqslant$、$<$、$\leqslant$、$<>$、$=$ 等；X 通常为属性名；Y 为属性名或常量或简单函数等，属性名也可以用其在原关系中的序号代替。

选择运算实际上就是从关系 R 中选择使逻辑表达式 F 为 True 的元组。

【例 2-2】 查询全体男生的信息。

$$\sigma_{\text{sex}='男'}(\text{Student}) \quad \text{或} \quad \sigma_{3='男'}(\text{Student})$$

式中，3 为 sex 属性在 Student 关系中的序号，即第 3 列。

结果如表 2-11 所示。

表 2-11　例 2-2 的运算结果

sno	sname	sex	birth	photo	hobby	dno
S1	张轩	男	2001-7-21	S1.jpg	阅读，游泳	D1
S3	于林	男	2000-12-12	S3.jpg	登山，远足	D3
S5	刘强	男	2001-8-1	S5.jpg	游泳，登山	D2

【例 2-3】 查询学分小于 4 分的课程信息。

$$\sigma_{\text{credit}<4}(\text{Course}) \quad \text{或} \quad \sigma_{4<4}(\text{Course})$$

结果如表 2-12 所示。

表 2-12　例 2-3 的运算结果

cno	cname	cpno	credit
C2	计算机基础	NULL	3
C3	C_Design	C2	2

当选择多个条件时,其基本形式:

$$\sigma_{F_1 \wedge / \vee F_2}(R)$$

【例 2-4】 查询 D1 学院的全体男生的信息。

$$\sigma_{dno='D1' \wedge sex='男'}(Student) \quad 或 \quad \sigma_{7='D1' \wedge 3='男'}(Student)$$

结果如表 2-13 所示。

表 2-13 例 2-4 的运算结果

sno	sname	sex	birth	photo	hobby	dno
S1	张轩	男	2001-7-21	S1.jpg	阅读,游泳	D1

【例 2-5】 查询 D1 和 D3 学院的全体学生信息。

$$\sigma_{dno='D1' \vee dno='D3'}(Student) \quad 或 \quad \sigma_{7='D1' \vee 7='D3'}(Student)$$

结果如表 2-14 所示。

表 2-14 例 2-5 的运算结果

sno	sname	sex	birth	photo	hobby	dno
S1	张轩	男	2001-7-21	S1.jpg	阅读,游泳	D1
S2	陈茹	女	2000-4-16	S2.jpg	游泳,远足	D3
S3	于林	男	2000-12-12	S3.jpg	登山,远足	D3
S4	贾哲	女	2002-2-18	S4.jpg	阅读,登山	D1

2. 投影

投影运算是从关系 R 中选取若干属性组成新的关系,记作:

$$\pi_A(R) = \{t[A] | t \in R\}$$

式中,$A = \{A_{i1}, A_{i2}, \cdots, A_{ik}\}$ 为选取的若干属性列。

投影是从列的角度进行运算,从关系 R 中选择若干列,并删除因此而产生的重复元组。

【例 2-6】 查询学生都来自哪些学院。

$$\pi_{dno}(Student) \quad 或 \quad \pi_7(Student)$$

结果如表 2-15 所示。

【例 2-7】 查询学生的学号和姓名。

$$\pi_{sno, sname}(Student) \quad 或 \quad \pi_{1,2}(Student)$$

结果如表 2-16 所示。

表 2-15 例 2-6 的运算结果

dno
D1
D3
D2
D4

表 2-16 例 2-7 的运算结果

sno	sname
S1	张轩
S2	陈茹
S3	于林
S4	贾哲
S5	刘强
S6	冯玉

3. 选择和投影混合形式

在一个查询中往往既要选择元组也要属性,此时可以使用选择和投影的混合形式:

$$\pi_A\left[\sigma_F(R)\right]$$

【例 2-8】 查询选修 C3 课程的学生的学号。

$$\pi_{\text{sno}}\left[\sigma_{\text{cno}='\text{C3}'}(\text{SC})\right]$$

结果如表 2-17 所示。

【例 2-9】 查询选修 C2 课程且成绩在 80 分以上的学生的学号。

$$\pi_{\text{sno}}\left[\sigma_{\text{cno}='\text{C2}' \wedge \text{score}>80}(\text{SC})\right]$$

结果如表 2-18 所示。

表 2-17 例 2-8 的运算结果

sno
S1
S5
S6

表 2-18 例 2-9 的运算结果

sno
S2
S1
S6

4. 连接

1) 一般的连接

连接运算是从两个关系的笛卡儿积中选取属性间满足一定条件的元组组成新的关系,记作:

专门的关系运算——连接

$$R \underset{A\theta B}{\bowtie} S = \{\widehat{t_r t_s} \mid t_r \in R \wedge t_s \in S \wedge t_r[A]\theta t_s[B]\}$$

式中,A 和 B 分别为 R 和 S 上列数相同且可比的属性组;θ 为比较运算符。

连接运算就是从 R 和 S 的笛卡儿积中选取 R 关系在 A 属性组上的值与 S 关系在 B 属性组上的值满足比较运算符 θ 的元组。对于如图 2-3(a)和图 2-3(b)所示的关系 R 和 S,图 2-3(c)是 R 和 S 按照 $C<E$ 条件进行连接的结果。

2) 等值连接

在一般连接中,当 θ 为"="时的连接称为等值连接(Equijoin),即等值连接就是从 R 和 S 两个关系的笛卡儿积中选取 A、B 属性值相等的元组组成新的关系,记作:

$$R \underset{A=B}{\bowtie} S = \{\widehat{t_r t_s} \mid t_r \in R \wedge t_s \in S \wedge t_r[A]=t_s[B]\}$$

两个关系 R 和 S 若要进行等值连接,则二者必须要有域相同的、可比较的属性 A 和 B,否则不能进行等值连接。图 2-3(d)是 R 和 S 进行等值连接的结果。

3) 自然连接

自然连接(Natural Join)是一种特殊的等值连接,在等值连接的结果中将重复的属性列去掉,就是自然连接的结果,记作:

$$R \bowtie S = \{\widehat{t_r t_s} \mid t_r \in R \wedge t_s \in S \wedge t_r[A]=t_s[B]\}$$

同理,两个关系 R 和 S 若要进行自然连接,二者也必须要有域相同的、可比较的属性 A 和 B,否则不能进行自然连接。图 2-3(e)是 R 和 S 进行自然连接的结果。

一般的连接操作是从行的角度进行运算,但自然连接还需要删除重复的列,所以是同时从行和列的角度进行运算。

在所有的连接查询中，自然连接是使用最多的一种连接，它有基本形式和优化形式两种应用方式。

自然连接及其优化

（1）自然连接的基本形式如下：

$$\pi_A[\sigma_F(R \bowtie S)]$$

式中，A 为目标列（或结果列）；条件 F 中涉及的列称为条件列，有查询技巧可参考如下。

① 查看查询条件 F 和目标 A 中涉及的属性列来自哪些关系，将其归置到最少的关系中查询。

② 若涉及多个关系，则需要将多关系进行连接，表间有相同属性时可直接相连，否则要寻求与各关系有相同属性的中间联系关系进行连接，且将中间联系关系写在中间位置。

【例 2-10】 查询选修 C2 课程的女学生的学号和姓名。

查询分析：目标列学号和姓名来自 Student 关系，条件列性别也来自 Student 关系，条件列课程号来自 Course 关系和 SC 关系；因为 Student 关系和 Course 关系没有相同列，而 Student 关系和 SC 关系有相同列学号，所以选择对 Student 关系和 SC 关系进行连接查询。

$$\pi_{sno,sname}[\sigma_{sex='女' \wedge cno='C2'}(Student \bowtie SC)]$$

查询过程：首先将 Student 关系与 SC 表进行自然连接，然后从自然连接结果中选择性别是"女"且课程号是"C2"的元组，最后从这些元组中将 sno 和 sname 投影出来。该查询过程如下。

第 1 步：Student $\bowtie$ SC，结果如表 2-19 所示。

表 2-19　Student 关系和 SC 关系自然连接结果

sno	sname	sex	birth	photo	hobby	dno	cno	score
S1	张轩	男	2001-7-21	S1.jpg	阅读,游泳	D1	C1	90
S1	张轩	男	2001-7-21	S1.jpg	阅读,游泳	D1	C2	98
S1	张轩	男	2001-7-21	S1.jpg	阅读,游泳	D1	C3	98
S1	张轩	男	2001-7-21	S1.jpg	阅读,游泳	D1	C4	52
S2	陈茹	女	2000-4-16	S2.jpg	游泳,远足	D3	C2	82
S3	于林	男	2000-12-12	S3.jpg	登山,远足	D3	C1	85
S3	于林	男	2000-12-12	S3.jpg	登山,远足	D3	C2	67
S4	贾哲	女	2002-2-18	S4.jpg	阅读,登山	D1	C1	46
S4	贾哲	女	2002-2-18	S4.jpg	阅读,登山	D1	C2	69
S5	刘强	男	2001-8-1	S5.jpg	游泳,登山	D2	C2	78
S5	刘强	男	2001-8-1	S5.jpg	游泳,登山	D2	C3	77
S6	冯玉	女	2000-10-9	S6.jpg	阅读,远足	D4	C2	87
S6	冯玉	女	2000-10-9	S6.jpg	阅读,远足	D4	C4	79
S6	冯玉	女	2000-10-9	S6.jpg	阅读,远足	D4	C3	NULL

第 2 步：从自然连接结果中选择满足条件的元组，结果如表 2-20 所示。

表 2-20　从表 2-19 中选择满足条件的元组

sno	sname	sex	birth	photo	hobby	dno	cno	score
S2	陈茹	女	2000-4-16	S2.jpg	游泳,远足	D3	C2	82
S4	贾哲	女	2002-2-18	S4.jpg	阅读,登山	D1	C2	69
S6	冯玉	女	2000-10-9	S6.jpg	阅读,远足	D4	C2	87

第 3 步：在选出的元组中投影出 sno 和 sname 属性列，得到的最终结果如表 2-21 所示。

【例 2-11】 查询所有男学生的姓名及其选修的课程名。

查询分析：目标列姓名来自 Student 关系；课程名列来自 Course 关系；条件列为性别，来自 Student 关系。但 Student 关系和 Course 关系没有相同列，要寻求中间联系关系——SC 关系，因此需要将 Student 关系、Course 关系和 SC 关系三者进行连接查询，而且书写时一般将中间联系关系 SC 写在中间。

表 2-21　最终结果

sno	sname
S2	陈茹
S4	贾哲
S6	冯玉

$$\pi_{\text{sname,cname}}\left[\sigma_{\text{sex}='\text{男}'}(\text{Student} \bowtie \text{SC} \bowtie \text{Course})\right]$$

查询过程：首先将 Student 关系与 SC 关系进行自然连接；然后把该自然连接结果与 Course 关系进行自然连接，在自然连接最后的目标中选择性别是"男"的元组；再从这些元组中将 sname 和 cname 投影出来。结果如表 2-22 所示。

表 2-22　例 2-11 的运算结果

sname	cname	sname	cname
张轩	数据库	于林	数据库
张轩	计算机基础	于林	计算机基础
张轩	C_Design	刘强	计算机基础
张轩	网络数据库	刘强	C_Design

在例 2-10 和例 2-11 中，都是首先将关系进行自然连接，然后选取满足条件的元组和属性列。在所有的关系操作中，连接是最耗时的操作。为了提高效率，可以考虑在关系连接前先去掉不满足条件的元组和属性，使关系变得尽可能小，然后连接，这样能大大提高查询的效率，该过程称为连接的优化。

（2）自然连接的优化形式如下：

$$\pi_C\{\pi_A[\sigma_{F1}(R)] \bowtie \pi_B[\sigma_{F2}(S)]\}$$

式中，A 包含来自 R 的目标列和连接列；B 包含来自 S 的目标列和连接列；C 为最终的目标列，且 $C \in (A, B)$。

优化原则：连接前将各关系按条件取出需要的元组、目标列、条件列及连接列，使参与连接的元组和属性列尽可能少，然后连接。

【例 2-12】 对例 2-10 进行优化：查询选修 C2 课程的女学生的学号和姓名。

基本形式：

$$\pi_{\text{sno,sname}}\left[\sigma_{\text{sex}='\text{女}' \wedge \text{cno}='C2'}(\text{Student} \bowtie \text{SC})\right]$$

优化形式：

$$\pi_{\text{sno,sname}}\left[\sigma_{\text{sex}='\text{女}'}(\text{Student})\right] \bowtie \pi_{\text{sno}}\left[\sigma_{\text{cno}='C2'}(\text{SC})\right]$$

【例 2-13】 对例 2-11 进行优化：查询所有男学生的姓名及其选修的课程名。

基本形式：

$$\pi_{\text{sname,cname}}\left[\sigma_{\text{sex}='\text{男}'}(\text{Student} \bowtie \text{SC} \bowtie \text{Course})\right]$$

优化形式：

$$\pi_{\text{sname,cname}}\{\pi_{\text{sno,sname}}[\sigma_{\text{sex}='\text{男}'}(\text{Student})] \bowtie \pi_{\text{sno,cno}}(\text{SC}) \bowtie \pi_{\text{cno,cname}}(\text{Course})\}$$

【例 2-14】 查询计算机学院的女学生选修的成绩在 60 分以上的课程成绩，要求包含学号和成绩。

基本形式：

$$\pi_{\text{sno,score}}\left[\sigma_{\text{dname='计算机学院'}\wedge \text{sex='女'}\wedge \text{score}>60}(\text{Department}\bowtie \text{Student}\bowtie \text{SC})\right]$$

优化形式：

$$\pi_{\text{sno,score}}\left\{\pi_{\text{dno}}\left[\sigma_{\text{dname='计算机学院'}}(\text{Department})\right]\bowtie \pi_{\text{sno,dno}}\left[\sigma_{\text{sex='女'}}(\text{Student})\right]\bowtie \pi_{\text{sno,score}}\left[\sigma_{\text{score}>60}(\text{SC})\right]\right\}$$

结果如表 2-23 所示。

表 2-23 例 2-14 的运算结果

sno	score
S4	69

4）左外连接

在自然连接时，若将左边关系 R 中要舍弃的元组保留在结果集中，对应的右边关系 S 中的属性为空值（NULL），则称这种连接是左外连接（Left Outer Join）。图 2-3(f)是 R 和 S 进行左外连接的结果。

5）右外连接

在自然连接时，若将右边关系 S 中要舍弃的元组保留在结果集中，对应的左边关系 R 中的属性为空值，则称这种连接是右外连接（Right Outer Join）。图 2-3(g)是 R 和 S 进行右外连接的结果。

6）全外连接

在自然连接时，若将左右两边的关系 R 和 S 中要舍弃的元组都保留在结果集中，对应的属性为空值，则称这种连接是全外连接（Full Outer Join）。图 2-3(h)是 R 和 S 进行全外连接的结果。

A	B	C
a_1	b_1	5
a_1	b_2	6
a_2	b_3	8
a_2	b_4	12

(a) 关系 R

B	E
b_1	3
b_2	7
b_3	10
b_3	2
b_5	2

(b) 关系 S

A	R.B	C	S.B	E
a_1	b_1	5	b_2	7
a_1	b_1	5	b_3	10
a_1	b_2	6	b_2	7
a_1	b_2	6	b_3	10
a_2	b_3	8	b_3	10

(c) 一般连接 $R\underset{C<E}{\bowtie}S$

A	R.B	C	S.B	E
a_1	b_1	5	b_1	3
a_1	b_2	6	b_2	7
a_2	b_3	8	b_3	10
a_2	b_3	8	b_3	2

(d) 等值连接 $R\underset{R.B=S.B}{\bowtie}S$

A	B	C	E
a_1	b_1	5	3
a_1	b_2	6	7
a_2	b_3	8	10
a_2	b_3	8	2

(e) 自然连接 $R\bowtie S$

图 2-3 连接运算示例

A	B	C	E
a_1	b_1	5	3
a_1	b_2	6	7
a_2	b_3	8	10
a_2	b_3	8	2
a_2	b_4	12	NULL

(f) 左外连接

A	B	C	E
a_1	b_1	5	3
a_1	b_2	6	7
a_2	b_3	8	10
a_2	b_3	8	2
NULL	b_5	NULL	2

(g) 右外连接

A	B	C	E
a_1	b_1	5	3
a_1	b_2	6	7
a_2	b_3	8	10
a_2	b_3	8	2
a_2	b_4	12	NULL
NULL	b_5	NULL	2

(h) 全外连接

图 2-3（续）

5. 否定

涉及含有"没有""不"等关键词的查询时要使用否定查询完成。

否定的思想 1：对于码是单属性的关系的查询，可以使用两种方式完成，即直接否定、否定=全部-肯定。

否定

【例 2-15】 查询不在 D1 学院的学生的学号和姓名。

（1）直接否定：

$$\pi_{\text{sno, sname}}\left[\sigma_{\text{dno}<>\text{'D1'}}(\text{Student})\right]$$

（2）否定=全部-肯定：

$$\pi_{\text{sno, sname}}(\text{Student})-\pi_{\text{sno, sname}}\left[\sigma_{\text{dno}=\text{'D1'}}(\text{Student})\right]$$

结果如表 2-24 所示。

否定的思想 2：对于码是多属性的关系的查询或是涉及多关系连接的否定查询，一般使用否定=全部-肯定的方式完成。

【例 2-16】 查询没有选修 C3 课程的学生的学号。

查询分析：没有选修 C3 课程的学生的学号=全部学生的学号-选修 C3 课程的学生的学号。

$$\pi_{\text{sno}}(\text{Student})-\pi_{\text{sno}}\left[\sigma_{\text{cno}=\text{'C3'}}(\text{SC})\right]$$

结果如表 2-25 所示。

表 2-24　例 2-15 的运算结果

sno	sname
S2	陈茹
S3	于林
S5	刘强
S6	冯玉

提示：全部学号是 Student 关系中的学号而不是 SC 关系中的学号，SC 关系中的学号是选修了课程的学生的学号，如果某学生没有选课，那么该生的学号不会出现在 SC 关系中。

【例 2-17】 查询冯玉没有选修的课程的课程号。

查询分析：冯玉没有选修的课程的课程号=全部课程的课程号-冯玉选修的课程的课程号。

$$\pi_{\text{cno}}(\text{Course})-\pi_{\text{cno}}\left[\sigma_{\text{sname}=\text{'冯玉'}}(\text{Student}\bowtie\text{SC})\right]$$

结果如表 2-26 所示。

表 2-25 例 2-16 的运算结果
sno
S2
S3
S4

表 2-26 例 2-17 的运算结果
cno
C1

💭 思考：例 2-16 和例 2-17 是否可以用直接否定查询？为什么？

6. 除

除

1) 象集

在介绍除运算之前，首先介绍象集（Images Set）的概念。

给定一个关系 $R(X,Z)$，X 和 Z 为属性组。当 $t[X]=x$ 时，x 在 R 中的象集定义为

$$z_x = \{t[Z] \mid t \in R, t[X]=x\}$$

即 x 的象集是属性组 X 上值为 x 的诸元组在 Z 上的各分量的集合。

例如，在图 2-4 中，x_1 在 R 中的象集 $Z_{x_1} = \{z_1, z_3\}$，x_2 在 R 中的象集 $Z_{x_2} = \{z_3\}$，x_3 在 R 中的象集 $Z_{x_3} = \{z_1, z_2\}$。

2) 除的定义

设关系 $R(X,Y)$ 和 $S(Y,Z)$，其中 X、Y、Z 为属性组，R 中的后半部分与 S 中的前半部分是域相同的属性组。R 除以 S 得到一个新的关系 $P(X)$，P 是 R 中满足下列条件的元组在 X 属性列上的投影：元组在 X 上的分量值 x 的象集 Y_x 包含 S 在 Y 上投影的集合，记作：

$$R \div S = \{t_r[X] \mid t_r \in R \wedge \pi_Y(S) \subseteq Y_x\}$$

式中，Y_x 为 x 在 R 中的象集；$\pi_Y(S)$ 为 S 在 Y 上的投影。

【例 2-18】 设关系 R 和 S 如图 2-5 所示，计算 $R \div S$。

X	Z
x_1	z_1
x_2	z_3
x_3	z_2
x_1	z_3
x_3	z_1

图 2-4 象集示例

A	B	C
a_1	b_1	c_2
a_2	b_3	c_7
a_3	b_4	c_6
a_1	b_2	c_3
a_4	b_6	c_6
a_2	b_2	c_3
a_1	b_2	c_1

(a) R

B	C	D
b_1	c_2	d_1
b_2	c_1	d_2
b_2	c_3	d_2

(b) S

A
a_1

(c) $R \div S$

图 2-5 除运算示例

分析：关系 $R(A,B,C)$ 中的后半部分 (B,C) 与关系 $S(B,C,D)$ 的前半部分 (B,C) 相同，因此可以进行除法运算，运算得到的是一个 $P(A)$ 关系。

在关系 R 中，A 可以取四个值 $\{a_1, a_2, a_3, a_4\}$，其各自的象集如下：a_1 的象集是 $\{(b_1, c_2), (b_2, c_3), (b_2, c_1)\}$，$a_2$ 的象集是 $\{(b_3, c_7), (b_2, c_3)\}$，$a_3$ 的象集是 $\{(b_4, c_6)\}$，a_4 的象集是 $\{(b_6, c_6)\}$。

S 在 (B, C) 上的投影为 $\{(b_1, c_2), (b_2, c_1), (b_2, c_3)\}$。

显然，只有 a_1 的象集包含了 S 在 (B, C) 属性组上的投影，因此

$$R \div S = \{a_1\}$$

3）除的应用

当查询中涉及"全部""至少"等关键词时可用除完成。

将表 2-7 中 SC 关系的 sno 和 cno 两列投影出来组成一个临时关系 $R(\text{sno}, \text{cno})$，下面考察 R 中各分量的象集的含义。

S1 的象集是 $\{C1, C2, C3, C4\}$，表示 S1 选修的所有课程的集合；S2 的象集是 $\{C2\}$，表示 S2 选修的所有课程的集合；S3 的象集是 $\{C1, C2\}$，表示 S3 选修的所有课程的集合；S4 的象集是 $\{C1, C2\}$，表示 S4 选修的所有课程的集合；S5 的象集是 $\{C2, C3\}$，表示 S5 选修的所有课程的集合；S6 的象集是 $\{C2, C3, C4\}$，表示 S6 选修的所有课程的集合。

C1 的象集是 $\{S1, S3, S4\}$，表示选修 C1 课程的所有学生的集合；C2 的象集是 $\{S2, S5, S1, S3, S6, S4\}$，表示选修 C2 课程的所有学生的集合；C3 的象集是 $\{S1, S5, S6\}$，表示选修 C3 课程的所有学生的集合；C4 的象集是 $\{S1, S6\}$，表示选修 C4 课程的所有学生的集合。

做除运算时，首先要明白象集的实际意义，然后构建合适的除数与被除数关系。

【例 2-19】 查询选修了全部课程的学生的学号。

$$\pi_{\text{sno}, \text{cno}}(\text{SC}) \div \pi_{\text{cno}}(\text{Course})$$

由分析知，只有 S1 的象集包含了所有的课程号 $\{C1, C2, C3, C4\}$，结果如表 2-27 所示。

【例 2-20】 查询全部学生都选修了的课程的课程号。

$$\pi_{\text{cno}, \text{sno}}(\text{SC}) \div \pi_{\text{sno}}(\text{Student})$$

由分析知，只有 C2 的象集包含了所有学生的学号 $\{S1, S2, S3, S4, S5, S6\}$，结果如表 2-28 所示。

表 2-27 例 2-19 的运算结果

sno
S1

表 2-28 例 2-20 的运算结果

cno
C2

【例 2-21】 查询选修了全部课程的学生的学号和姓名。

$$\pi_{\text{sno}, \text{cno}}(\text{SC}) \div \pi_{\text{cno}}(\text{Course}) \bowtie \pi_{\text{sno}, \text{sname}}(\text{Student})$$

结果如表 2-29 所示。

【例 2-22】 查询全部学生都选修了的课程的课程号和课程名。

$$\pi_{\text{cno}, \text{sno}}(\text{SC}) \div \pi_{\text{sno}}(\text{Student}) \bowtie \pi_{\text{cno}, \text{cname}}(\text{Course})$$

结果如表 2-30 所示。

【例 2-23】 查询至少选修了 C2 和 C3 课程的学生的学号。

（1）方法 1：除。

$$\pi_{\text{sno}, \text{cno}}(\text{SC}) \div \pi_{\text{cno}}\left[\sigma_{\text{cno}='C2' \lor \text{cno}='C3'}(\text{Course})\right]$$

（2）方法 2：集合运算——交。

$$\pi_{sno}\left[\sigma_{cno='C2'}(SC)\right] \bigcap \pi_{sno}\left[\sigma_{cno='C3'}(SC)\right]$$

（3）方法 3：笛卡儿积。

$$\pi_1\left[\sigma_{1=4 \wedge 2='C2' \wedge 5='C3'}(SC \times SC)\right]$$

结果如表 2-31 所示。

表 2-29　例 2-21 的运算结果

sno	sname
S1	张轩

表 2-30　例 2-22 的运算结果

cno	cname
C2	计算机基础

表 2-31　例 2-23 的运算结果

sno
S1
S5
S6

本 章 小 结

本章介绍了关系数据库的一整套理论，包括关系的形式化定义、关系的三类完整性约束和对关系进行操作的关系代数。

关系的本质是笛卡儿积的有意义的子集，是二维表中行的集合。一般地，对关系进行研究时不关心其内容，只关心其结构，因此使用关系模式的五元组形式描述关系。

本章以高校教务管理数据库 Teach 为例，介绍了关系的实体完整性、参照完整性和用户自定义完整性，详细介绍了对关系进行操作的关系代数。关系代数中有传统的集合运算和专门的关系运算，主要的运算有选择、投影、连接、除和否定。

习　　题

一、选择题

1. 关系模式的五元组表示 $R(U,D,\mathrm{DOM},F)$ 中，U 表示（　　　）。

    A. 关系名　　　　　　　　　　　　B. 属性的集合

    C. 域的集合　　　　　　　　　　　D. 数据依赖的集合

2. 下列（　　　）是关系的基本操作。

    A. 并、交、差　　　　　　　　　　B. 并、差、除

    C. 选择、投影、并　　　　　　　　D. 选择、投影、连接

3. 关系代数是以（　　　）为基础的运算。

    A. 集合运算　　　　　　　　　　　B. 谓词运算

    C. 关系运算　　　　　　　　　　　D. 代数运算

4. 一个关系只有一个（　　　）。

    A. 超码　　　　　　B. 外码　　　　　　C. 候选码　　　　　　D. 主码

5. 关于码的描述错误的是（　　　）。

A. 码只能由一个属性组成

B. 码可以由一个或多个属性组成

C. 码的值能唯一标识关系中的每一个元组

D. 码是标识每一个元组的最少属性的组合

6. 同一个关系中的任意两个元组值(　　)。

    A. 可以完全相同　　　　　　　　　　B. 不能完全相同

    C. 必须完全相同　　　　　　　　　　D. 以上都不对

7. 下列关系的运算中,花费时间最长的是(　　)。

    A. 除　　　　　　　B. 连接　　　　　　　C. 选择　　　　　　　D. 投影

8. 在关系 $A(S,SN,D)$ 和 $B(D,CN,NM)$ 中,A 的主码是 S,B 的主码是 D,则 D 在 A 中称为(　　)。

    A. 主码　　　　　　B. 外码　　　　　　　C. 全码　　　　　　　D. 候选码

9. 有一名为列车运营的实体,含有车次、日期、实际发车时间、实际抵达时间和情况摘要等属性,该实体的码是(　　)。

    A. 车次　　　　　　　　　　　　　　B. 日期

    C. 车次＋日期　　　　　　　　　　　D. 车次＋情况摘要

10. 选取关系中满足某个条件的元组的关系代数运算称为(　　)。

    A. 选择运算　　　　B. 选中运算　　　　　C. 投影运算　　　　　D. 连接运算

11. 自然连接是删除(　　)的等值连接。

    A. 第一行　　　　　B. 重复行　　　　　　C. 第一列　　　　　　D. 重复列

12. 自然连接是构成新关系的有效方法。一般情况下,当对关系 R 和 S 使用自然连接时,要求 R 和 S 含有一个或多个共有的(　　)。

    A. 元组　　　　　　B. 行　　　　　　　　C. 记录　　　　　　　D. 属性

13. 在关系代数中,对一个关系进行投影操作后,新关系的元组个数(　　)原来关系的元组个数。

    A. 小于　　　　　　B. 小于或等于　　　　C. 等于　　　　　　　D. 大于

14. 在关系代数查询的优化中,不正确的描述是(　　)。

    A. 尽可能早地执行连接

    B. 尽可能早地执行选择

    C. 尽可能早地执行投影

    D. 把笛卡儿积和随后的选择合并成连接运算

15. 以下关于外码和相应的主码之间的关系,不正确的是(　　)。

    A. 主码的值不能为空值,但外码的值可以为空值

    B. 外码所在的关系与主码所在的关系可以是同一个关系

    C. 外码一定要与主码同名

    D. 外码不一定要与主码同名

16. 下列表达式中不正确的是(　　)。

    A. $R-S=R-(R\cap S)$　　　　　　　B. $R=(R-S)\cup(R\cap S)$

    C. $R\cap S=S-(S-R)$　　　　　　　D. $R\cap S=S-(R-S)$

17. 关系代数表达式 $R\times S\div T-U$ 的运算结果是(　　)。

R	
A	B
1	a
2	b
3	a
3	b
4	a

S
C
x
y

T
A
1
3

U	
B	C
a	x
c	z

A.

B	C
a	y

B.

B	C
B	X

C.

B	C
a	x
b	x
b	y

D.

B	C
a	x
c	z

18. 关系代数表达式 $R \div S$ 的运算结果是（　　　）。

R			
A	B	C	D
2	1	a	c
2	2	a	d
3	2	b	d
3	2	b	c
2	1	b	d

S		
C	D	E
a	c	5
a	c	2
b	d	6

A.

A	B
2	1
3	2

B.

A	B
2	1

C.

C	D
a	c
b	d

D.

A	B	E
2	1	5
1	2	2

二、简答题

1. 简述关系的性质。

2. 简述关系的实体完整性规则和参照完整性规则，并说明外码在什么情况下可以为空值。

三、操作题

1. 求下列关系运算。

（1）已知关系 R、S 如下，求 $R \cup S$、$R \cap S$、$R - S$、$R \times S$。

R	
A	B
a	d
b	e
c	a
d	e

S	
A	B
d	a
a	d
c	a
b	c

（2）已知关系 P、Q 如下，求 $P\underset{D<F}{\bowtie}Q$，$P\underset{P.C=Q.C}{\bowtie}Q$，$P\bowtie Q$，$P\times Q$。

P			Q		
C	D		E	F	C
C1	3		E4	2	C2
C3	5		E2	9	C4
C5	9		E1	3	C1
C2	1		E3	8	C6

2. 参照 Teach 数据库，用关系代数表示下列查询。

（1）查询 T5 教师讲授的所有课程。

（2）查询在 2022-1 学期开设的课程的课程号和任课教师编号。

（3）查询讲授 C4 课程的教师名。

（4）查询郑阳老师教授的所有课程的课程名和学分。

（5）查询哪些学院的教师在 2021-2 学期开设网络数据库课程。

（6）查询计算机学院讲授数据库课程的教师姓名和职称。

（7）查询讲授 C2 或 C3 课程的教师编号。

（8）查询至少讲授 C2 和 C3 课程的教师编号。

（9）查询至少讲授两门课程的教师编号。

（10）查询不讲授 C2 课程的教师编号和教师姓名。

（11）查询丁洁老师不讲授的课程的课程号。

（12）查询讲授了全部课程的教师的教师编号。

（13）查询讲授了全部学分是 4 分课程的教师的教师编号和姓名。

（14）查询全部教师都讲授的课程的课程号。

（15）查询全部讲师都讲授的课程的课程号和课程名。

（16）查询至少讲授了 T5 教师所讲授的全部课程的教师编号。

第3章 关系数据库标准语言SQL

本章学习目标

（1）了解 SQL 语言的发展、组成与特点。

（2）掌握 SQL 的数据定义、数据操纵和数据查询。

（3）掌握视图的定义及操作。

（4）理解索引的定义、作用及创建。

（5）了解创建索引的原则。

重点：SQL 的数据定义、数据操纵和数据查询，视图的创建。

难点：表结构的修改、表约束的使用、分组查询、EXISTS/NOT EXISTS 查询。

本章学习导航

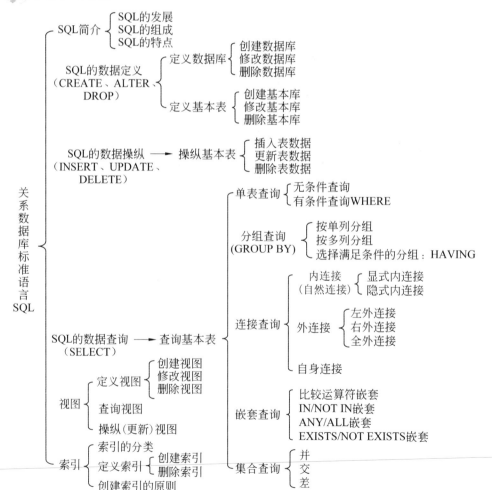

SQL 是关系数据库的标准语言。SQL 语言结构简单、功能强大、易学易用,是用户与数据库之间进行交流的接口,已被大多数 RDBMS 采用。

3.1　SQL 语言简介

从 20 世纪 70 年代中期 IBM 公司研发了 SQL 语言,至今已有 40 多年的历史,如图 3-1 所示。

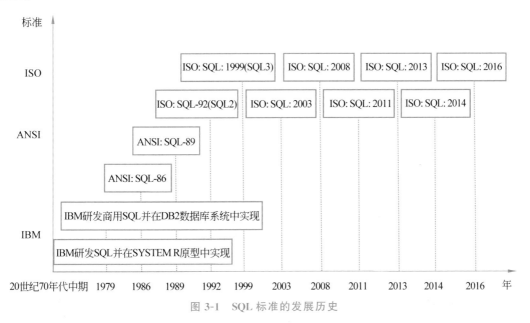

图 3-1　SQL 标准的发展历史

20 世纪 70 年代中期,IBM 公司研发了 SQL 语言,并在 SYSTEM R 原型中实现。

1979 年,IBM 研发了商用 SQL,并在 DB2 和 SQL/DS 数据库系统中实现。

1986 年,美国国家标准化学会(American National Standards Institute,ANSI)采用并发布了 SQL-86 标准,后来被国际标准化组织(International Standards Organization,ISO)采纳为国际标准。

1989 年,ANSI 发布了一个增强完整性特征的 SQL-89 标准。

1992 年,ISO 发布了 SQL-92(SQL2)标准,实现了对远程数据库访问的支持。

1999 年,ISO 发布了 SQL-1999(SQL3)标准,包括面向对象数据库、开放数据库互联等内容。该标准内容超过了 1000 页,内容庞大,包罗万象。

之后,ISO 发布了 SQL:2003、SQL:2008、SQL:2011、SQL:2013、SQL:2014、SQL:2016 等标准,主要是考虑到兼容性而改动。

3.1.1　SQL 数据库的三级模式结构

SQL 支持数据库的三级模式结构,如图 3-2 所示。其中,外模式对应于视图和部分基本表，模式对应于基本表，内模式对应于存储文件。

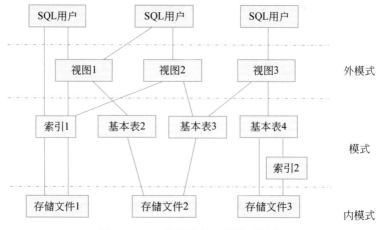

图 3-2　SQL 数据库的三级模式结构

1. 基本表

基本表是本身独立存在的表，对应数据库中一个实际存在的关系。基本表是数据库中的基本对象，是模式的基本内容。

2. 视图

视图是从一个或几个基本表中导出的虚拟表，本身不存储数据，数据存储在基本表中。视图是根据用户应用的需求而对基本表数据的一个映射。因此，视图对应于反映用户需求的外模式。

3. 存储文件

存储文件是内模式的基本单位。一个基本表对应一个或多个存储文件，一个存储文件可以存放一个或多个基本表。一个基本表可以有若干个索引，索引同样存放在存储文件中。存储文件的存储结构对用户是透明的。

3.1.2　SQL 语言的组成

SQL 语言的功能极强，只用九个动词即可完成数据库的核心功能，如表 3-1 所示。

表 3-1　SQL 的九个核心动词

SQL 功能	动　　　词
数据定义	CREATE、DROP、ALTER
数据操纵	INSERT、DELETE、UPDATE
数据查询	SELECT
数据控制	GRANT、REVOKE

1. 数据定义语言

数据定义语言（Data Definition Language，DDL）包括 CREATE、DROP 和 ALTER 语句，用来创建、删除、修改数据库中的各种对象，如创建表、修改表结构、删除表等。

2. 数据操纵语言

数据操纵语言(Data Manipulation Language,DML)包括 INSERT、DELETE 和 UPDATE 语句,用于插入、删除、更新数据库中的数据,如插入表记录、删除表数据、修改表记录等。

3. 数据查询语言

数据查询语言(Data Query Language,DQL)只有 SELECT 语句,用于查询表中的数据。例如,根据给定的条件查询满足要求的数据。

4. 数据控制语言

数据控制语言(Data Control Language,DCL)包括 GRANT 和 REVOKE 语句,用于权限控制等。例如,将表的查询权限授予某用户,或回收某用户对表的查询权限等。

3.1.3 SQL 语言的特点

SQL 语言是一种综合的、功能极强又简单易学的语言。SQL 语言集数据定义、数据操纵、数据查询、数据控制功能于一体,主要特点如下。

1. 综合统一

SQL 语言风格统一,可以独立完成数据库生命周期中的全部活动,包括定义数据库对象,操纵数据,查询数据,控制安全等一系列操作。

2. 高度非过程化

用 SQL 语言进行数据操作,用户只需要提出"做什么",而不需要指明"怎么做",数据的存取路径和 SQL 的操作过程由系统自动完成。这不但大大减轻了用户的负担,而且有利于提高数据的独立性。

3. 面向集合的操作方式

SQL 语言采用"一次一集合"的操作方式,将表等数据库对象看作记录的集合,对集合进行增加、删除、修改、查询,得到的结果还是集合。

4. 以同一种语法结构提供两种使用方式

SQL 语言既可以是独立的语言,让用户在终端直接输入 SQL 命令对数据库进行操作;又可以作为嵌入式语言,嵌入其他宿主语言(如 VB、VC、Java)程序中编程使用。在这两种不同的使用方式下,SQL 语言的语法结构基本上是一致的。

5. 语言简洁、易学易用

SQL 是一种结构化的查询语言,它的结构、语法、词汇等本质上都是精确的、典型的英语结构、语法和词汇,用户不需要任何编程经验就可以读懂它、使用它,容易学习和使用。

3.1.4 SQL 语言的书写规则

(1) SQL 关键字不区分大小写。关键字可以大写,可以小写,也可以大小写混用。为了统一标准,通常指定 SQL 关键字大写。

(2) 对象名和字段名不区分大小写。对象名和字段名等可以大写,可以小写,也可以大小写混用。为了统一标准,通常指定对象名和字段名小写。

（3）所有的标点符号都是英文半角字符。

（4）适当地增加空格和缩进，以提高程序的可读性。

（5）使用注释增强程序的可读性。

注意：SQL 有两种注释，即单行注释和多行注释。MySQL 支持以下三种注释方式。

（1）＃：从＃到行尾都是注释内容。

（2）--：从--到行尾都是注释内容。注意，--后面必须有一个空格，再加注释内容。

（3）/＊…＊/：/＊和＊/之间的所有内容都是注释，通常用于多行注释。

例如：

```
#授权测试,这是单行注释
-- 授权包括授予权限和回收权限
/*两条操作语句,这是多行注释
GRANT SELECT ON Teach.Student  TO  user1
REVOKE SELECT ON Teach.Student  FROM  user1
*/
```

3.2 SQL 的数据定义

SQL 的数据定义语言的功能是实现对各种数据库对象的创建、修改和删除。例如，通过 CREATE 语句创建各种数据库对象（如基本表、视图和索引等），通过 ALTER 语句修改数据库对象的结构，通过 DROP 语句删除数据库对象，如表 3-2 所示。

表 3-2 SQL 的数据定义语句

SQL 语句	功　　能	
CREATE	CREATE DATABASE	创建数据库
	CREATE TABLE	创建基本表
	CREATE VIEW	创建视图
	CREATE INDEX	创建索引
ALTER	ALTER DATABASE	修改数据库结构
	ALTER TABLE	修改基本表结构
	ALTER VIEW	修改视图结构
DROP	DROP DATABASE	删除数据库
	DROP TABLE	删除基本表
	DROP VIEW	删除视图
	DROP INDEX	删除索引

3.2.1 定义数据库

在 MySQL 中，所有的数据库对象均存储在数据库中，因此要先创建数据库。

1. 创建数据库

创建数据库的语句是 CREATE DATABASE,其格式如下:

```
CREATE  DATABASE [IF NOT EXISTS] <数据库名>;
```

说明:

(1) 数据库名要符合操作系统的文件夹命名规则,不要以数字开头,最好具有实际意义。在同一个数据库服务器上,数据库名是唯一的,不能重复。

(2) IF NOT EXISTS 短语表示在创建数据库之前会检查该数据库名是否已经存在,若已存在,则不再创建同名数据库;若不存在,则创建该数据库,以保证数据库名的唯一性。

提示:在所有的格式语法中,"< >"中的内容是必选项,"[ ]"中的内容是可选项,"|"表示两边的内容二者选择其一。

【例 3-1】 创建数据库 Teach。

```
CREATE DATABASE IF NOT EXISTS Teach;
```

拓展阅读

在 MySQL 中,使用 SHOW DATABASES 语句查看已存在的所有数据库。例如,在创建完 Teach 数据库后,查看当前所有的数据库,结果如下:

```
+--------------------+
| Database           |
+--------------------+
| information_schema |
| mysql              |
| performance_schema |
| sakila             |
| sys                |
| teach              |
| world              |
+--------------------+
7 rows in set (0.00 sec)
```

在 MySQL 中,当对某一数据库及其内部对象进行操作时,必须选择该数据库作为当前数据库。使用 USE <数据库名>语句选择当前数据库。例如,选择 Teach 数据库作为当前数据库的语句是 USE Teach。

2. 修改数据库

数据库创建完以后,其使用的字符集及字符集的校对规则就确定了,后续应用过程中还可以再修改。修改数据库的语句是 ALTER DATABASE,其语法格式如下:

```
ALTER DATABASE <数据库名> CHARACTER SET <字符集> COLLATE <校对规则>;
```

【例 3-2】 修改数据库 Teach 的字符集为 utf8,字符集的校对规则为 utf8_general_ci。

```
ALTER DATABASE Teach CHARACTER SET utf8 COLLATE utf8_general_ci;
```

注意：不能修改数据库名，即不能给已存在的数据库重命名。

3. 删除数据库

当数据库不再使用时，可将其删除，以释放它占用的存储空间。删除数据库的语句是 DROP DATABASE，其语法格式如下：

```
DROP  DATABASE [IF EXISTS] <数据库名>;
```

【例 3-3】 删除 Teach 数据库。

```
DROP  DATABASE Teach;
```

3.2.2　MySQL 支持的常用数据类型

1. 字符类型

MySQL 支持的字符类型如表 3-3 所示。

表 3-3　字符类型

类　型	字　节	说　明
CHAR	0～255	定长字符串
VARCHAR	0～65535	变长字符串
TINYTEXT	0～255	短文本数据
TEXT	0～65535	长文本数据
MEDIUMTEXT	0～16777215	中等长度文本数据
LONGTEXT	0～4294967295	极大长度文本数据
TINYBLOB	0～255	二进制字符串
BLOB	0～65535	二进制形式的长文本数据
MEDIUMBLOB	0～16777215	二进制形式的中等长度文本数据
LONGBLOB	0～4294967295	二进制形式的极大长度文本数据

（1）CHAR(n)：表示固定长度为 n 的字符串。如果实际存储的字符数小于 n，则在其后面添加空格来补满，查询时再将空格删除。因此，CHAR 类型不能存储尾部有空格的字符串。一般地，学号、身份证号、手机号等固定长度的字符型数据可以定义为 CHAR 类型。

（2）VARCHAR(n)：表示最大长度为 n 的变长字符串，其占用的存储空间是实际的字符数再加 1 字节。一般地，姓名、学院名称等不定长度的字符型数据可以定义为 VARCHAR 类型。

字符串常量值的定界符为单引号，如'2022001'、'计算机系'等。

（3）TEXT：表示纯文本数据，该类型的数据不能指定长度 n，也不能有默认值，其占用的存储空间为实际的字符数再加 2 字节。一般地，备注、日志、新闻内容、博客等数据可以定义为 TEXT 类型。

（4）BLOB：表示二进制形式的文本数据，其存储的数据只能整体读出。一般地，图像、音频等数据可以定义为 BLOB 类型。

2. 数值类型

MySQL 支持的数值类型如表 3-4 所示。

表3-4　数值类型

类　型	字节	有符号范围	无符号范围	备　注
TINYINT	1	$-128\sim+127$	$0\sim255$	小整数值
SMALLINT	2	$-32768\sim+32767$	$0\sim65535$	大整数值
MEDIUMINT	3	$-8388608\sim+8388607$	$0\sim4294967295$	大整数值
INT 或 INTEGER	4	$-2147483648\sim+2147483647$	$0\sim4284967295$	大整数值
BIGINT	8	$-9223372036854775808\sim$ $+9223372036854775807$	$0\sim$ 18446744073709551615	极大整数值
FLOAT	4	$-3.402823466\times10^{38}\sim$ $-1.175494351\times10^{-38}$、 0、$1.175494351\times10^{-38}\sim$ $3.402823466351\times10^{38}$	0、$1.175494351\times10^{-38}\sim$ 3.402823466×10^{38}	单精度 浮点数值
DOUBLE	8	$-1.7976931348623157\times10^{308}\sim$ $-2.2250738585072014\times10^{-308}$、$0$、 $2.2250738585072014\times10^{-308}\sim$ $1.7976931348623157\times10^{308}$	0、$2.2250738585072014\times$ $10^{-308}\sim$ $1.7976931348623157\times10^{308}$	双精度 浮点数值
DECIMAL(M,D)	16	取决于 M 和 D 的值	取决于 M 和 D 的值	小 数 值，其中 M 表示整个数据的位数，D 表示小数的位数

数值型常量没有定界符，直接书写即可，如 3621.8、1699。

3. 日期和时间类型

MySQL 支持的日期和时间类型如表 3-5 所示。

表3-5　日期和时间类型

类　型	字节	范　围	格　式	备注
DATE	4	1000-01-01～9999-12-31	YYYY-MM-DD	日期
TIME	3	$-838:59:59\sim838:59:59$	HH:MM:SS	时间
DATETIME	8	1000-01-01 00:00:00～ 9999-12-31 23:59:59	YYYY-MM-DD HH:MM:SS	日期时间
TIMESTAMP	4	1970-01-01 00:00:00～ 2038-01-19 03:14:07	YYYY-MM-DD HH:MM:SS	时间戳
YEAR	1	1901～2155	YYYY	年份

日期和时间型数据的定界符为单引号，如'2018-06-18'、'2022-09-01 08：10：20'等。

4. 复合类型

MySQL 支持的复合类型如表 3-6 所示。

表 3-6   复合类型

类型	最多元素数	格　　式	作　　用	返回值
ENUM	65535	ENUM("成员 1", "成员 2",...)	枚举类型，只允许从集合中取一个值	一个或 NULL
SET	64	SET("成员 1", "成员 2",...)	集合类型，可从集合中取任意多个值	多个值

3.2.3   创建基本表

创建基本表

基本表是最基本也是最重要的数据库对象，由表结构和表内容两部分组成。定义基本表就是对表结构进行创建（CREATE）、修改（ALTER）和删除（DELETE）操作。

创建基本表就是构建表结构，包括基本表名、表中的字段名、字段的数据类型和长度及约束等。创建表结构的语句是 CREATE TABLE，其语法格式如下：

```
CREATE  TABLE <表名>
(
    <字段名 1> <字段类型和长度> [DEFAULT 默认值] [列级约束],
    <字段名 2> <字段类型和长度> [DEFAULT 默认值] [列级约束],
        ...
    <字段名 n> <字段类型和长度> [DEFAULT 默认值] [列级约束]
    [,[CONSTRAINT 约束名] 表级约束,...]
);
```

说明：

（1）基本表都是属于某一个数据库的，所以在创建基本表之前一定要选择其所在的数据库为当前数据库。

（2）一个表中不能有相同的字段名，但在不同的基本表中可以有相同的字段名。

（3）字段的类型参照 3.2.2 小节中列出的数据类型，若数据类型是固定的，则不必指定其长度，如日期型数据。

（4）DEFAULT 短语为字段指定默认值，当向基本表中插入记录而没有给该字段指定值时，该字段的值为默认值。

（5）列级约束位于某字段定义的后面，只能为这一字段设置约束条件，是一种强制性的规则。当向基本表中插入记录或修改记录数据时，必须满足该列级约束规定的条件。常见的列级约束有以下五种。

① 主码约束：PRIMARY KEY。每个基本表必须要有主码，在主码字段加上主码约束，用来唯一标识表中的每行数据。在有主码约束的字段中，要求数据不能重复且不能为 NULL。

② 唯一性约束：UNIQUE。唯一性约束规定该字段的数据必须唯一，不能重复，但是可以为 NULL。

③ 非空值/空值约束：NOT NULL/NULL。该约束规则表明指定的字段是否允许为 NULL 值，默认值为 NULL。

④ 外码约束:REFERENCES　＜父表名＞(主码)。外码约束加在外码字段上,表明该字段的取值要么参照父表中的主码值,要么为NULL。外码表示该表与父表之间的关联关系。

⑤ 检查约束:CHECK(关系表达式)。CHECK约束规定了该字段的值必须满足的表达式条件。例如,CHECK(性别　IN('男','女'))表示性别字段的值只能是"男"或"女"。

(6) 表级约束位于所有字段定义的后面,即表定义的最后。表级约束可以约束单个字段,也可以约束多个字段。约束的功能如上描述,约束的格式略有不同,一般有以下四种表约束。

① 主码约束:PRIMARY KEY(字段名1,字段名2,…)。

② 唯一性约束:UNIQUE(字段名)。

③ 外码约束:FOREIGN　KEY(外码)　REFERENCES　＜父表名＞(主码)。

④ 检查约束:CHECK(关系表达式)。

(7) CONSTRAINT短语为表级约束起名字,方便以后对该约束进行查看或删除等操作。一般地,约束命名使用"约束类型简写_约束字段名"规则。主码约束PRIMARY KEY简写为PK,唯一性约束UNIQUE简写为UQ,外码约束FOREIGN KEY简写为FK,检查约束CHECK简写为CK。例如,要在sno(学号)字段上创建主码约束,可以将约束命名为pk_sno。为了方便外码约束的删除操作,一般都要为外码约束起名字。

提示:在MySQL中,不能使用CONSTRAINT短语为列级约束起名字,CHECK约束和外码的列级约束均不生效。

拓展阅读

创建基本表有顺序吗

一个数据库中往往包含多个表,表之间通过外码有着直接或间接的联系。那么在创建基本表时有顺序吗?先创建哪个表?后创建哪个表?在创建一个基本表时,如果它有外码,那么外码参照的所有被参照表要先创建完成,才能创建这个表。例如,图2-1中所示的Teach数据库中各表之间的联系,其中学生表的外码dno参照学院表的主码dno,那么在创建学生表之前,必须要先创建学院表。

按照表之间的参照关系,将Teach数据库中的基本表分为三个层次,如图3-3所示。第一层只有学院表,它不参照任何其他表;第二层包括学生表、课程表和教师表,它们参照第一层的表;第三层包括选修表和任课表,它们参照第二层的表。

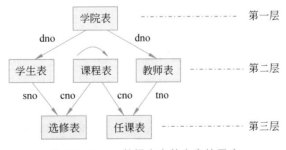

图 3-3　Teach 数据库中基本表的层次

按照从上到下的层次顺序创建基本表，同一层上的基本表的创建没有顺序。

【例 3-4】　创建带列级约束的学院表 Department，要求如表 3-7 所示。

表 3-7　创建 Department 表的要求

字 段 名	类 型	约 束
dno	CHAR(2)	PRIMARY KEY
dname	VARCHAR(30)	UNIQUE，NULL
office	VARCHAR(4)	NULL
note	TEXT	NULL

```
CREATE  TABLE  Department
(dno  CHAR(2)  PRIMARY KEY,
 dname  VARCHAR(30)  UNIQUE,
 office  VARCHAR(4),
 note  TEXT
);
```

基本表创建完成后，使用 DESCRIBE 命令查看基本表结构，可以查看到基本表中各字段的字段名、数据类型和是否允许为 NULL、约束和默认值等信息。例如，查看 Department 表结构的命令如下：

```
DESCRIBE  Department;
```

或者简写为

```
DESC Department;
```

查询结果如下。

```
+--------+-------------+------+-----+---------+-------+
| Field  | Type        | Null | Key | Default | Extra |
+--------+-------------+------+-----+---------+-------+
| dno    | char(2)     | NO   | PRI | NULL    |       |
| dname  | varchar(30) | YES  | UNI | NULL    |       |
| office | varchar(4)  | YES  |     | NULL    |       |
| note   | text        | YES  |     | NULL    |       |
+--------+-------------+------+-----+---------+-------+
```

提示：Key 列的 PRI 表示主码约束，UNI 表示唯一性约束。

【例 3-5】　创建带混合约束的学生表 Student，要求如表 3-8 所示。

表 3-8　创建 Student 表的要求

字段名	类 型	约 束	说 明
sno	CHAR(2)	PRIMARY KEY	无
sname	VARCHAR(10)	NOT NULL	无
sex	ENUM ('男','女')	NULL	默认值为"男"

续表

字段名	类 型	约 束	说 明
birth	DATE	NULL	无
photo	LONGBLOB	NULL	无
hobby	SET('阅读','游泳','登山','远足')	NULL	无
dno	CHAR(2)	FOREIGN KEY	fk_dno

```
CREATE  TABLE  Student
(sno  CHAR(2) PRIMARY  KEY,
 sname  VARCHAR(10) NOT  NULL,
 sex ENUM ('男','女') DEFAULT'男',
 birth DATE,
 photo LONGBLOB,
 hobby SET('阅读','游泳','登山','远足'),
 dno CHAR(2),
 cONSTRAINT fk_dno FOREIGN KEY(dno) REFERENCES  Department(dno)
);
```

使用 DESC Student 命令查看 Student 表的结构,结果如下:

```
+--------+----------------------------+------+-----+---------+-------+
| Field  | Type                       | Null | Key | Default | Extra |
+--------+----------------------------+------+-----+---------+-------+
| sno    | char(2)                    | NO   | PRI | NULL    |       |
| sname  | varchar(10)                | NO   |     | NULL    |       |
| sex    | enum('男','女')            | YES  |     | 男      |       |
| birth  | date                       | YES  |     | NULL    |       |
| photo  | longblob                   | YES  |     | NULL    |       |
| hobby  | set('阅读','游泳','登山','远足') | YES  |     | NULL    |       |
| dno    | char(2)                    | YES  | MUL | NULL    |       |
+--------+----------------------------+------+-----+---------+-------+
```

提示:Key 列在 dno 行上的值为"MUL",说明在 dno 字段上创建外码约束的同时,也创建了一个同名的非唯一索引。

【例 3-6】 创建带表级约束的课程表 Course,要求如表 3-9 所示。

表 3-9 创建 Course 表的要求

字段名	类 型	约 束	约 束 名
cno	CHAR(2)	PRIMARY KEY	无
cname	VARCHAR(20)	UNIQUE,NULL	uq_cname
cpno	CHAR(2)	NULL	无
credit	ENUM('1','2','3','4')	无	无

```
CREATE TABLE Course
(cno CHAR(2),
 cname VARCHAR(20),
 cpno CHAR(2),
 credit ENUM('1','2','3','4'),
 PRIMARY KEY(cno),
 CONSTRAINT uq_cname UNIQUE(cname)
);
```

【例 3-7】 创建带表级约束的选修表 SC，要求如表 3-10 所示。

表 3-10 创建 SC 表的要求

字 段 名	类 型	约 束	约 束 名
sno	CHAR(2)	FOREIGN KEY	fk_sno
cno	CHAR(2)	FOREIGN KEY	fk_cno
score	SMALLINT	成绩为 0～100	ck_score
		PRIMARY KEY(sno,cno)	

```
CREATE  TABLE  SC
(sno  CHAR(2),
 cno  CHAR(2),
 score SMALLINT,
 CONSTRAINT ck_score  CHECK(score BETWEEN 0 AND 100),
 CONSTRAINT fk_sno FOREIGN KEY(sno) REFERENCES  Student(sno),
 CONSTRAINT fk_cno FOREIGN KEY(cno) REFERENCES  Course(cno),
 PRIMARY  KEY(sno,cno)
);
```

【例 3-8】 创建教师表 Teacher，要求如表 3-11 所示。

表 3-11 创建 Teacher 表的要求

字 段 名	类 型	约 束	约 束 名
tno	CHAR(2)	PRIMARY KEY	无
tname	VARCHAR(10)	NOT NULL	无
prof	VARCHAR(10)	NULL	无
engage	DATE	NULL	无
dno	CHAR(2)	FOREIGN KEY	t_fk_dno

```
CREATE TABLE Teacher
(tno CHAR(2) PRIMARY KEY,
 tname VARCHAR(10) NOT NULL,
 prof VARCHAR(10),
```

```
engage DATE,
dno CHAR(2),
    CONSTRAINT t_fk_dno FOREIGN KEY(dno) REFERENCES Department(dno)
);
```

【例 3-9】 创建任课表 TC,要求如表 3-12 所示。

表 3-12 创建 TC 表的要求

字 段 名	类 型	约 束	约 束 名
tcid	INT,自增长	PRIMARY KEY	无
tno	CHAR(2)	FOREIGN KEY	fk_tno
cno	CHAR(2)	FOREIGN KEY	tc_fk_cno
semester	CHAR(6)	NULL	无

```
CREATE TABLE TC
(tcid INT AUTO_INCREMENT PRIMARY KEY,
 tno CHAR(2),
 cno CHAR(2),
 semester CHAR(6),
 CONSTRAINT fk_tno FOREIGN KEY(tno) REFERENCES Teacher(tno),
 CONSTRAINT tc_fk_cno FOREIGN KEY(cno) REFERENCES Course(cno)
);
```

拓展阅读

自动增长字段

AUTO_INCREMENT 表示该字段的值默认从 1 开始,每增加一条记录,该字段的值自动增加 1。在 MySQL 中,一个表只能有一个字段使用 AUTO_INCREMENT,且该字段必须设置为 PRIMARY KEY。AUTO_INCREMENT 所在的字段可以是任何整数类型(TINYINT、SMALLINT、INT、BIGINT)。

3.2.4 修改基本表

基本表的结构包括表名、字段名、字段的数据类型和长度、约束等。因此,修改基本表结构指的是修改表名,增加字段或约束、删除字段或约束、修改字段的数据类型和长度、修改字段名等。修改基本表结构的语句是 ALTER TABLE。

1. 修改表字段和表名

```
ALTER TABLE <表名>
ADD [COLUMN] <新字段名> <类型> [DEFAULT <默认值>] [列级约束] [FIRST|AFTER 字段名];
|DROP [COLUMN] <原字段名 1>,DROP [COLUMN] <原字段名 2>,...;
|MODIFY [COLUMN] <原字段名> <新类型> [DEFAULT <默认值>] [FIRST|AFTER 字段名];
|CHANGE [COLUMN] <原字段名> <新字段名> <新类型> [DEFAULT <默认值>] [FIRST|AFTER 字
```

段名];

|ALTER [COLUMN] <原字段名> [SET DEFAULT <默认值> | DROP DEFAULT];

|RENAME [TO] <新表名>;

1）增加新字段

ALTER TABLE <表名>

ADD [COLUMN] <新字段名> <类型> [DEFAULT <默认值>] [列级约束] [FIRST|AFTER 字段名];

该语句的功能是为基本表增加新字段，同时可以为新增加的字段指定默认值、列级约束及位置。其中，[FIRST|AFTER 字段名]表示新字段在指定字段的前面或后面，该短语一定在语句的最后。

【例 3-10】　在 Department 表 dname 字段的后面增加一个学院成立时间字段，字段名为"dtime"，数据类型为 DATE，不能为 NULL，默认时间是 2002 年 9 月 1 日。

ALTER TABLE Department ADD COLUMN dtime DATE DEFAULT '2002-09-01' NOT NULL AFTER
    dname;

结果如下。

```
+--------+-------------+------+-----+------------+-------+
| Field  | Type        | Null | Key | Default    | Extra |
+--------+-------------+------+-----+------------+-------+
| dno    | char(2)     | NO   | PRI | NULL       |       |
| dname  | varchar(30) | YES  | UNI | NULL       |       |
| dtime  | date        | NO   |     | 2002-09-01 |       |
| office | varchar(4)  | YES  |     | NULL       |       |
| note   | text        | YES  |     | NULL       |       |
+--------+-------------+------+-----+------------+-------+
```

2）修改字段的数据类型

ALTER TABLE <表名>

MODIFY [COLUMN] <原字段名> <新类型> [DEFAULT <默认值>] [FIRST|AFTER 字段名];

该语句的主要功能是修改字段的类型，但不可以修改字段名。另外，也可以修改（或增加）字段的默认值，并可以通过 FRIST 或 AFTER 更改字段在表中的位置。

【例 3-11】　修改 Department 表的 dtime 字段的类型为 YEAR 且默认值为 2002，并将其移动到 office 字段的后面。

ALTER TABLE Department MODIFY dtime YEAR DEFAULT 2002 AFTER office;

结果如下。

```
+--------+-------------+------+-----+---------+-------+
| Field  | Type        | Null | Key | Default | Extra |
+--------+-------------+------+-----+---------+-------+
| dno    | char(2)     | NO   | PRI | NULL    |       |
```

```
| dname    | varchar(30)   | YES  | UNI  | NULL     |       |
| office   | varchar(4)    | YES  |      | NULL     |       |
| dtime    | year          | YES  |      | 2002     |       |
| note     | text          | YES  |      | NULL     |       |
+--------+--------------+------+-----+---------+-------+
```

3）修改字段名和数据类型

ALTER TABLE <表名>
CHANGE [COLUMN] <原字段名> <新字段名> <新类型> [DEFAULT <默认值>] [FIRST |AFTER 字段名];

该语句的主要功能是修改字段名，也可以修改字段类型、默认值，并可以通过 FRIST 或 AFTER 更改字段在表中的位置。无论字段的类型是否修改，都必须带着字段类型。

【例 3-12】 将 Department 表的 dtime 字段改名为 ddate，数据类型和默认值保持不变。

ALTER TABLE Department CHANGE dtime ddate YEAR DEFAULT 2002;

结果如下。

```
+--------+--------------+------+-----+---------+-------+
| Field  | Type         | Null | Key | Default | Extra |
+--------+--------------+------+-----+---------+-------+
| dno    | char(2)      | NO   | PRI | NULL    |       |
| dname  | varchar(30)  | YES  | UNI | NULL    |       |
| office | varchar(4)   | YES  |     | NULL    |       |
| ddate  | year         | YES  |     | 2002    |       |
| note   | text         | YES  |     | NULL    |       |
+--------+--------------+------+-----+---------+-------+
```

4）修改或删除指定字段的默认值

ALTER TABLE <表名>
ALTER [COLUMN] <原字段名> [SET DEFAULT <默认值> | DROP DEFAULT];

该语句的功能是修改或删除指定字段的默认值。

【例 3-13】 将 Department 表的 ddate 字段的默认值删除。

ALTER TABLE Department ALTER COLUMN ddate DROP DEFAULT;

结果如下。

```
+--------+--------------+------+-----+---------+-------+
| Field  | Type         | Null | Key | Default | Extra |
+--------+--------------+------+-----+---------+-------+
| dno    | char(2)      | NO   | PRI | NULL    |       |
| dname  | varchar(30)  | YES  | UNI | NULL    |       |
| office | varchar(4)   | YES  |     | NULL    |       |
| ddate  | year         | YES  |     | NULL    |       |
```

```
| note      | text        | YES  |      | NULL     |       |
+-------+-------------+------+-----+---------+-------;
```

5）删除字段

```
ALTER TABLE <表名>
DROP [COLUMN] <原字段名 1>,DROP [COLUMN] <原字段名 2>,...;
```

该语句的功能是删除指定的字段，删除几个字段就写几个 DROP COLUMN 短语。

【例 3-14】 删除 Department 表中的 ddate 字段和 office 字段。

```
ALTER TABLE Department DROP COLUMN ddate,DROP COLUMN office;
```

结果如下。

```
+-------+-------------+------+-----+---------+-------+
| Field | Type        | Null | Key | Default | Extra |
+-------+-------------+------+-----+---------+-------+
| dno   | char(2)     | NO   | PRI | NULL    |       |
| dname | varchar(30) | YES  | UNI | NULL    |       |
| note  | text        | YES  |     | NULL    |       |
+-------+-------------+------+-----+---------+-------+
```

6）重命名表

```
ALTER TABLE <表名> RENAME [TO] <新表名>;
```

该语句的功能是对基本表进行重命名。

【例 3-15】 将 Department 表重命名为 dm。

```
ALTER TABLE Department RENAME TO dm;
```

2. 修改表约束

```
ALTER TABLE <表名>
|DROP PRIMARY KEY;
|ADD  PRIMARY  KEY(字段名 1,字段名 2,...);
|DROP INDEX <唯一索引名> ;
|ADD [CONSTRAINT 唯一性约束名] UNIQUE(字段名);
|DROP  FOREIGN  KEY  外码约束名;
|ADD [CONSTRAINT 外码约束名] FOREIGN KEY(外码字段)REFERENCES 主表名(主码);
```

1）删除或增加主码约束
（1）删除主码约束。

```
ALTER TABLE <表名> DROP PRIMARY KEY;
```

该语句的功能是删除指定基本表的主码约束。

【例 3-16】 删除 Course 表上的主码约束。

```
ALTER TABLE Course DROP PRIMARY KEY;
```

删除主码约束前 Course 表的结构如下,其中 Key 列的 PRI 是主码约束标志,UNI 是唯一性约束标志。

```
+--------+------------------------+------+-----+---------+-------+
| Field  | Type                   | Null | Key | Default | Extra |
+--------+------------------------+------+-----+---------+-------+
| cno    | char(2)                | NO   | PRI | NULL    |       |
| cname  | varchar(20)            | YES  | UNI | NULL    |       |
| cpno   | char(2)                | YES  |     | NULL    |       |
| credit | enum('1','2','3','4')   | YES  |     | NULL    |       |
+--------+------------------------+------+-----+---------+-------+
```

删除主码约束后 Course 表的结构如下。

```
+--------+------------------------+------+-----+---------+-------+
| Field  | Type                   | Null | Key | Default | Extra |
+--------+------------------------+------+-----+---------+-------+
| cno    | char(2)                | NO   |     | NULL    |       |
| cname  | varchar(20)            | YES  | UNI | NULL    |       |
| cpno   | char(2)                | YES  |     | NULL    |       |
| credit | enum('1','2','3','4')   | YES  |     | NULL    |       |
+--------+------------------------+------+-----+---------+-------+
```

可以看出,在 Key 列 cno 行的主码约束标志 PRI 消失,说明 Course 表上的主码约束被删除。

(2) 增加主码约束。

```
ALTER TABLE <表名> ADD PRIMARY KEY(字段名 1,字段名 2,...);
```

该语句的功能是为指定的基本表增加主码约束,主码约束的字段可以是一个,也可以是多个。

【例 3-17】 为 Course 表的 cno 字段增加主码约束。

```
ALTER TABLE Course ADD PRIMARY KEY(cno);
```

2) 删除或增加唯一性约束

(1) 删除唯一性约束。

```
ALTER TABLE <表名> DROP INDEX <唯一索引名>;
```

该语句的功能是删除指定字段上的唯一性约束。在 MySQL 中,当创建唯一性约束时系统会自动将其归为唯一索引,删除唯一性约束实际上就是删除这个唯一索引。如果创建的唯一性约束没有指定名字,则与字段同名。

【例 3-18】 删除 Course 表里 cname 字段的唯一性约束。

```
ALTER TABLE Course DROP INDEX uq_cname;
```

结果如下。

```
+--------+-----------------------+------+-----+---------+-------+
| Field  | Type                  | Null | Key | Default | Extra |
+--------+-----------------------+------+-----+---------+-------+
| cno    | char(2)               | NO   | PRI | NULL    |       |
| cname  | varchar(20)           | YES  |     | NULL    |       |
| cpno   | char(2)               | YES  |     | NULL    |       |
| credit | enum('1','2','3','4')  | YES  |     | NULL    |       |
+--------+-----------------------+------+-----+---------+-------+
```

（2）增加唯一性约束。

```
ALTER TABLE <表名> ADD [CONSTRAINT 唯一性约束名] UNIQUE(字段名);
```

该语句的功能是为指定表的指定字段增加唯一性约束，也可以通过 CONSTRAINT 短语为该唯一性约束起名。

【例 3-19】 为 Course 表的 cname 字段增加唯一性约束，约束名为 uq_cname。

```
ALTER TABLE Course ADD CONSTRAINT uq_cname UNIQUE(cname);
```

结果如下。

```
+--------+-----------------------+------+-----+---------+-------+
| Field  | Type                  | Null | Key | Default | Extra |
+--------+-----------------------+------+-----+---------+-------+
| cno    | char(2)               | NO   | PRI | NULL    |       |
| cname  | varchar(20)           | YES  | UNI | NULL    |       |
| cpno   | char(2)               | YES  |     | NULL    |       |
| credit | enum('1','2','3','4')  | YES  |     | NULL    |       |
+--------+-----------------------+------+-----+---------+-------+
```

3）删除或增加外码约束

（1）删除外码约束。

```
ALTER TABLE <表名> DROP  FOREIGN  KEY  外码约束名;
```

该语句的功能是删除指定表里的指定约束名的外码约束。

【例 3-20】 删除 Student 表里 dno 字段上的外码约束 fk_dno。

```
ALTER TABLE Student DROP FOREIGN KEY fk_dno;
```

结果如下。

```
+-------+------------------------------+------+-----+---------+-------+
| Field | Type                         | Null | Key | Default | Extra |
+-------+------------------------------+------+-----+---------+-------+
| sno   | char(2)                      | NO   | PRI | NULL    |       |
| sname | varchar(10)                  | NO   |     | NULL    |       |
| sex   | enum('男','女')              | YES  |     | 男      |       |
| birth | date                         | YES  |     | NULL    |       |
| photo | longblob                     | YES  |     | NULL    |       |
```

```
| hobby   | set('阅读','游泳','登山','远足')         | YES  |     | NULL    |       |
| dno     | char(2)                                  | YES  | MUL | NULL    |       |
+---------+------------------------------------------+------+-----+---------+-------+
```

提示：该命令在删除外码约束后，在结果中 Key 列 dno 行的 MUL 标志还在，这是因为在 MySQL 中创建外码约束时，系统会自动创建一个同名索引；当删除外码约束时，该同名索引不会被删除。实际上，MUL 标志表示的是与外码约束同名的普通索引。

如果想要删除 MUL 标志，则需要删除与外码约束同名的普通索引，语句如下：

```
ALTER TABLE Student DROP INDEX fk_dno;
```

结果如下。

```
+---------+------------------------------------------+------+-----+---------+-------+
| Field   | Type                                     | Null | Key | Default | Extra |
+---------+------------------------------------------+------+-----+---------+-------+
| sno     | char(2)                                  | NO   | PRI | NULL    |       |
| sname   | varchar(10)                              | NO   |     | NULL    |       |
| sex     | enum('男','女')                          | YES  |     | 男      |       |
| birth   | date                                     | YES  |     | NULL    |       |
| photo   | longblob                                 | YES  |     | NULL    |       |
| hobby   | set('阅读','游泳','登山','远足')         | YES  |     | NULL    |       |
| dno     | char(2)                                  | YES  |     | NULL    |       |
+---------+------------------------------------------+------+-----+---------+-------+
```

（2）增加外码约束。

ALTER TABLE <表名> ADD [CONSTRAINT 外码约束名] FOREIGN KEY(外码字段) REFERENCES 主表名(主码)

该语句的功能是为指定基本表的指定字段增加外码约束。

【例 3-21】　为 Student 表的 dno 字段增加外码约束，约束名为 fk_dno，参照 Department 表的主码 dno 字段。

```
ALTER TABLE Student ADD CONSTRAINT fk_dno FOREIGN KEY(dno) REFERENCES Department
    (dno);
```

结果如下。

```
+---------+------------------------------------------+------+-----+---------+-------+
| Field   | Type                                     | Null | Key | Default | Extra |
+---------+------------------------------------------+------+-----+---------+-------+
| sno     | char(2)                                  | NO   | PRI | NULL    |       |
| sname   | varchar(10)                              | NO   |     | NULL    |       |
| sex     | enum('男','女')                          | YES  |     | 男      |       |
| birth   | date                                     | YES  |     | NULL    |       |
| photo   | longblob                                 | YES  |     | NULL    |       |
| hobby   | set('阅读','游泳','登山','远足')         | YES  |     | NULL    |       |
```

```
| dno      | char(2)                                |  YES  | MUL | NULL     |        |        |
+--------+----------------------------------------+------+-----+--------+-------+
```

4）删除或增加非空值约束

（1）删除非空值约束。

ALTER TABLE <表名> MODIFY <字段名> <字段类型> [NULL];

该语句的功能是删除指定基本表中指定字段的非空值约束。

【例 3-22】 删除 Student 表中的 sname 字段上的非空值约束。

ALTER TABLE Student MODIFY sname VARCHAR(10) NULL;

结果如下。

```
+--------+----------------------------------------+------+-----+--------+-------+
| Field  | Type                                   | Null | Key | Default | Extra |
+--------+----------------------------------------+------+-----+--------+-------+
| sno    | char(2)                                |  NO  | PRI | NULL    |       |
| sname  | varchar(10)                            |  YES |     | NULL    |       |
| sex    | enum('男','女')                        |  YES |     | 男      |       |
| birth  | date                                   |  YES |     | NULL    |       |
| photo  | longblob                               |  YES |     | NULL    |       |
| hobby  | set('阅读','游泳','登山','远足')       |  YES |     | NULL    |       |
| dno    | char(2)                                |  YES | MUL | NULL    |       |
+--------+----------------------------------------+------+-----+--------+-------+
```

（2）增加非空值约束。

ALTER TABLE <表名> MODIFY <字段名> <字段类型> NOT NULL;

该语句的功能是设置指定基本表中指定字段的非空值约束。

【例 3-23】 为 Student 表中的 sname 字段设置非空值约束。

ALTER TABLE Student MODIFY sname VARCHAR(10) NOT NULL;

结果如下。

```
+--------+----------------------------------------+------+-----+--------+-------+
| Field  | Type                                   | Null | Key | Default | Extra |
+--------+----------------------------------------+------+-----+--------+-------+
| sno    | char(2)                                |  NO  | PRI | NULL    |       |
| sname  | varchar(10)                            |  NO  |     | NULL    |       |
| sex    | enum('男','女')                        |  YES |     | 男      |       |
| birth  | date                                   |  YES |     | NULL    |       |
| photo  | longblob                               |  YES |     | NULL    |       |
| hobby  | set('阅读','游泳','登山','远足')       |  YES |     | NULL    |       |
| dno    | char(2)                                |  YES | MUL | NULL    |       |
+--------+----------------------------------------+------+-----+--------+-------+
```

3.2.5 删除基本表

当一个基本表不再使用时,用户可将其删除。

1. 删除基本表的顺序

数据库中的基本表按照参照与被参照关系分为若干层次,如图 3-3 所示。删除基本表时应按照从下到上的层次顺序依次进行,同一层上的基本表的删除没有先后顺序。

2. 删除基本表的语句

删除基本表的语句是 DROP TABLE,其语法格式如下:

```
DROP  TABLE  <表名>;
```

【例 3-24】 删除基本表 SC。

```
DROP  TABLE  SC;
```

3.3 SQL 的数据操纵

SQL 的数据操纵语句包括 INSERT、UPDATE 和 DELETE 语句,其功能是实现对基本表中数据的插入、更新和删除。本书以对基本表的操作为例,介绍 INSERT、UPDATE 和 DELETE 语句的用法。

3.3.1 插入数据

插入数据

基本表创建完成后,其表内容是空的,此时可以向表中插入数据;或是向已有数据的基本表中追加数据。SQL 中使用 INSERT 语句向基本表中插入数据,有 INSERT...VALUES 和 INSERT...SET 两种方式。

1. INSERT...VALUES

```
INSERT  [INTO]  <表名>[(字段名 1,字段名 2,...,字段名 n)]
VALUES(表达式 1,表达式 2,...,表达式 n)
       [,(表达式 n+1, 表达式 n+2,...,表达式 2n),...]
```

✐说明:

(1) 插入数据时,是将(表达式 i)的值赋给(字段 i),因此表达式的个数、顺序和类型一定要与字段的个数、顺序和类型一一对应匹配,否则会出错。INSERT 语句中字段的顺序可以和基本表中字段的顺序不一致,只要表达式的顺序和字段的顺序一致即可。

(2) 插入部分数据时,没有指定值的字段,如果定义基本表时该字段有默认值,则为默认值;若定义基本表时该字段没有默认值,则为空值。对不允许为空值的字段一定要给该字段指定值或用其默认值(如果有)。

(3) 插入全部数据时,字段名可以全部省略,此时要求表达式的个数、顺序和类型一定要与基本表中字段的个数、顺序和类型——对应匹配。

（4）若要插入多行数据，则需要跟多组表达式列表。

【例 3-25】 向学院表 Department 中插入数据。

```
/ * 插入部分数据 * /
INSERT INTO Department(dno,dname) VALUES('D1','计算机学院');
INSERT INTO Department(dname,dno) VALUES('软件学院','D2');
/ * 插入全部数据 * /
INSERT INTO Department VALUES('D3','网络学院','F301','成立于 2019 年');
INSERT INTO Department(dno,dname,office,note) VALUES('D4','工学院','B206','成立
    于 2000 年');
/ * 查看全部数据 * /
SELECT * FROM Department;
```

结果如下。

```
+------+----------+--------+--------------+
| dno  | dname    | office | note         |
+------+----------+--------+--------------+
| D1   | 计算机学院 | NULL   | NULL         |
| D2   | 软件学院   | NULL   | NULL         |
| D3   | 网络学院   | F301   | 成立于 2019 年 |
| D4   | 工学院    | B206   | 成立于 2000 年 |
+------+----------+--------+--------------+
```

 拓展阅读

如何在 MySQL 表中插入图片

MySQL 中，使用 INSERT 语句向基本表中插入图片时，可以插入图片本身，也可以插入图片的路径。

使用 LOAD_FILE 函数插入图片本身，此时要求图片的大小不能超过 MySQL 变量 max_allowed_packet 的值，图片一定存储在 MySQL 变量 secure_file_priv 指定的目录下，注意目录中分隔线采用的是斜线（"/"）。

也可以在表中插入图片的路径，特别需要指出的是，路径中的分隔线为反斜线（"\"）。

【例 3-26】 向 Student 表中插入多条数据。

```
INSERT INTO Student VALUES
('S1','张轩','男','2001-7-21',LOAD_FILE('C:/ProgramData/MySQL/MySQL Server 8.0/
    Uploads/S1.jpg'),'阅读,游泳','D1'),
('S2','陈茹','女','2000-4-16',LOAD_FILE('C:/ProgramData/MySQL/MySQL Server 8.0/
    Uploads/S2.jpg'),'游泳,远足','D3');
INSERT INTO Student VALUES
('S3','于林','男','2000-12-12','C:\\ProgramData\\MySQL\\MySQL Server 8.0\\
    Uploads\\S3.jpg','登山,远足','D3');
```

此时，Student 表中数据的内容如图 3-4 所示。

sno	sname	sex		birth	photo		hobby		dno
S1	张轩	男	▼	2001-07-21	(Binary/Image)	42K	阅读,游泳	▼	D1
S2	陈茹	女	▼	2000-04-16	(Binary/Image)	52K	游泳,远足	▼	D3
S3	于林	男	▼	2000-12-12	C:\ProgramData\MySQL\MySQL Server 8.0\Uploads\S3.jpg	52B	登山,远足	▼	D3

图 3-4　向 Student 表插入图片信息

2. INSERT…SET

```
INSERT  [INTO]  <表名> SET 字段名 1=表达式 1,字段名 2=表达式 2,...;
```

使用该语句插入数据时,SET 后面的字段可以不按基本表中字段的顺序插入数据,这样能避免记不住字段的顺序而出现插入错误的情况。

【例 3-27】　向 Student 表中插入 S4 学生的信息。

```
INSERT INTO Student SET sno='S4',sex='女',dno='D1',sname='贾哲';
```

结果如图 3-5 所示。

S1	张轩	男	▼	2001-07-21	(Binary/Image)	42K	阅读,游泳	▼	D1
S2	陈茹	女	▼	2000-04-16	(Binary/Image)	52K	游泳,远足	▼	D3
S3	于林	男	▼	2000-12-12	C:\ProgramData\MySQL\MySQL Server 8.0\Uploads\S3.jpg	52B	登山,远足	▼	D3
S4	贾哲	女	▼	(NULL)	(NULL)	0K	(NULL)	▼	D1

图 3-5　向 Student 表中插入 S4 学生信息

3.3.2　更新数据

SQL 中使用 UPDATE 语句更新基本表中的数据。UPDATE 语句的语法格式如下:

```
UPDATE  <表名>
SET  字段名 1=表达式 1[,字段名 2=表达式 2,...]
[WHERE  <条件>] [[ORDER BY 排序字段名] LIMIT n]
```

该语句的功能是更新满足条件的元组中指定字段的值。

说明:

(1) 若省略 WHERE 短语,则表示更新全部元组中指定字段的值。

(2) LIMIT n 表示更新前 n 个元组。加 ORDER BY 短语,表示按指定字段排序后更新前 n 个元组;不加 ORDER BY 短语,表示按原基本表顺序更新前 n 个元组。

1. 更新单个元组

【例 3-28】　将 Department 表中 D1 学院的办公地点设置为 C101。

```
UPDATE Department SET  office='C101' WHERE dno='D1';
```

2. 更新多个元组

【例 3-29】　将 SC 表中所有选修 C1 课程的学生成绩降低 5 分。

```
UPDATE  SC  SET  score= score-5  WHERE  cno='C1';
```

【例 3-30】　将 SC 表中所有学生的成绩加 1 分。

```
UPDATE SC  SET  score= score+1;
```

【例 3-31】 将成绩前三名的成绩减 1 分。

```
UPDATE  SC SET  score=score-1 ORDER BY score DESC LIMIT 3;
```

3. 带子查询的更新语句

若 UPDATE 在更新某个基本表的内容时涉及的条件字段在另外一个基本表中，则可用带子查询的更新语句。

【例 3-32】 将所有选修数据库课程的学生成绩降低 5%。

```
UPDATE  SC  SET  score=score * (1-0.05)
WHERE  cno  IN
    (SELECT  cno  FROM  Course  WHERE  cname='数据库');
```

3.3.3 删除数据

SQL 中使用 DELETE 语句删除基本表中的一个或多个元组。DELETE 语句的语法格式如下：

```
DELETE  FROM  <表名>  [WHERE  <条件>] [[ORDER BY 排序字段名] LIMIT n];
```

该语句的功能是删除基本表中满足条件的元组。若省略 WHERE 短语，则表示删除全部元组，即将基本表内容清空，但基本表结构还在。

1. 删除单个元组

【例 3-33】 删除 Department 表中 D4 学院的信息。

```
DELETE  FROM  Department  WHERE  dno='D4';
```

2. 删除多个元组

【例 3-34】 删除 SC 表中所有选修 C1 课程的选修信息。

```
DELETE  FROM  SC  WHERE  cno='C1';
```

【例 3-35】 删除 SC 表中成绩最低的两条选修记录。

```
DELETE FROM SC ORDER BY score LIMIT 2;
```

【例 3-36】 删除 SC 表中所有学生的选修信息。

```
DELETE  FROM  SC;
```

3. 带子查询的删除语句

若 DELETE 在删除某个基本表的元组时涉及的条件字段在另外一个基本表中，则可以用带子查询的删除语句。

【例 3-37】 删除所有选修"网络数据库"课程的选修信息。

```
DELETE  FROM  SC
WHERE  cno  IN
```

```
(SELECT cno FROM Course WHERE cname='网络数据库');
```

3.3.4 DML 操作时参照完整性的检查

DML 操作时参照
完整性的检查

数据库中的基本表都是有联系的,参照完整性将两个基本表中的相应元组联系起来。因此,对被参照表和参照表进行 DML 操作时有可能破坏表间的参照完整性,DBMS 会对其进行检查,并给出违约处理。可能破坏参照完整性的情况及违约处理如表 3-13 所示。

表 3-13 可能破坏参照完整性的情况及违约处理

被 参 照 表		参 照 表	违 约 处 理
可能破坏参照完整性	←	插入元组	拒绝
可能破坏参照完整性	←	更新外码值	拒绝
删除元组	→	可能破坏参照完整性	拒绝/级联删除/设置为空值
更新主码值	→	可能破坏参照完整性	拒绝/级联修改/设置为空值

例如,Teach 数据库中的 Student 表和 SC 表有参照完整性的联系,Student 表是被参照表,SC 是参照表。当对 Student 表和 SC 表进行 DML 操作时,有四种可能破坏参照完整性的情况。

（1）当向参照表 SC 中插入元组时,如果所插入元组的学号值在 Student 表中没有与之相同的,则会破坏二者之间的参照完整性,DBMS 会拒绝插入。

例如:

```
INSERT INTO SC VALUES('S4','C4',88); --可以插入
INSERT INTO SC VALUES('S8','C4',88); --拒绝插入
```

（2）当更新参照表 SC 中某个元组的外码学号的值时,如果更新后的学号值在 Student 表中没有与之相同的,则会破坏二者之间的参照完整性,DBMS 会拒绝更新。

例如:

```
UPDATE SC SET sno='S5' WHERE sno='S3' AND cno='C1'; --可以更新
UPDATE SC SET sno='S8' WHERE sno='S3' AND cno='C2'; --拒绝更新
```

（3）当删除被参照表 Student 表的某个元组时,如果在参照表 SC 中没有元组的学号值与该元组的学号值相同,则该元组可以删除。如果在参照表 SC 中有元组的学号值与删除元组中的学号值相同,则 DBMS 有三种可选择的处理方式。

① 拒绝,即 DBMS 会拒绝删除该 Student 表中的元组。

② 级联删除,即 DBMS 会将参照表 SC 中学号值与 Student 表中要删除元组的学号值相同的元组一起删除。

③ 设置为空值,即 DBMS 会将参照表 SC 中学号值与 Student 表中要删除元组的学号值相同的元组的学号值设置为 NULL。但是,在 SC 表中学号是主属性,不能设置为 NULL,因此这种违约处理方式在这种情况下不适合使用。

例如,执行以下 SQL 语句时:

```
DELETE  FROM  Student  WHERE  sno='S1';
```

因为 SC 表中有 S1 学生的选修元组，所以 DBMS 有三种可选择的处理方式。

① 拒绝，即 DBMS 会拒绝删除 Student 表中 S1 学生的元组。

② 级联删除，即 DBMS 会将参照表 SC 中学号值是 S1 的元组一起删除。

③ 设置为空值，即 DBMS 会将参照表 SC 中学号值是 S1 的元组中的学号值设置为 NULL。但是，在 SC 表中学号字段是主属性，不能设置为 NULL，因此这种违约处理方式在这种情况下不适用，故只能采用前两种方法中的一种。

（4）当更新被参照表 Student 表中的主码学号的值时，如果在参照表 SC 中没有元组的学号值与该元组的学号值相同，则该元组的学号值可以更新。如果在参照表 SC 中有元组的学号值与被更新元组中的学号值相同，则 DBMS 有三种可选择的处理方式。

① 拒绝，即 DBMS 会拒绝更新 Student 表中的元组。

② 级联更新，即 DBMS 会将参照表 SC 中学号值与 Student 表中要更新元组的学号值相同的元组的学号值一起更新为同一个值。

③ 设置为空值，即 DBMS 会将参照表 SC 中学号值与 Student 表中要更新元组的学号值相同的元组的学号值设置为 NULL。但是，SC 表中的学号字段是主属性，不能设置为 NULL，因此这种违约处理方式在这种情况下也不适用。

例如，执行以下 SQL 语句时：

```
UPDATE  Student  SET  sno='S8'  WHERE  sno='S1';
```

因为 SC 表中有 S1 学生的选修元组，所以 DBMS 有三种可选择的处理方式。

① 拒绝，即 DBMS 会拒绝将 Student 表中 S1 学号值更新为 S8。

② 级联更新，即 DBMS 会将参照表 SC 中学号值是 S1 的元组的学号全部更新为 S8。

③ 设置为空值，即 DBMS 会将参照表 SC 中学号值是 S1 的元组中的学号值设置为 NULL。但是，SC 表中的学号字段是主属性，不能设置为 NULL，因此这种违约处理方式在这种情况下并不适用，故只能采用前两种方法中的一种。

3.4 SQL 的数据查询

SQL 的数据查询功能是对数据库最基本也是最重要的操作。数据库建立后，对其最主要的操作就是利用 SELECT 语句从基本表中查询需要的数据。SELECT 语句短语多，形式多样，功能强大，能完成各种复杂的查询。本节以对基本表的操作为例，介绍查询语句的用法。

3.4.1 单表查询

1. 单表无条件查询

单表无条件查询是指从单个基本表中选择满足条件的字段，其语法格式如下：

```
SELECT  *  | [DISTINCT|ALL]字段名列表 | 表达式   别名   FROM 表名
```

1）查询所有字段

当 SELECT 后面的目标字段为所有字段时，可以依次列出所有的字段名，中间用逗号分隔，也可以用"*"表示所有字段。

【例 3-38】 查询所有的学院信息。

```
SELECT  dno,dname,office,note  FROM  Department;
```

或

```
SELECT  *  FROM  Department;
```

查询结果如下。

```
+-----+-----------+--------+--------------+
| dno | dname     | office | note         |
+-----+-----------+--------+--------------+
| D1  | 计算机学院 | C101   | 成立于 2001 年 |
| D2  | 软件学院   | S201   | 成立于 2011 年 |
| D3  | 网络学院   | F301   | 成立于 2019 年 |
| D4  | 工学院     | B206   | 成立于 2000 年 |
+-----+-----------+--------+--------------+
```

2）查询部分字段

查询部分字段时，将目标字段依次列在 SELECT 后面，中间用逗号分隔。

【例 3-39】 查询所有学院的学院编号和学院名称。

```
SELECT  dno,dname FROM Department;
```

查询结果如下。

```
+-----+-----------+
| dno | dname     |
+-----+-----------+
| D1  | 计算机学院 |
| D2  | 软件学院   |
| D3  | 网络学院   |
| D4  | 工学院     |
+-----+-----------+
```

3）查询没有重复行数据的字段

在 SELECT 后面用 DISTINCT 关键词删除目标字段中的重复数据。

【例 3-40】 查询学生表中的学生都来自哪些学院。

```
SELECT  DISTINCT  dno  FROM  Student;
```

查询结果如下。

```
+------+
| dno  |
+------+
| D1   |
```

```
| D2     |
| D3     |
| D4     |
+------+
```

4）查询含有表达式的字段

当 SELECT 后面的目标字段有表达式时，要为该表达式起别名。其方法是在表达式后面加一空格，然后直接加上表达式的别名。

【例 3-41】 查询所有学生的姓名和年龄。

```
SELECT  sname  姓名, YEAR(CURRENT_DATE())-YEAR(birth)  年龄  FROM  Student;
```

假设当前年份是 2021 年，则本条 SQL 语句的查询结果如下。

```
+------+------+
| 姓名  | 年龄  |
+------+------+
| 张轩  |  20  |
| 陈茹  |  21  |
| 于林  |  21  |
| 贾哲  |  19  |
| 刘强  |  20  |
| 冯玉  |  21  |
+------+------+
```

说明：

（1） MySQL 中，YEAR（日期型数据）函数的功能是从日期型数据中提取年份。

（2） 一般地，对带表达式的字段都要起别名，别名和表达式或原字段名之间有空格。例如，本例中的年龄是表达式的别名，与表达式之间有空格。对于原表中的字段，也可以起别名，以统一风格或便于用户理解，如本例中的 sname 字段的别名是姓名。

2. 单表带条件查询

单表带条件查询是指从单个基本表中选择满足条件的字段和元组，其语法格式如下：

```
SELECT  * | [DISTINCT|ALL] 字段名列表 | 表达式  别名  FROM 表名
[WHERE  <查询条件>]
```

WHERE 短语的功能是根据查询条件筛选满足条件的元组，SELECT 后面的目标字段表示筛选出来的字段，这说明带 WHERE 短语的查询语句不仅能从基本表中查询字段，也能查询满足条件的元组。

WHERE 短语中的条件是一个关系表达式，有多种形式，如表 3-14 所示。

表 3-14 WHERE 短语中常用的查询条件

查询条件	运　算　符	功　　能
比较	=、>、<、>=、<=、!=、<>、!>、!<	比较两个表达式的值
确定范围	BETWEEN　AND、NOT BETWEEN　AND	判断字段值是否在某个范围内，闭区间
确定集合	IN、NOT IN	判断字段值是否在一个集合内
空值	IS　NULL、IS　NOT　NULL	判断字段值是否为空

查询条件	运 算 符	功 能
多重条件	AND、OR	多个条件要用 AND 或 OR 连接起来
字符匹配	LIKE：%(匹配多个字符)； _(匹配单个字符)； NOT LIKE	判断字段值是否与指定的字符串模板相匹配

1) 比较判断

【例 3-42】 查询 D1 学院所有学生的姓名和出生日期。

SELECT sname,birth FROM Student WHERE dno='D1';

查询结果如下。

```
+-------+-----------+
| sname | birth     |
+-------+-----------+
| 张轩  | 2001-07-21 |
| 贾哲  | 2002-02-18 |
+-------+-----------+
```

【例 3-43】 查询成绩不及格的学生的学号和所选修的课程号。

SELECT sno,cno FROM SC WHERE score<60;

查询结果如下。

```
+-----+-----+
| sno | cno |
+-----+-----+
| S1  | C4  |
| S4  | C1  |
+-----+-----+
```

【例 3-44】 查询不在 D2 学院的所有学生的学号和姓名。

SELECT sno,sname FROM Student WHERE dno<>'D2';

查询结果如下。

```
+-----+-------+
| sno | sname |
+-----+-------+
| S1  | 张轩  |
| S4  | 贾哲  |
| S2  | 陈茹  |
| S3  | 于林  |
| S6  | 冯玉  |
+-----+-------+
```

2）确定范围

谓词 BETWEEN A AND B 确定一个连续的范围,表示该字段的值在闭区间[A,B]内;相反,NOT BETWEEN A AND B 表示该字段的值不在闭区间[A,B]内。

例如:sal BETWEEN 1000 AND 3000 表示 sal >= 1000 AND sal <= 3000,NOT sal BETWEEN 1000 AND 3000 表示 sal <1000 OR sal >3000。

【例 3-45】 查询成绩在 60 到 90 之间的选修信息。

```
SELECT * FROM SC WHERE score BETWEEN 60 AND 90;
```

查询结果如下。

```
+-----+-----+-------+
| sno | cno | score |
+-----+-----+-------+
| S1  | C1  |  90   |
| S2  | C2  |  82   |
| S3  | C1  |  85   |
| S3  | C2  |  67   |
| S4  | C2  |  69   |
| S5  | C2  |  78   |
| S5  | C3  |  77   |
| S6  | C2  |  87   |
| S6  | C4  |  79   |
+-----+-----+-------+
```

【例 3-46】 查询成绩不在 60 到 90 之间的选修信息。

```
SELECT * FROM SC WHERE score NOT BETWEEN 60 AND 90;
```

查询结果如下。

```
+-----+-----+-------+
| sno | cno | score |
+-----+-----+-------+
| S1  | C2  |  98   |
| S1  | C3  |  98   |
| S1  | C4  |  52   |
| S4  | C1  |  46   |
+-----+-----+-------+
```

3）确定集合

谓词 IN 可以用来查询字段值属于指定集合的元组,如 sal IN (2000,3000,4000)表示工资值等于 2000 或工资值等于 3000 或工资值等于 4000;相反,NOT IN 表示查询字段值不属于指定集合,如 sal NOT IN (2000,3000,4000)表示工资值不等于 2000,不等于 3000,也不等于 4000。

【例 3-47】 查询 D1 和 D2 学院的学生的学号、姓名、性别、出生日期和所在学院等信息。

```
SELECT  sno,sname,sex,birth,dno  FROM  Student WHERE  dno IN('D1','D2');
```

查询结果如下。

```
+-----+-------+------+------------+------+
| sno | sname | sex  | birth      | dno  |
+-----+-------+------+------------+------+
| S1  | 张轩  | 男   | 2001-07-21 | D1   |
| S4  | 贾哲  | 女   | 2002-02-18 | D1   |
| S5  | 刘强  | 男   | 2001-08-01 | D2   |
+-----+-------+------+------------+------+
```

【例 3-48】 查询不在 D1 和 D2 学院的学生的学号、姓名、性别、出生日期和所在学院等信息。

```
SELECT  sno,sname,sex,birth,dno  FROM  Student WHERE  dno NOT IN('D1','D2');
```

查询结果如下。

```
+-----+-------+------+------------+------+
| sno | sname | sex  | birth      | dno  |
+-----+-------+------+------------+------+
| S2  | 陈茹  | 女   | 2000-04-16 | D3   |
| S3  | 于林  | 男   | 2000-12-12 | D3   |
| S6  | 冯玉  | 女   | 2000-10-09 | D4   |
+-----+-------+------+------------+------+
```

4）空值查询

IS NULL 表示查询值为 NULL 的元组,IS NOT NULL 表示查询值不是 NULL 的元组。

提示:IS NULL 一定不能写成 ＝NULL,因为 NULL 是一个不确定的值,不可以用等号。

【例 3-49】 查询没有成绩(score 值为 NULL)的选修信息。

```
SELECT  *  FROM  SC  WHERE  score  IS  NULL;
```

查询结果如下。

```
+-----+-----+-------+
| sno | cno | score |
+-----+-----+-------+
| S6  | C3  | NULL  |
+-----+-----+-------+
```

【例 3-50】 查询所有有成绩的选修信息。

```
SELECT  *  FROM  SC  WHERE  score  IS  NOT  NULL;
```

查询结果如下。

```
+-----+-----+-------+
| sno | cno | score |
+-----+-----+-------+
| S1  | C1  |    90 |
| S1  | C2  |    98 |
| S1  | C3  |    98 |
| S1  | C4  |    52 |
| S2  | C2  |    82 |
| S3  | C1  |    85 |
| S3  | C2  |    67 |
| S4  | C1  |    46 |
| S4  | C2  |    69 |
| S5  | C2  |    78 |
| S5  | C3  |    77 |
| S6  | C2  |    87 |
| S6  | C4  |    79 |
+-----+-----+-------+
```

5）多重条件查询

当 WHERE 短语中有多个条件时，要用 AND 或 OR 将多个条件连接起来。

【例 3-51】 改写例 3-45，查询成绩在 60 到 90 之间的选修信息。

```
SELECT * FROM  SC  WHERE score>=60  AND score<=90;
```

查询结果与例 3-45 的结果相同。

【例 3-52】 改写例 3-46，查询成绩不在 60 到 90 之间的选修信息。

```
SELECT * FROM  SC  WHERE  score<60  OR  score >90;
```

查询结果与例 3-46 的结果相同。

6）字符匹配

WHERE 短语中使用 LIKE 运算符进行字符串匹配查询，格式如下：

字符匹配

```
WHERE  字符型字段  [NOT]  LIKE  '匹配串模板'  [ESCAPE  '换码字符']
```

（1）精确匹配。当匹配串模板为精确的字符串时，表示查询和匹配串模板相同字段值的元组。

【例 3-53】 查询课程名为"数据库"的课程信息。

```
SELECT  *  FROM  Course  WHERE  cname  LIKE  '数据库';
```

该语句等价于：

```
SELECT  *  FROM  Course  WHERE  cname='数据库';
```

查询结果如下。

```
+-----+--------+------+--------+
| cno | cname  | cpno | credit |
```

```
+-----+---------+------+--------+
| C1  | 数据库   | C3   | 4      |
+-----+---------+------+--------+
```

（2）模糊匹配。当匹配串模板含有通配符"％"（百分号）或"_"（下画线）时，表示不确定的匹配串模板，用于进行字符串模糊匹配查询。其中：

① ％代表任意长度（可以为0）的字符串。例如，'a％b'表示以'a'开头，以'b'结尾的任意长度的字符串，如'acb'、'ab'、'ahib'均满足该匹配串。

② _代表任意单个（长度不能为0）字符。例如，'a_b'表示以'a'开头，以'b'结尾且长度为3的字符串。

【例3-54】 查询课程名包含"数据库"的课程信息。

```
SELECT  *  FROM  Course  WHERE  cname  LIKE  '%数据库%';
```

查询结果如下。

```
+-----+-------------+------+--------+
| cno | cname       | cpno | credit |
+-----+-------------+------+--------+
| C1  | 数据库       | C3   | 4      |
| C4  | 网络数据库    | C1   | 4      |
+-----+-------------+------+--------+
```

如果要查询的字段值本身就含有字符"％"或"_"，这时就要使用ESCAPE短语对其进行转义，转换为普通字符，而不再是通配符。

【例3-55】 查询课程名以"C_"开头的课程信息。

```
SELECT  *  FROM  Course  WHERE  cname  LIKE  'C/_%'  ESCAPE  '/';
```

提示：该语句中的'/'是转义字符，表示将它后面的通配符进行转义，变成一般的普通字符，而不再是通配符。

查询结果如下。

```
+-----+-----------+------+--------+
| cno | cname     | cpno | credit |
+-----+-----------+------+--------+
| C3  | C_Design  | C2   | 2      |
+-----+-----------+------+--------+
```

注意：LIKE运算符只对字符型的字段进行匹配查询操作，其他类型的字段不能使用LIKE短语。

3. 对查询结果进行排序

SQL中使用ORDER BY短语对查询的最终结果进行排序，语法格式如下：

```
ORDER  BY  <字段名1>  [ASC|DESC]  [,<字段名2>  [ASC|DESC],...]
```

该语句的功能是根据指定字段列的值对最终查询结果中的元组按指定的顺序进行排序。

✎说明：

（1）排序字段可以是 1 个，也可以是多个。当为多个时，第 1 个字段为排序主关键字，第 2 个字段为次关键字，依此类推，各字段之间用逗号分隔。多字段排序时，先按主关键字的大小进行排序，当主关键字相同时再按次关键字的大小排序，依此类推。

（2）ASC 表示升序，是默认的顺序，可以省略；DESC 表示降序。

（3）排序字段可以是基本表中的原字段名或别名，也可以使用该字段在 SELECT 后面的目标字段中的顺序序号来代替。

【例 3-56】 查询选修 C1 课程的学生的学号及成绩，将查询结果按成绩的降序排列。

SELECT sno,score FROM SC WHERE cno='C1' ORDER BY score DESC;

或

SELECT sno 学号, score 成绩 FROM SC WHERE cno='C1' ORDER BY 成绩 DESC;

或

SELECT sno 学号, score 成绩 FROM SC WHERE cno='C1' ORDER BY 2 DESC;

查询结果如下。

```
+-----+-------+
| sno | score |
+-----+-------+
| S1  |    90 |
| S3  |    85 |
| S4  |    46 |
+-----+-------+
```

【例 3-57】 查询所有学生的学号、姓名、性别、出生日期和所在学院信息，将查询结果按学院升序排列，学院相同的按出生日期降序排列。

SELECT sno,sname,sex,birth,dno FROM Student ORDER BY dno, birth DESC;

或

SELECT sno,sname,sex,birth,dno FROM Student ORDER BY 5, 4 DESC;

查询结果如下。

```
+-----+-------+-----+------------+-----+
| sno | sname | sex | birth      | dno |
+-----+-------+-----+------------+-----+
| S4  | 贾哲  | 女  | 2002-02-18 | D1  |
| S1  | 张轩  | 男  | 2001-07-21 | D1  |
| S5  | 刘强  | 男  | 2001-08-01 | D2  |
| S3  | 于林  | 男  | 2000-12-12 | D3  |
| S2  | 陈茹  | 女  | 2000-04-16 | D3  |
| S6  | 冯玉  | 女  | 2000-10-09 | D4  |
+-----+-------+-----+------------+-----+
```

提示：日期时间型数据比较大小时,越靠后的日期时间越大。

4. 限制查询结果数量

在 MySQL 中,可以使用 LIMIT 短语限制查询结果的行数,其语法格式如下:

```
SELECT   *  |[DISTINCT|ALL] 字段名列表 | 表达式   别名   FROM   表名
[WHERE  <查询条件>]
[LIMIT [m,] n];
```

说明:"LIMIT [m,] n"短语表示从第 $m+1$ 行开始取 n 行元组,m 默认值为 0。

【例 3-58】 查询 Student 表中从第二位学生开始的三位学生的学号、姓名和所在学院等信息。

```
SELECT sno,sname,dno FROM Student LIMIT 1,3;
```

查询结果如下。

```
+-----+-------+------+
| sno | sname | dno  |
+-----+-------+------+
| S2  | 陈茹   | D3   |
| S3  | 于林   | D3   |
| S4  | 贾哲   | D1   |
+-----+-------+------+
```

【例 3-59】 查询成绩前五名的学生的选修信息。

```
SELECT * FROM SC ORDER BY score DESC LIMIT 5;
```

查询结果如下。

```
+-----+-----+-------+
| sno | cno | score |
+-----+-----+-------+
| S1  | C2  |    98 |
| S1  | C3  |    98 |
| S1  | C1  |    90 |
| S6  | C2  |    87 |
| S3  | C1  |    85 |
+-----+-----+-------+
```

3.4.2 分组查询

分组查询是将基本表中满足条件的元组按指定字段的值分成若干组,每组返回一个结果。该功能是通过在查询语句 SELECT 中加入 GROUP BY 子句来分组、加入 HAVING 子句选择满足条件的分组及利用聚集函数对每组数据进行汇总和统计来实现的。

1. 聚集函数

聚集函数也称为分组函数,是一种与单行函数相对应的多行函数。多行函数是指对多行数据进行计算,只返回一个汇总、统计结果,而不是每行都返回一个结果。常用的聚集函数如表 3-15 所示。

表 3-15　常用的聚集函数

聚 集 函 数	功　　能
COUNT(＊)	统计元组的个数,包括值为 NULL 的元组
COUNT([DISTINCT|ALL] 字段名)	统计某一字段值的个数,忽略 NULL 值
SUM([DISTINCT|ALL] 字段名)	计算某一字段值的总和(此列必须是数值型)
AVG([DISTINCT|ALL] 字段名)	计算某一字段值的平均值(此列必须是数值型)
MAX([DISTINCT|ALL] 字段名)	返回某一字段值中的最大值
MIN([DISTINCT|ALL] 字段名)	返回某一字段值中的最小值

在使用聚集函数时,若指定 DISTINCT 短语,则表示在计算时要取消指定字段中的重复值。如果不指定 DISTINCT 短语或指定 ALL 短语(ALL 为默认值),则表示不取消重复值。

提示:除了 COUNT(＊)之外,其他聚集函数[COUNT(字段名)]都会自动忽略对字段值为 NULL 的统计。

【例 3-60】　查询学生总人数。

```
SELECT   COUNT(＊) 学生总人数   FROM  Student;
```

查询结果如下。

```
+-----------+
| 学生总人数     |
+-----------+
|         6 |
+-----------+
```

【例 3-61】　查询学生来自几个学院。

```
SELECT   COUNT(DISTINCT  dno)   学院数   FROM  Student;
```

查询结果如下。

```
+--------+
| 学院数   |
+--------+
|      4 |
+--------+
```

【例 3-62】　查询所有学生的平均成绩、最高分和最低分。

```
SELECT ROUND(AVG(score),2) 平均成绩,MAX(score) 最高分, MIN(score) 最低分 FROM  SC;
```

查询结果如下。

```
+----------+--------+--------+
| 平均成绩    | 最高分  | 最低分   |
+----------+--------+--------+
|   77.54  |     98 |     46 |
+----------+--------+--------+
```

【例 3-63】 查询 S1 学生的总成绩。

```
SELECT  SUM(score)  S1 的总成绩  FROM  SC  WHERE  sno='S1';
```

查询结果如下。

```
+-----------+
|S1 的总成绩    |
+-----------+
|       338 |
+-----------+
```

2. GROUP BY 短语

SQL 中使用 GROUP BY 短语对满足条件的元组按指定字段分组,在 SELECT 后的目标字段中使用聚集函数对每组进行汇总和统计,以组为单位返回结果。GROUP BY 的语法格式如下:

GROUP BY
短语

```
GROUP  BY  <字段名 1>  [,<字段名 2>...]
```

该语句的功能是根据指定字段的值对查询结果中的元组进行分组,可以按一个字段分组,也可以按多个字段分组。分组的字段名只能是原名或表达式,不能是字段别名。

1)按单字段分组

【例 3-64】 查询每名学生的学号及其成绩的最高分和最低分。

```
SELECT  sno 学号, MAX(score) 最高分, MIN(score) 最低分  FROM  SC
GROUP  BY sno;
```

该语句执行过程如图 3-6 所示。

sno	cno	score
S1	C1	90
S2	C2	82
S3	C1	85
S4	C1	46
S5	C2	78
S1	C2	98
S3	C2	67
S6	C2	87
S1	C3	98
S5	C3	77
S1	C4	52
S6	C4	79
S4	C2	69
S6	C3	NULL

GROUP BY sno
按 sno 值分组 ⟹

sno	cno	score
S1	C1	90
S1	C2	98
S1	C3	98
S1	C4	52
S2	C2	82
S3	C1	85
S3	C2	67
S4	C1	46
S4	C2	69
S5	C2	78
S5	C3	77
S6	C2	87
S6	C4	79
S6	C3	NULL

聚集函数计算
每组 MAX、MIN ⟹

学号	最高分	最低分
S1	98	52
S2	82	82
S3	85	67
S4	69	46
S5	78	77
S6	87	79

图 3-6 单字段分组查询过程

查询结果如下。

```
+------+--------+--------+
| 学号 | 最高分 | 最低分 |
+------+--------+--------+
| S1   |   98   |   52   |
| S2   |   82   |   82   |
| S3   |   85   |   67   |
| S4   |   69   |   46   |
| S5   |   78   |   77   |
| S6   |   87   |   79   |
+------+--------+--------+
```

注意：在分组查询中，SELECT 后面的目标字段要么是分组字段，要么是包含聚集函数的表达式，要么二者都有，其他情况则出错。

【例 3-65】 查询每门课程的课程号、选课人数及平均分，并将查询结果按课程号升序排列。

```
SELECT cno 课程号, COUNT(sno) 选课人数, ROUND(AVG(score),2) 平均分
FROM   SC
GROUP  BY  cno
ORDER  BY  cno;
```

查询结果如下。

```
+--------+----------+--------+
| 课程号 | 选课人数 | 平均分 |
+--------+----------+--------+
| C1     |    3     | 73.67  |
| C2     |    6     | 80.17  |
| C3     |    3     | 87.50  |
| C4     |    2     | 65.50  |
+--------+----------+--------+
```

2）按多字段分组

【例 3-66】 查询每个学院、各种年龄的学生人数，并将查询结果按学院编号升序排列。

```
SELECT  dno 学院编号, YEAR(CURRENT_DATE())-YEAR(birth) 年龄,COUNT(*) 人数
FROM   Student
GROUP  BY  dno, YEAR(CURRENT_DATE())-YEAR(birth)
ORDER BY dno;
```

该语句执行过程如图 3-7 所示。

查询结果如下。

```
+-----------+------+------+
| 学院编号  | 年龄 | 人数 |
+-----------+------+------+
| D1        | 19   | 1    |
| D1        | 20   | 1    |
| D2        | 20   | 1    |
| D3        | 21   | 2    |
| D4        | 21   | 1    |
+-----------+------+------+
```

sno	birth	...	dno
S1	2001-7-21		D1
S2	2000-4-16		D3
S3	2000-12-12		D3
S4	2002-2-18		D1
S5	2001-8-1		D2
S6	2000-10-9		D4

GROUP BY dno,age

sno	birth	...	dno
S1	2001-7-21		D1
S4	2002-2-18		D1
S5	2001-8-1		D2
S2	2002-4-16		D3
S3	2000-12-12		D3
S6	2000-10-9		D4

聚集函数计算 每小组COUNT

学院编号	年龄	人数
D1	19	1
D1	20	1
D2	20	1
D3	21	2
D4	21	1

图 3-7 多字段分组查询过程

提示：MySQL 中，GROUP BY 短语后面的分组字段可以是字段原名或表达式，也可以是别名。例如，本例的 SQL 语句也可以写成：

```
SELECT dno 学院编号, YEAR(CURRENT_DATE())-YEAR(birth) 年龄,COUNT(*) 人数
FROM Student
GROUP BY dno, 年龄
ORDER BY dno;
```

3. HAVING 子句

HAVING 子句必须与 GROUP BY 子句配合使用，其功能是对分组后的查询结果再进一步选择满足条件的分组。HAVING 子句的语法格式如下：

```
GROUP BY <字段名1> [,<字段名2>...][HAVING <分组条件表达式>]
```

【例 3-67】 查询选修了三门以上课程的学生的学号。

```
SELECT sno FROM SC
GROUP BY sno HAVING COUNT(*)>3;
```

查询结果如下。

```
+-----+
| sno |
+-----+
| S1  |
+-----+
```

该语句执行过程如图 3-8 所示。

sno	cno	score
S1	C1	90
S2	C2	82
S3	C1	85
S4	C1	46
S5	C2	78
S1	C2	98
S3	C2	67
S6	C2	87
S1	C3	98
S5	C3	77
S1	C4	52
S6	C4	79
S4	C2	69
S6	C3	NULL

GROUP BY ⟹

sno	cno	score
S1	C1	90
S1	C2	98
S1	C3	98
S1	C4	52
S2	C2	82
S3	C1	85
S3	C2	67
S4	C1	46
S4	C2	69
S5	C2	78
S5	C3	77
S6	C2	87
S6	C4	79
S6	C3	NULL

聚集函数 COUNT ⟹

学号	选课门数
S1	4
S2	1
S3	2
S4	2
S5	2
S6	3

HAVING ⟹

学号	选课门数
S1	4

图 3-8 带 HAVEING 子句的分组查询过程

4. 分组查询小结

完整的分组查询语法格式如下：

```
SELECT  分组字段｜聚集函数表达式｜分组字段和聚集函数表达式  FROM 表名
[WHERE  <查询条件>]
[GROUP  BY  <字段名1>  [,<字段名2>...][HAVING  <分组条件表达式>]]
[ORDER  BY  <字段名1>  [ASC|DESC]  [,<字段名2 [ASC|DESC],...]];
```

该语句的执行过程如下。

（1）WHERE 子句筛选出满足条件的元组。

（2）将满足条件的元组按 GROUP BY 后面的字段分组。

（3）HAVING 子句选择出满足条件的分组。

（4）ORDER BY 对最终的查询结果进行排序。

【例 3-68】 查询至少有三门课程成绩在 90 分以上（包含 90 分）的学生的学号，并将查询结果按学号升序排序。

```
SELECT  sno  FROM  SC
WHERE  score>=90
GROUP BY  sno  HAVING  COUNT(*)>=3
ORDER  BY  sno;
```

查询结果如下。

```
+-----+
| sno |
+-----+
| S1  |
+-----+
```

该语句的执行过程如下：先从 SC 表中将 90 分(包含 90 分)以上成绩的元组筛选出,然后按学号进行分组,再筛选出有三条或三条以上元组的分组,最后对这些分组记录按学号升序进行排序。

> 注意：WHERE 子句与 HAVING 子句的区别在于作用对象不同。WHERE 子句作用于基本表,从中选择满足条件的元组;而 HAVING 子句作用于组,从各分组中选择满足条件的分组。

3.4.3 连接查询

前面的查询都是基于一个基本表数据的查询,在应用中的查询往往涉及多个基本表。例如,查询所有学生的姓名及其选修的课程成绩,这就涉及了 Student 和 SC 两个表,此时要用到多表连接查询。

连接查询是指对两个或两个以上的基本表或视图进行的查询。连接查询也称多表查询,是数据库中最主要的查询,包括等值连接查询、非等值连接查询、自然连接(内连接)查询、外连接查询和自身连接查询。

1. 等值连接与非等值连接查询

两个基本表进行连接时必须要有可比字段,对两个可比字段的值逐一进行比较来决定当前的两条元组是否可以连接。起连接作用的可比字段称为连接字段。连接条件的格式如下：

<表名 1.字段名 1><比较运算符><表名 2.字段名 2>

其中,字段名 1 和字段名 2 为连接字段,比较运算符主要有 =、<、>、<=、>=、!=(或<>)等,或使用 BETWEEN...AND 等其他连接谓词。

当起连接作用的比较运算符为"="时,称该连接为等值连接;其他情况的连接为非等值连接。

【例 3-69】 等值连接查询：查询每名学生的学号、姓名、性别、出生日期、所在学院等信息及所选修课程的情况。

查询分析：学生详细信息在 Student 表中,选修课程的情况在 SC 表中,两个表有可比的共同字段 sno,因此可以相连,代码如下：

```
SELECT Student.sno,sname,sex,birth,dno,SC.*
FROM Student,SC
WHERE Student.sno=SC.sno;
```

查询结果如下。

sno	sname	sex	birth	dno	sno	cno	score
S1	张轩	男	2001-07-21	D1	S1	C1	90
S1	张轩	男	2001-07-21	D1	S1	C2	98
S1	张轩	男	2001-07-21	D1	S1	C3	98
S1	张轩	男	2001-07-21	D1	S1	C4	52

S2	陈茹	女	2000-04-16	D3	S2	C2	82
S3	于林	男	2000-12-12	D3	S3	C1	85
S3	于林	男	2000-12-12	D3	S3	C2	67
S4	贾哲	女	2002-02-18	D1	S4	C1	46
S4	贾哲	女	2002-02-18	D1	S4	C2	69
S5	刘强	男	2001-08-01	D2	S5	C2	78
S5	刘强	男	2001-08-01	D2	S5	C3	77
S6	冯玉	女	2000-10-09	D4	S6	C2	87
S6	冯玉	女	2000-10-09	D4	S6	C3	NULL
S6	冯玉	女	2000-10-09	D4	S6	C4	79

【例 3-70】 非等值连接查询：查询每名学生的成绩等级，包括学号、成绩和等级。

假设在 Teach 数据库中有成绩等级表（SG），如表 3-16 所示。

表 3-16　成绩等级表（SG）

成绩等级 grade	最低分 minscore	最高分 maxscore
不及格	0	59
及格	60	69
中等	70	79
良好	80	89
优秀	90	100

查询分析：学号和成绩在 SC 表中，等级在 SG 表中，连接条件是 SC 表中的 score 在 SG 表某一条元组的最低分 minscore 和最高分 maxscore 之间，代码如下。

```
SELECT sno,score,grade
FROM SC,SG
WHERE score BETWEEN minscore AND maxscore;
```

查询结果如下。

```
+-----+-------+--------+
| sno | score | grade  |
+-----+-------+--------+
| S1  |    90 | 优秀   |
| S1  |    98 | 优秀   |
| S1  |    98 | 优秀   |
| S1  |    52 | 不及格 |
| S2  |    82 | 良好   |
| S3  |    85 | 良好   |
| S3  |    67 | 及格   |
| S4  |    46 | 不及格 |
| S4  |    69 | 及格   |
| S5  |    78 | 中等   |
| S5  |    77 | 中等   |
| S6  |    87 | 良好   |
```

```
| S6   |    79 | 中等     |
+-----+-------+--------+
```

2. 自然连接(内连接)查询

从例 3-69 的结果可以看出,Student 表和 SC 表进行等值连接时出现了两个完全相同的学号字段。根据关系的性质,一个关系中不能有相同的字段,因此为了使结果是一个正确的关系,一般不用等值连接。

自然连接是去掉重复列的等值连接。与外连接相对应,自然连接也称内连接。内连接有两种形式:显式内连接和隐式内连接。

1) 显式内连接查询

两个基本表的显式内连接查询格式如下:

```
SELECT  目标字段列表  FROM  基本表 1  INNER  JOIN  基本表 2
ON  基本表 1.连接字段=基本表 2.连接字段;
WHERE  查询条件
```

三个基本表的显式内连接查询格式如下:

```
SELECT  目标字段列表  FROM  基本表 1  INNER  JOIN  基本表 2  ON  基本表 1.连接字段=
基本表 2.连接字段  INNER  JOIN  基本表 3  ON  基本表 1(或基本表 2).连接字段=基本表 3.连
接字段;
WHERE  查询条件
```

【例 3-71】 查询所有男生的姓名和成绩。

查询分析:目标字段 sname 来自 Student 表,目标字段 score 来自 SC 表,条件字段 sex 来自 Student 表,目标字段和条件字段涉及的两个基本表 Student 和 SC 有共同的字段 sno,可以直接连接。因此,显式内连接查询的代码如下:

```
SELECT  sname,score FROM  Student  INNER  JOIN  SC
ON  Student.sno=SC.sno
WHERE  sex='男';
```

查询结果如下。

```
+-------+-------+
| sname | score |
+-------+-------+
| 张轩  |    90 |
| 张轩  |    98 |
| 张轩  |    98 |
| 张轩  |    52 |
| 于林  |    85 |
| 于林  |    67 |
| 刘强  |    78 |
| 刘强  |    77 |
+-------+-------+
```

【例 3-72】 查询 D1 学院的学生的姓名及其选修的课程名。

查询分析：目标字段 sname 来自 Student 表，目标字段 cname 来自 Course 表，条件字段 dno 在 Department 和 Student 表中都有，按"归置到最少的表中"的原则应选择 Student 表和 Course 表，但是 Student 表和 Course 表没有共同的可比字段相连，因此要寻求起连接作用的第三个表 SC。SC 表中有 sno 字段与 Student 表的 sno 字段相同，有 cno 字段与 Course 表的 cno 字段相同，因此可以将这两个基本表连接起来。这三个基本表的显式内连接查询代码如下：

```
SELECT sname,cname  FROM  Student  INNER  JOIN  SC ON  Student.sno=SC.sno INNER
  JOIN Course  ON  SC.cno=Course.cno WHERE  dno='D1';
```

查询结果如下。

```
+-------+-----------+
| sname | cname     |
+-------+-----------+
| 张轩  | C_Design  |
| 贾哲  | 数据库    |
| 张轩  | 数据库    |
| 张轩  | 网络数据库 |
| 贾哲  | 计算机基础 |
| 张轩  | 计算机基础 |
+-------+-----------+
```

2）隐式内连接查询

两个基本表的隐式内连接查询格式如下：

```
SELECT  目标字段列表  FROM  基本表 1,基本表 2
WHERE  基本表 1.连接字段=基本表 2.连接字段  AND  查询条件;
```

三个基本表的隐式内连接查询格式如下：

```
SELECT  目标字段列表  FROM  基本表 1,基本表 2,基本表 3
WHERE  基本表 1.连接字段=基本表 2.连接字段  AND 基本表 1(或基本表 2).连接字段=基本表 3.
连接字段  AND  查询条件;
```

例 3-71 的隐式内连接查询如下：

```
SELECT  sname,score FROM  Student,SC
WHERE Student.sno=SC.sno AND sex='男';
```

例 3-72 的隐式内连接查询如下：

```
SELECT sname,cname  FROM  Student,SC,Course
WHERE  Student.sno=SC.sno  AND  SC.cno=Course.cno  AND  dno='D1';
```

在连接查询中需要注意的问题如下。

（1）FROM 子句后面的基本表名可以用表原名，也可以为它起表别名。一旦基本表有了别名,整个查询语句中凡是涉及用基本表名的地方都要用表别名。

（2）在查询语句中出现的所有字段,如果在所有涉及的表中是唯一的,则字段名前可以不加表名前缀;若不是唯一的(有两个或两个以上的基本表中都有该字段),则必须在字段名前加表名前缀,以确定其唯一性。

（3）对于带查询条件的连接查询来说,DBMS 的一种高效的执行过程如下：先根据查询条件选出满足条件的元组,然后连接多个基本表,最后在连接后的中间临时结果表中选出目标字段。

【例 3-73】　查询学分是 4 分的课程的课程号及选修该课程的学生的学号和成绩。

方法 1：

```
SELECT  Course.cno,sno,score  FROM  Course,SC
WHERE  Course.cno=SC.cno  AND  credit=4;
```

方法 2：

```
SELECT  C.cno,sno,score  FROM  Course  C, SC  S
WHERE  C.cno=S.cno  AND  credit=4;
```

查询结果如下。

```
+-----+-----+-------+
| cno | sno | score |
+-----+-----+-------+
| C1  | S1  |   90  |
| C1  | S3  |   85  |
| C1  | S4  |   46  |
| C4  | S1  |   52  |
| C4  | S6  |   79  |
+-----+-----+-------+
```

3. 外连接查询

外连接查询包括左外连接查询、右外连接查询和全外连接查询。关于各种外连接查询的规则请参见 2.5.2 小节。

1）左外连接查询

左外连接查询是以左边的基本表为基准,使左边基本表中的所有元组都出现在结果表中,若右边基本表中没有与之相匹配的元组,则结果元组中右基本表部分的字段值为 NULL。

两个基本表的左外连接查询格式如下：

```
SELECT  目标字段列表  FROM  基本表 1  LEFT  JOIN  基本表 2
ON  基本表 1.连接字段=基本表 2.连接字段
WHERE  查询条件;
```

【例 3-74】　查询所有学院的学院名称及其所有的教师姓名,包括没有教师的学院。

```
SELECT dname,tname  FROM  Department  LEFT  JOIN  Teacher
ON  Department.dno=Teacher.dno;
```

查询结果如下。

```
+-----------+------+
| dname     | tname |
+-----------+------+
| 工学院    | NULL |
| 网络学院  | 丁洁 |
| 网络学院  | 唐海 |
| 计算机学院| 苏浩 |
| 计算机学院| 邓晓 |
| 软件学院  | 郑阳 |
+-----------+------+
```

2）右外连接查询

右外连接查询是以右边的基本表为基准，使右边基本表中的所有元组都出现在结果表中，若左边基本表中没有与之相匹配的元组，则结果元组中左基本表部分的字段值为NULL。

两个基本表的右外连接查询格式如下：

```
SELECT  目标字段列表  FROM  基本表 1  RIGHT  JOIN  基本表 2
ON  基本表 1.连接字段=基本表 2.连接字段
WHERE  查询条件；
```

【例 3-75】 查询所有学院的学院名称及其所有的教师姓名，包括没有学院的教师。

```
SELECT dname, tname  FROM  Department RIGHT  JOIN  Teacher
ON  Teacher.dno=Department.dno;
```

查询结果如下。

```
+-----------+------+
| dname     | tname |
+-----------+------+
| 计算机学院| 苏浩 |
| 网络学院  | 丁洁 |
| 网络学院  | 唐海 |
| 计算机学院| 邓晓 |
| 软件学院  | 郑阳 |
| NULL      | 周伟 |
+-----------+------+
```

3）全外连接查询

全外连接是将左右两个基本表先左外连接，再右外连接，最后将两个结果并在一起。但是，在 MySQL 中不支持全外连接查询，只能采取关键字 UNION 联合左、右连接的方法实现全外连接查询。其语法格式如下：

```
SELECT  目标字段列表  FROM  基本表 1  LEFT  JOIN  基本表 2
ON  基本表 1.连接字段=基本表 2.连接字段 WHERE  查询条件；
UNION
SELECT  目标字段列表  FROM  基本表 1  RIGHT  JOIN  基本表 2
```

ON 基本表1.连接字段=基本表2.连接字段 WHERE 查询条件；

【例3-76】 查询所有学院的学院名称及其所有的教师姓名，包括没有教师的学院及暂时没有分配学院的教师。

```
SELECT dname,tname  FROM  Department  LEFT  JOIN  Teacher
ON  Department.dno=Teacher.dno
UNION
SELECT dname, tname  FROM  Department RIGHT  JOIN  Teacher
ON  Teacher.dno=Department.dno;
```

查询结果如下。

```
+------------+-------+
| dname      | tname |
+------------+-------+
| 工学院      | NULL  |
| 网络学院    | 丁洁   |
| 网络学院    | 唐海   |
| 计算机学院  | 苏浩   |
| 计算机学院  | 邓晓   |
| 软件学院    | 郑阳   |
| NULL       | 周伟   |
+------------+-------+
```

4. 自身连接查询

连接操作不仅可以在多个表之间进行，而且可以是一个基本表与其自身进行连接，这样的连接称为表的自身连接。基本表在自身连接时，相当于两个一模一样的基本表进行连接，两个基本表的表名和各字段名都相同，为了加以区别，必须给它们起两个表别名，且各字段前必须要有表别名前缀。

自身连接查询

【例3-77】 查询每门课的课程号及其间接先修课（直接先修课的直接先修课）的课程号。

Course 表的自身连接过程如图3-9所示。

First表(Course表)

cno	cname	cpno	credit
C1	数据库	C3	4
C2	计算机基础	NULL	3
C3	C_Design	C2	2
C4	网络数据库	C1	4

Second表(Course表)

cno	cname	cpno	credit
C1	数据库	C3	4
C2	计算机基础	NULL	3
C3	C_Design	C2	2
C4	网络数据库	C1	4

连接字段

目标字段

图 3-9 Course 表的自身连接

显式内连接查询的代码如下：

```
SELECT  First.cno,SECOND.cpno
FROM  Course  First  INNER  JOIN  Course  Second  ON  First.cpno=Second.cno;
```

隐式内连接查询的代码如下：

```
SELECT First.cno,Second.cpno
FROM Course First, Course Second WHERE First.cpno=Second.cno;
```

查询结果如下。

```
+-----+------+
| cno  | cpno  |
+-----+------+
| C4   | C3    |
| C3   | NULL  |
| C1   | C2    |
+-----+------+
```

3.4.4 嵌套查询

在 SQL 语言中，一个 SELECT...FROM...WHERE 语句称为一个查询块。将一个查询块嵌套在另一个查询块的 WHERE 子句或 HAVING 子句的条件中的查询称为嵌套查询。例如：

```
SELECT  sname  FROM  Student          -- 外层查询或父查询
WHERE  sno  IN
    (SELECT  sno  FROM  SC            -- 内层查询或子查询
    WHERE  cno='C3');
```

在嵌套查询中，上层查询块称为外层查询或父查询，下层查询块称为内层查询或子查询。内层查询的 WHERE 子句还可以再继续嵌套查询，最多可以嵌套 255 层。

SQL 的这种以层层嵌套的方式将多个简单查询构成复杂查询的构造方式正体现了其"结构化"的含义。

1. 嵌套查询的分类

根据不同的标准，嵌套查询有不同的分类，如图 3-10 所示。

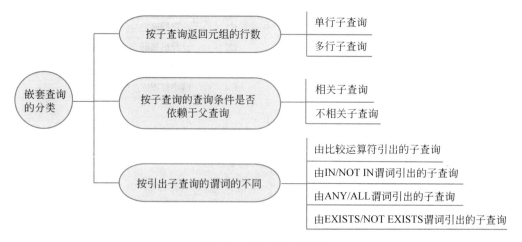

图 3-10 嵌套查询的分类

在上面的嵌套查询中,子查询实现的功能是从 SC 表中查询选修 C3 课程的学生的学号,返回多行元组,因此是多行子查询;子查询可以单独执行,不依赖于父查询,因此也是不相关子查询;同时还是由 IN 谓词引出的子查询。

2. 嵌套查询的执行过程

嵌套查询的执行过程只有不相关子查询的由内向外依次执行和相关子查询的循环往返执行两种。

1) 不相关子查询的执行过程

(1) 执行最里层查询,将最里层查询的结果返回上一层查询的 WHERE 条件中。

(2) 执行上一层查询,将得到的结果再返回到其上一层查询的 WHERE 条件中。

(3) 直到执行到最外层查询,得到最终结果。

2) 相关子查询的执行过程

(1) 取外层查询表的第一条记录为当前记录。

(2) 将当前记录与内层查询相关的字段值传入内层查询的条件中。

(3) 执行内层查询,将结果返回外层查询的 WHERE 子句中。若该 WHERE 子句的条件为真,则将外层表的当前记录放入结果表中;若该 WHERE 子句的条件为假,则不把外层表的当前记录放入结果表中,即放弃该记录。

(4) 取外层查询表的下一条记录为当前记录。若有记录,则转到(2);若无记录(外层表的所有记录循环处理完毕),则结束。

本节按引出子查询的谓词的分类方式详细介绍嵌套查询。

3. 带比较运算符的子查询

带比较运算符的子查询是指父查询与子查询之间用比较运算符进行连接。当用户能确切知道内层查询返回的是单个值时,就可以用>、<、=、>=、<=、!=(或<>)等比较运算符。

【例 3-78】　查询与贾哲在同一个学院的学生的学号和姓名。

查询分析:如果一名学生只能属于一个学院,那么就要先查询出"贾哲"在哪个学院(只有一个值),然后查询该学院的所有学生的学号和姓名。

第 1 步,查询"贾哲"在哪个学院:

```
SELECT  dno  FROM  Student  WHERE  sname='贾哲';
```

结果为 D1。

第 2 步,查询 D1 学院的所有学生的学号和姓名:

```
SELECT  sno,sname  FROM  Student
WHERE  dno ='D1';
```

根据不相关子查询的执行过程,将第 1 步的查询嵌套在第 2 步查询的 WHERE 子句中,构造的嵌套查询如下:

```
SELECT  sno,sname  FROM  Student
WHERE  dno =
    (SELECT  dno  FROM  Student  WHERE  sname='贾哲');
```

查询结果如下。

```
+-----+-------+
| sno | sname |
+-----+-------+
| S1  | 张轩  |
| S4  | 贾哲  |
+-----+-------+
```

【例3-79】 查询比计算机基础课程的学分高的课程的课程号和课程名。

```
SELECT cno,cname FROM  Course
WHERE  credit>
    (SELECT  credit  FROM  Course  WHERE  cname='计算机基础');
```

查询结果如下。

```
+-----+-----------+
| cno | cname     |
+-----+-----------+
| C1  | 数据库    |
| C4  | 网络数据库 |
+-----+-----------+
```

【例3-80】 查询在所有选修C4课程的学生中,成绩低于该课程平均成绩的学生学号及成绩。

```
SELECT  sno,score  FROM  SC
WHERE  cno='C4'  AND  score<
    (SELECT  AVG(score)  FROM  SC  WHERE  cno='C4');
```

查询结果如下。

```
+-----+-------+
| sno | score |
+-----+-------+
| S1  |  52   |
+-----+-------+
```

【例3-81】 查询每名学生不低于其所有选修课程的平均成绩的课程号。

```
SELECT  sno,cno
FROM  SC  X
WHERE  score>=
    (SELECT  AVG(score)  FROM  SC  Y  WHERE  Y.sno=X.sno);
```

相关子查询

查询分析:这是一个相关子查询,内层查询不能单独执行,因为它的条件Y.sno=X.sno中的X.sno是一个变量,需要从外层表中传递进来,外层表当前记录的学号值是谁,内层查询就返回谁的平均分。

该语句的执行过程如下。

（1）取外层 SC 表（别名为 X）中的第一条记录（'S1'，'C1'，90）为当前记录。

（2）将当前记录的 sno 值 S1 传给内层查询的 WHERE 条件，变成 WHERE Y.sno＝'S1'。

（3）执行内层查询：

```
SELECT  AVG(score)  FROM  SC  Y  WHERE  Y.sno='S1';
```

结果为 84.5。

（4）将内层查询结果返回外层查询的 WHERE 条件中，判断外层表当前记录的 score 值 90 是否大于等于 84.5，WHERE 条件为真，因此将当前记录的 sno 和 cno 的值 S1 和 C1 放入结果表中。

（5）取外层 X 表的下一条记录（'S2','C2',80）为当前记录，转到（2），以同样的方法处理，判断第二条记录是否满足条件。依此循环处理，直到外层 X 表中的所有记录处理完毕，该语句查询结束。

查询结果如下。

```
+-----+-----+
| sno | cno |
+-----+-----+
| S1  | C1  |
| S1  | C2  |
| S1  | C3  |
| S2  | C2  |
| S3  | C1  |
| S4  | C2  |
| S5  | C2  |
| S6  | C2  |
+-----+-----+
```

提示：相关子查询的执行是循环反复的，其执行次数与外层表的记录条数相同。

4. 带 IN（或 NOT IN）谓词的子查询

在嵌套查询中，子查询往往有多个值返回，此时不能直接使用比较运算符，而要用谓词 IN（或 NOT IN）引出子查询。

【例 3-82】 查询所有选修 C3 课程的学生的姓名。

```
SELECT  sname  FROM  Student
WHERE  sno  IN
    (SELECT  sno  FROM  SC  WHERE  cno='C3');
```

查询结果如下。

```
+-------+
| sname |
+-------+
| 张轩   |
```

```
|  刘强   |
|  冯玉   |
+-------+
```

【**例 3-83**】 查询没有选修 C3 课程的学生的姓名。

```
SELECT  sname  FROM  Student
WHERE  sno  NOT  IN
    (SELECT  sno  FROM  SC  WHERE  cno='C3');
```

查询结果如下。

```
+-------+
|  sname  |
+-------+
|  陈茹   |
|  于林   |
|  贾哲   |
+-------+
```

【**例 3-84**】 查询选修了网络数据库课程的学生的学号和姓名。

```
SELECT  sno,sname  FROM  Student
WHERE  sno  IN
  (SELECT  sno  FROM  SC
      WHERE  cno  IN
        (SELECT  cno  FROM  Course  WHERE  cname='网络数据库'));
```

查询结果如下。

```
+-----+-------+
|  sno  |  sname  |
+-----+-------+
|  S1   |  张轩   |
|  S6   |  冯玉   |
+-----+-------+
```

注意：使用 IN 引出子查询时，IN 谓词前面的字段名一定要与 IN 后面引出的子查询中的目标字段相同。

5. 带 ANY/ALL 谓词的子查询

在嵌套查询中，子查询返回单个值时可直接用比较运算符进行比较，但返回多个值时就要将比较运算符与 ANY 或 ALL 谓词连用。ANY 和 ALL 的语义如表 3-17 所示。

表 3-17　ANY 和 ALL 的语义

谓　　词	语　　义
＞ANY	大于子查询结果中的某个值
＞ALL	大于子查询结果中的所有值
＜ANY	小于子查询结果中的某个值

谓 词	语 义
＜ALL	小于子查询结果中的所有值
＞＝ANY	大于等于子查询结果中的某个值
＞＝ALL	大于等于子查询结果中的所有值
＜＝ANY	小于等于子查询结果中的某个值
＜＝ALL	小于等于子查询结果中的所有值
＝ANY	等于子查询结果中的某个值
＝ALL	等于子查询结果中的所有值(通常没有实际意义)
!＝(或＜＞)ANY	不等于子查询结果中的某个值
!＝(或＜＞)ALL	不等于子查询结果中的任何一个值

【例 3-85】 查询其他学院中比 D3 学院的某一学生出生日期晚的学生的姓名和出生日期。

```
SELECT  sname,birth  FROM  Student
WHERE  birth>ANY(SELECT  birth  FROM  Student  WHERE  dno='D3')
    AND  dno<>'D3';
```

查询结果如下。

```
+-------+-----------+
| sname | birth     |
+-------+-----------+
| 张轩  | 2001-07-21 |
| 贾哲  | 2002-02-18 |
| 刘强  | 2001-08-01 |
| 冯玉  | 2000-10-09 |
+-------+-----------+
```

【例 3-86】 查询其他学院中比 D3 学院的所有学生出生日期都晚的学生的姓名和出生日期。

```
SELECT  sname,birth  FROM  Student
WHERE  birth>ALL(SELECT  birth  FROM  Student  WHERE  dno='D3')
    AND  dno<>'D3';
```

查询结果如下。

```
+-------+-----------+
| sname | birth     |
+-------+-----------+
| 张轩  | 2001-07-21 |
| 贾哲  | 2002-02-18 |
| 刘强  | 2001-08-01 |
+-------+-----------+
```

事实上,用聚集函数实现子查询通常比直接用 ANY 或 ALL 查询效率要高。ANY 和 ALL 与聚集函数的对应等价关系如表 3-18 所示。

表 3-18　ANY 和 ALL 与聚集函数的对应等价关系

谓词	比较运算符					
	=	<>或!=	<	<=	>	>=
ANY	IN	—	<MAX	<=MAX	>MIN	>=MIN
ALL	—	NOT IN	<MIN	<=MIN	>MAX	>=MAX

从表 3-18 可以看出,=ANY 与 IN 是等价的,!=ALL 与 NOT IN 是等价的,<ANY 与<MAX 是等价的。在嵌套查询中,这些等价的谓词可以互相代替,使得嵌套的形式多种多样。例 3-82～例 3-86 改写如下。

用谓词 ANY 改写例 3-82 查询所有选修 C3 课程的学生的姓名。

```
SELECT  sname  FROM  Student
WHERE  sno=ANY
  (SELECT  sno  FROM  SC  WHERE  cno='C3');
```

用谓词 ALL 改写例 3-83 查询没有选修 C3 课程的学生的姓名。

```
SELECT  sname  FROM  Student
WHERE  sno <>ALL
  (SELECT  sno  FROM  SC  WHERE  cno='C3');
```

用谓词 ANY 改写例 3-84 查询选修了网络数据库课程的学生的学号和姓名。

```
SELECT  sno,sname  FROM  Student
WHERE  sno=ANY
  (SELECT  sno  FROM  SC
    WHERE  cno=ANY
      (SELECT  cno  FROM  Course  WHERE  cname='网络数据库'));
```

用 MIN 改写例 3-85 查询其他学院中比 D3 学院的某一学生出生日期晚的学生的姓名和出生日期。

```
SELECT  sname,birth  FROM  Student
WHERE  birth> (SELECT  MIN(birth)  FROM  Student  WHERE  dno='D3')
    AND  dno<>'D3';
```

用 MAX 改写例 3-86 查询其他学院中比 D3 学院的所有学生出生日期都晚的学生的姓名和出生日期。

```
SELECT  sname,birth  FROM  Student
WHERE  birth>(SELECT  MAX(birth)  FROM  Student  WHERE  dno='D3')
    AND  dno<>'D3';
```

6. 带 EXISTS(或 NOT EXISTS)谓词的子查询

在嵌套查询中,外层查询 WHERE 条件中的 EXISTS 表示存在量词"∃",用来判断子查询是否有结果返回,而不关心返回的具体值。因此,子查询中的目标字段使用"＊"、EXISTS 或 NOT EXISTS 引出的子查询通常都是相关子查询。

由 EXISTS 引出的嵌套查询,若子查询结果非空,则外层的 WHERE 子句条件为真,否则为假;相反,由 NOT EXISTS 引出的嵌套查询,若子查询结果非空,则外层的 WHERE 子句条件为假,否则为真。

用谓词 EXISTS 改写例 3-82 查询所有选修 C3 课程的学生的姓名。

```
SELECT  sname  FROM  Student
WHERE  EXISTS
   (SELECT  *  FROM  SC  WHERE  cno='C3' AND  sno=Student.sno);
```

该查询语句的执行过程如下。

(1) 取外层 Student 表中的第一条记录('S1','张轩','男','1995-9-2','D1')为当前记录。

(2) 将当前记录的 sno 值 S1 传给内层查询的 WHERE 条件中,变成 WHERE sno='S1'。

(3) 执行内层查询:

```
SELECT  *  FROM  SC  WHERE  cno='C3' AND  sno='S1';
```

结果为非空。

(4) 将内层查询的非空结果返回外层查询的 WHERE EXISTS 条件中,条件为真,将当前记录的 sname 值'张轩'放入结果表中。

(5) 取外层 Student 表的下一条记录('S2','陈茹','女','1996-1-6','D2')为当前记录,转到 (2),以同样的方法处理,判断第二条记录是否满足条件。依此循环处理,直到外层 Student 表中的所有记录处理完毕,该语句查询结束。

用谓词 NOT EXISTS 改写例 3-83 查询没有选修 C3 课程的学生的姓名。

```
SELECT  sname  FROM  Student
WHERE NOT EXISTS
   (SELECT  *  FROM  SC  WHERE  cno='C3'  AND  sno=Student.sno);
```

该查询语句的执行过程如下。

(1) 取外层 Student 表中的第一条记录('S1','张轩','男','2001-7-21','D1')为当前记录。

(2) 将当前记录的 sno 值 S1 传给内层查询的 WHERE 条件中,变成 WHERE sno='S1'。

(3) 执行内层查询:

```
SELECT  *  FROM  SC  WHERE  cno='C3' AND  sno='S1';
```

结果为非空。

(4) 将内层查询的非空结果返回外层查询的 WHERE NOT EXISTS 条件中,条件为假,舍弃当前记录。

(5) 取外层 Student 表的下一条记录('S2','陈茹','女','2000-4-16','D3')为当前记录,转到 (2),以同样的方法处理,判断第二条记录是否满足条件。依此循环处理,直到外层 Student 表中的所有记录处理完毕,该语句查询结束。

7. 用存在量词实现全称量词

SQL 中没有全称量词"∀"，用户可以用存在量词"∃"等价表示全称量词，如下：

用存在量词实现全称量词

$$(\forall x)P \equiv \neg(\exists x(\neg P))$$

【例 3-87】 查询选修了全部课程的学生姓名。

查询分析：该语句的含义是查询这样的学生，对于每门课程，他都选修了。这是一个全称量词的表达，可以将该含义转换成等价的用存在量词的形式表达：查询这样的学生，没有一门课程是他不选的。用两个 NOT EXISTS 实现，SQL 语句如下：

```
SELECT  sname  FROM  Student
WHERE  NOT  EXISTS
    (SELECT  *  FROM  Course  WHERE  NOT  EXISTS
        (SELECT  *  FROM  SC  WHERE  sno=Student.sno  AND  cno=Course.cno));
```

查询结果如下。

```
+-------+
| sname |
+-------+
| 张轩  |
+-------+
```

该语句的执行过程是一个双重循环过程，其执行流程如图 3-11 所示。

【例 3-88】 查询选修了全部学分是 4 分的课程的学生姓名。

```
SELECT  sname  FROM  Student
WHERE  NOT  EXISTS
    (SELECT  *  FROM  Course  WHERE  credit=4  AND  NOT  EXISTS
        (SELECT  *  FROM  SC  WHERE  sno=Student.sno  AND  cno=Course.cno));
```

查询结果如下。

```
+-------+
| sname |
+-------+
| 张轩  |
+-------+
```

【例 3-89】 查询选修了全部学分是 4 分的课程的男生姓名。

```
SELECT  sname  FROM  Student
WHERE  sex='男'  AND  NOT  EXISTS
    (SELECT  *  FROM  Course  WHERE  credit=4  AND  NOT  EXISTS
        (SELECT  *  FROM  SC  WHERE  sno=Student.sno  AND  cno=Course.cno));
```

查询结果如下。

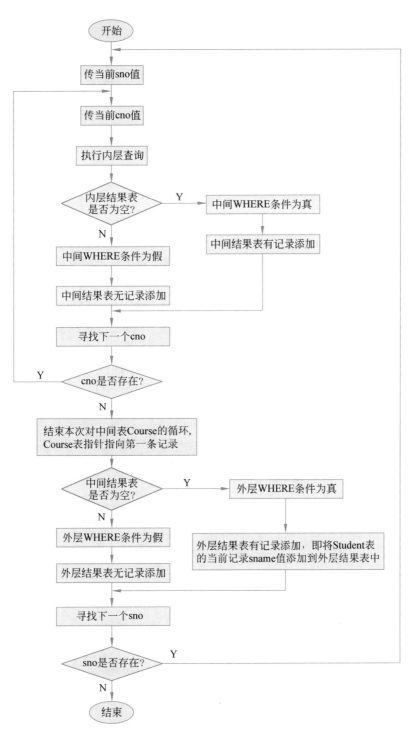

图 3-11 例 3-87 的语句执行流程

```
+-------+
| sname |
+-------+
| 张轩  |
+-------+
```

例 3-88 和例 3-89 是例 3-87 的变形，分别缩小了参与循环的 Student 表和 Course 表的记录范围。

思考：查询被所有学生选修的课程的课程名的 SQL 语句是什么？可以有什么样的变形？

8. 用存在量词实现蕴涵逻辑

SQL 中也没有蕴涵逻辑运算，同样可以用存在量词"∃"等价表示蕴涵逻辑，如下：

用存在量词实现蕴涵逻辑

$$(\forall y)p \rightarrow q \equiv \neg(\exists y(\neg(p \rightarrow q))) \equiv \neg(\exists y(\neg(\neg p \vee q))) \equiv \neg \exists y(p \wedge \neg q)$$

【例 3-90】 查询至少选修了学生 S3 选修的全部课程的学生的学号（不包括 S3 本人）。

查询分析：该语句的含义是查询学号是 x 的学生，对所有的课程 y，只要 S3 学生选修了课程 y，则 x 也选修了课程 y。用 p 表示谓词"学生 S3 选修了课程 y"，用 q 表示谓词"学生 x 选修了课程 y"，则上述查询可表示为 $(\forall y)p \rightarrow q$。

这是一个蕴涵逻辑的表达，可以将该含义转换成等价的用存在量词表达的形式：不存在这样的课程 y，学生 S3 选修了，而学生 x 没有选。用两个 NOT EXISTS 实现，SQL 语句如下：

```
SELECT  DISTINCT  sno
FROM  SC SCX
WHERE  SCX.sno<>'S3'  AND  NOT  EXISTS
   (SELECT  *  FROM  SC  SCY
      WHERE  SCY.sno='S3'  AND  NOT  EXISTS
        (SELECT  *  FROM  SC  SCZ
            WHERE  SCZ.sno=SCX.sno  AND  SCZ.cno=SCY.cno));
```

查询结果如下。

```
+-----+
| sno |
+-----+
| S1  |
| S4  |
+-----+
```

拓展阅读

其他嵌套查询向 EXISTS/NOT EXISTS 嵌套查询的转换

EXISTS/NOT EXISTS 嵌套查询比其他嵌套查询的效率高，其他嵌套查询都可以转换为 EXISTS/NOT EXISTS 嵌套,因此也可以使用其他嵌套查询向 EXISTS/NOT EXISTS 嵌套查询的转换来实现 EXISTS/NOT EXISTS 嵌套的构建。

其他嵌套查询向 EXISTS/NOT EXISTS 嵌套查询的转换的步骤如下。

(1) 将引出子查询的谓词及其前面的字段名替换成 EXISTS/NOT EXISTS。

(2) 将子查询的目标字段改为 *。

(3) 在子查询中的 WHERE 短语中添加一个看上去像连接条件的查询条件,如图 3-12 所示。

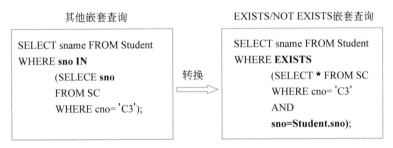

图 3-12　其他嵌套查询向 EXISTS/NOT EXISTS 转换的步骤

3.4.5　集合查询

SELECT 查询语句的结果是元组的集合,因此当两个 SELECT 查询结果的结构完全一致时,用户可以对这两个查询结果进行并、交、差等集合运算。但是,MySQL 仅支持并运算。

1. 并运算

并运算包括两个查询语句结果的所有元组,用 UNION 实现,其语法格式如下:

```
SELECT 语句1
UNION [ALL]
SELECT 语句2
```

提示:不加 ALL 表示去掉重复的元组;加 ALL 表示所有元组,包括重复的元组。

【例 3-91】　查询选修了 C1 或者 C3 课程的学生的学号。

方法 1:集合查询。

```
SELECT sno FROM SC WHERE cno='C1'
UNION
SELECT sno FROM SC WHERE cno='C3';
```

方法 2:单表查询。

```
SELECT DISTINCT sno FROM SC WHERE cno='C1' OR cno='C3';
```

查询结果如下。

```
+-----+
| sno |
+-----+
| S1  |
| S3  |
| S4  |
| S5  |
| S6  |
+-----+
```

2. 交运算

交运算包括两个查询结果中共有的元组，可以用嵌套查询实现。

【例 3-92】　查询既选修了 C1 课程又选修了 C3 课程的学生的学号。

```
SELECT  sno  FROM  SC
WHERE  cno='C1'  AND  sno  IN
    (SELECT  sno  FROM  SC  WHERE  cno='C3');
```

查询结果如下。

```
+-----+
| sno |
+-----+
| S1  |
+-----+
```

思考：本例是否可以用以下 SQL 语句实现？为什么？

```
SELECT  sno  FROM  SC  WHERE  cno='C1'  AND  cno='C3';
```

3. 差运算

差运算包括属于第一个结果集但不属于第二个结果集中的元组。

【例 3-93】　查询选修了 C1 课程但没有选修 C3 课程的学生的学号。

```
SELECT  sno  FROM  SC
WHERE  cno='C1'  AND  sno  NOT  IN
    (SELECT  sno  FROM  SC WHERE  cno='C3');
```

查询结果如下。

```
+-----+
| sno |
+-----+
| S3  |
| S4  |
+-----+
```

3.4.6　多表查询的等价形式

涉及多个表的查询（连接查询或嵌套查询），可以用多种等价形式表示。——

多表查询的等价关系

一般来说,自然连接查询、带有 IN 谓词的子查询、带有比较运算符的子查询、ANY/ALL 引出的子查询都可以用带 EXISTS 或 NOT EXISTS 谓词的子查询等价替换,反之则不一定成立。

由于带 EXISTS 量词的相关子查询只关心内层查询是否有返回值,并不关心具体的返回值是什么,因此其效率并不一定低于其他的不相关子查询,有时反而是高效的方法。

下面对多表查询的各种等价形式进行总结。

1. 多表查询的肯定形式

(1) 自然连接(显式内连接和隐式内连接)。

(2) IN 嵌套。

(3) ANY/ALL 嵌套及其等价的表达。

(4) EXISTS 嵌套。

(5) 多种混合形式。

【例 3-94】 查询数据库课程的成绩单,包括选修该课程的学生的学号和成绩。

方法 1:自然连接之显式内连接。

```
SELECT  sno,score  FROM  SC  INNER  JOIN  Course  ON  SC.cno=Course.cno
WHERE  Course.cname='数据库';
```

方法 2:自然连接之隐式内连接。

```
SELECT  sno,score  FROM  SC, Course
WHERE  SC.cno=Course.cno  AND  Course.cname='数据库';
```

方法 3:IN 嵌套。

```
SELECT  sno,score  FROM  SC
WHERE  cno  IN
  (SELECT  cno  FROM  Course  WHERE  cname='数据库');
```

方法 4:ANY 嵌套。

```
SELECT  sno,score  FROM  SC
WHERE  cno=ANY
  (SELECT  cno  FROM  Course  WHERE  cname='数据库');
```

方法 5:EXISTS 嵌套。

```
SELECT  sno,score  FROM  SC
WHERE  EXISTS
  (SELECT  *  FROM  Course
    WHERE  cname='数据库'  AND  Course.cno=SC.cno );
```

查询结果如下。

```
+-----+-------+
| sno | score |
+-----+-------+
| S1  |    90 |
| S3  |    85 |
| S4  |    46 |
+-----+-------+
```

【例 3-95】 查询所有数据库课程不及格的学生的学号和姓名。

方法 1：自然连接之显式内连接。

```
SELECT  Student.sno, sname  FROM   Student INNER  JOIN  SC
ON  Student.sno=SC.sno  INNER  JOIN  Course
ON  Course.cno=SC.cno   WHERE  score<60  AND  cname='数据库';
```

方法 2：自然连接之隐式内连接。

```
SELECT  Student.sno, sname  FROM   Student, SC, Course
WHERE  Student.sno=SC.sno  AND Course.cno=SC.cno
    AND  score<60  AND  cname='数据库';
```

方法 3：IN 嵌套。

```
SELECT  sno, sname  FROM   Student
WHERE  sno  IN
  (SELECT  sno  FROM  SC
   WHERE  score<60  AND  cno  IN
     (SELECT  cno  FROM  Course  WHERE  cname='数据库'));
```

方法 4：ANY 嵌套。

```
SELECT  sno, sname  FROM   Student
WHERE  sno=ANY
  (SELECT  sno  FROM  SC
   WHERE  score<60  AND  cno=ANY
     (SELECT  cno  FROM  Course  WHERE  cname='数据库'));
```

方法 5：EXISTS 嵌套。

```
SELECT  sno, sname  FROM   Student
WHERE  EXISTS
  (SELECT  *  FROM  SC
   WHERE  score<60  AND  SC.sno=Student.sno  AND  EXISTS
     (SELECT  *  FROM  Course
      WHERE  cname='数据库'  AND  Course.cno=SC.cno));
```

或

```
SELECT  sno, sname  FROM   Student
WHERE  EXISTS
  (SELECT  *  FROM  SC
   WHERE  score<60   AND  EXISTS
     (SELECT  *  FROM  Course
      WHERE  cname='数据库'  AND  Course.cno=SC.cno AND  SC.sno=Student.sno));
```

方法 6：混合形式。

```
SELECT  sno, sname  FROM   Student
WHERE  sno  IN
```

```
(SELECT  sno  FROM  SC, Course
   WHERE  SC.cno=Course.cno  AND  score<60  AND  cname='数据库');
```

查询结果如下。

```
+-----+-------+
| sno | sname |
+-----+-------+
| S4  | 贾哲  |
+-----+-------+
```

对于其他的混合形式,请读者自行研究并写出来。

思考:"查询所有不及格的学生的学号、姓名和所在学院名"这个查询能否用以上的六种方法去查询,为什么? 你得出了什么结论?

2. 多表查询的否定形式

(1) NOT IN 嵌套。

(2) <>ALL 嵌套。

(3) NOT EXISTS 嵌套。

【例 3-96】　查询不在计算机学院的学生名单。

方法 1:NOT IN 嵌套。

```
SELECT  sname  FROM  Student
WHERE  dno  NOT  IN
   (SELECT  dno  FROM  Department  WHERE  dname='计算机学院');
```

方法 2:<>ALL 嵌套。

```
SELECT  sname  FROM  Student
WHERE  dno <> ALL
   (SELECT  dno  FROM  Department  WHERE  dname='计算机学院');
```

方法 3:NOT EXISTS 嵌套。

```
SELECT  sname  FROM  Student
WHERE  NOT  EXISTS
   (SELECT  *  FROM  Department
      WHERE  dname='计算机学院' AND  dno=Student.dno);
```

查询结果如下。

```
+-------+
| sname |
+-------+
| 陈茹  |
| 于林  |
| 刘强  |
| 冯玉  |
+-------+
```

【例 3-97】 查询陈茹同学不学的课程的课程号和课程名。

方法 1：NOT IN 嵌套。

```
SELECT  cno,cname  FROM  Course
WHERE  cno  NOT IN
  (SELECT  cno  FROM  SC
    WHERE  sno  IN
      (SELECT  sno  FROM  Student  WHERE  sname='陈茹'));
```

方法 2：<>ALL 嵌套。

```
SELECT  cno,cname  FROM  Course
WHERE  cno  <>ALL
  (SELECT  cno  FROM  SC
    WHERE  sno  IN
      (SELECT  sno  FROM  Student  WHERE  sname='陈茹'));
```

方法 3：NOT EXISTS 嵌套。

```
SELECT  cno,cname  FROM  Course
WHERE  NOT  EXISTS
  (SELECT  *  FROM  SC
    WHERE  EXISTS
      (SELECT  *  FROM  Student  WHERE  sname='陈茹'
        AND  sno=SC.sno  AND  SC.cno=Course.cno));
```

或

```
SELECT  cno,cname  FROM  Course
WHERE  NOT  EXISTS
  (SELECT  *  FROM  SC
    WHERE  SC.cno=Course.cno  AND  EXISTS
      (SELECT  *  FROM  Student  WHERE  sname='陈茹'
        AND  sno=SC.sno ));
```

查询结果如下。

```
+-----+------------+
| cno | cname      |
+-----+------------+
| C3  | C_Design   |
| C1  | 数据库      |
| C4  | 网络数据库   |
+-----+------------+
```

能力拓展：请读者写出例 3-82 和例 3-83 的所有查询形式。

3.5 视　图

基本表是数据库中最重要的数据库对象,包含实际存储的所有基本数据。当数据库建成以后,主要对其进行查询操作,如果操作比较复杂,且频繁进行,则可以考虑将复杂的查询封装在视图里,以简化用户的操作。另外,如果要对用户隐藏某些敏感数据,同样可以用视图来实现,将不敏感的数据映射到视图中供用户使用。

视图是从一个或几个基本表(或视图)导出来的虚拟的表,是对基本表的一种映射。视图中不存储数据,只存放视图的定义,即映射到哪些表的哪些字段。视图中用到的数据是从基本表中根据映射关系获取的,因此当基本表的数据发生变化时,相应的视图数据也会随之改变。

视图是外模式的基本单位,从用户观点来看,视图和基本表是一样的。因此,视图定义后,可以和基本表一样被用户查询、更新,即用户透过视图可以对基本表进行查询、更新等操作,任何视图都可以查询,但更新是有限制的。

3.5.1 定义视图

定义视图包括创建视图、修改视图和删除视图。

1. 创建视图

SQL 中创建视图的语句是 CREATE　VIEW,其格式如下:

```
CREATE  [OR  REPLACE]  VIEW  <视图名> [(<字段名 1>,<字段名 2>,...)]
AS  <SELECT 查询语句>
[WITH  CHECK  OPTION] ;
```

✎说明:

(1) OR　REPLACE 表示替换,即如果要创建的视图已经存在,则系统会覆盖原来的视图,重新创建一个同名的视图。

(2) 视图中的字段名要么全部指定,要么全部省略,没有其他选择。若全部省略,则视图中的字段名和定义时 SELECT 查询语句中目标字段名完全相同。

(3) 子查询是从视图映射到基本表数据的 SELECT 语句,通常不能使用 ORDER BY 子句和 DISTINCT 短语。

(4) WITH　CHECK　OPTION 是可选项,表示对所创建的视图进行 INSERT、UPDATE 和 DELETE 操作时,必须满足子查询中 WHERE 子句里限定的条件,否则拒绝执行。

(5) DBMS 执行 CREATE　VIEW 命令时,只把视图的定义存到数据字典中,并不执行其中的子查询 SELECT 语句;只有在对视图进行查询时,DBMS 才能按照视图的定义从基本表中将数据取出。

【例 3-98】 创建 D1 学院学生的视图 IE_Student,包括学号、姓名、性别和所在学院。

```
CREATE  VIEW  IE_Student
```

```
AS
SELECT  sno,sname,Sex,dno  FROM Student  WHERE  dno='D1';
```

提示：本例中创建的视图是基于一个基本表建立的视图，并且去掉了基本表的某些行和某些列，但保留了主码。这类视图也称为行列子集视图，其余视图称为非行列子集视图。

【例 3-99】 创建视图 C1_score，包含选修了 C1 课程的学生的学号和提高 5% 后的成绩。

```
CREATE  VIEW C1_score(sno,Up_score)
AS
SELECT  sno, score*(1+0.05) FROM  SC  WHERE  cno='C1';
```

或

```
CREATE VIEW C1_score
AS
SELECT  sno sno, score*(1+0.05) Up_score FROM  SC  WHERE  cno='C1';
```

提示：视图可以和基本表一样，使用"DESC 视图名"命令查看视图的结构。

例如，使用 DESC C1_score 语句查看视图 C1_score 的结构，结果如下。

```
+----------+-------------+------+-----+---------+-------+
| Field    | Type        | Null | Key | Default | Extra |
+----------+-------------+------+-----+---------+-------+
| sno      | char(2)     | NO   |     | NULL    |       |
| Up_score | decimal(9,2)| YES  |     | NULL    |       |
+----------+-------------+------+-----+---------+-------+
```

【例 3-100】 创建视图 Age_Student，包含学生的学号、姓名和年龄。

```
CREATE  VIEW  Age_Student (sno,sname,sage)
AS
SELECT  sno,sname, YEAR(CURRENT_DATE())-YEAR(birth) FROM  Student;
```

【例 3-101】 创建视图 Avg_score，包含每个选修课程的学生的学号及其平均成绩。

```
CREATE  VIEW  Avg_score(sno,gavg)
AS
SELECT  sno,AVG(score) FROM  SC
GROUP BY sno;
```

【例 3-102】 创建视图 IE_score，包含所有 D1 学院选修 C1 课程的学生的学号、姓名和成绩。

```
CREATE VIEW IE_score
AS
SELECT  Student.sno,sname,score FROM  Student,SC
WHERE  dno='D1' AND Student.sno=SC.sno AND cno='C1';
```

【例 3-103】 创建视图 IE_score_90,包含所有计算机学院选修 C1 课程且成绩在 90 分以上(包括 90 分)的学生的学号、姓名及成绩。

```
CREATE   VIEW   IE_score_90
AS
SELECT sno,sname,score FROM  IE_score WHERE  score>=90;
```

【例 3-104】 创建 CHECK 约束视图 IE_Student_Check,包括 D1 学院学生的学号、姓名、性别和所在学院。

```
CREATE   VIEW   IE_Student_Check
AS
SELECT  sno,sname,sex,dno  FROM Student  WHERE  dno='D1'
WITH  CHECK  OPTION;
```

提示:创建时加上了 WITH CHECK   OPTION 短语的视图称为 CHECK 约束视图。

2. 修改视图

视图创建后,如果其关联的基本表的某些字段发生变化,则需要对视图进行修改,从而保持视图与基本表一致。MySQL 提供 ALTER   VIEW 语句和 CREATE OR REPLACE VIEW 语句来修改视图。

【例 3-105】 修改例 3-101,使视图 Avg_score 中包含每门课程的课程号及该课程的平均分。

```
ALTER VIEW  Avg_score(cno,gavg)
AS
SELECT  cno,AVG(score) FROM  SC
GROUP BY cno;
```

或

```
CREATE OR REPLACE VIEW Avg_score(cno,gavg)
AS
SELECT  cno,AVG(score) FROM  SC
GROUP BY cno;
```

3. 删除视图

SQL 中使用 DROP   VIEW 命令删除视图。删除视图的格式如下:

```
DROP   VIEW   <视图名>;
```

【例 3-106】 删除视图 Avg_score。

```
DROP   VIEW   Avg_score;
```

删除视图就是从数据字典中将该视图的定义删除,对创建该视图的表或视图没有任何影响。但是如果创建视图的表或视图被删除,那么该视图将无法使用。

3.5.2　查询视图

对于所有类型的视图，当创建好以后，都可以像查询基本表一样查询视图。

【例 3-107】　在 IE_Student 视图中查询所有男生的学号和姓名。

```
SELECT   sno, sname   FROM   IE_Student WHERE   sex='男';
```

📖 拓展阅读

当对视图进行查询时，DBMS 会进行视图的消解（View Resolution），转换成等价的对基本表的查询。消解过程如下：查询视图时首先检查查询中涉及的基本表、视图等是否存在。如果存在，那么从数据字典中取出视图的定义，把定义中的子查询和用户的查询结合起来，转换成等价的对基本表的查询，再执行修正了的查询。

例 3-107 中视图消解后转换成的等价查询如下：

```
SELECT   sno, sname   FROM   Student WHERE   dno='D1'   AND   sex='男';
```

一般地，对于行列子集视图的查询，DBMS 都能进行视图的消解，转换成等价的对基本表的查询。但对非行列子集视图的查询，有的能进行视图的消解，有的不能。如例 3-108 中对连接视图的查询可以进行视图的消解，而对例 3-109 中的查询不能进行视图的消解。

【例 3-108】　查询 D1 学院选修了 C1 课程的学生的学号和姓名。

```
SELECT   IE_Student.sno, sname FROM   IE_Student, SC
WHERE   IE_Student.sno=SC.sno   AND   SC.cno='C1';
```

本例中视图消解后转换成的等价查询如下：

```
SELECT   Student.sno, sname FROM   Student, SC
WHERE   Student.sno=SC.sno   AND   SC.cno='C1'   AND   dno='D1';
```

【例 3-109】　在 Avg_score 视图中查询平均成绩在 80 分以上的课程的课程号。

```
SELECT   sno   FROM   Avg_score   WHERE   gavg>80;
```

本例的查询无法进行视图的消解，转换成等价的正确的查询，因此采用视图消解法的 DBMS 会限制这类查询。

3.5.3　操纵视图

操纵视图也称更新视图，是指对视图映射的数据进行插入、删除和更新操作。因为视图是不存储数据的虚表，所以对视图的更新最终都转换为对基本表的操纵。

视图的种类决定了能进行操纵的种类。对于行列子集视图可以进行所有的数据操纵；而对于非行列子集视图，因为视图中的行数和基本表中的行数不是一对一的关系，所以这种视图要么不能操纵，要么操纵受到限制。

1. 行列子集视图的数据操纵

【例 3-110】 对简单视图 IE_Student 进行数据操纵。

（1）向 IE_Student 视图中插入一名学生的信息，学号是"S7"，姓名是"张晓"，所在学院是"D1"。

```
INSERT  INTO  IE_Student(sno,sname,dno)  VALUES('S7','张晓','D1');
```

转换成对基本表的数据插入，SQL 语句如下：

```
INSERT  INTO  Student  VALUES('S7','张晓','男',NULL,NULL,NULL,'D1');
```

性别"男"是 Student 表 sex 字段的默认值，会自动放入 VALUES 子句中；其余字段没有指定值，默认为 NULL。

（2）将 IE_Student 视图中"S7"学生的姓名更改为"王晓"。

```
UPDATE  IE_Student  SET  sname='王晓'  WHERE  sno='S7';
```

转换成对基本表的数据更新，SQL 语句如下：

```
UPDATE  Student  SET  sname='王晓'  WHERE  sno='S7'  AND  dno='D1';
```

（3）将 IE_Student 视图中"S7"学生的信息删除。

```
DELETE  FROM  IE_Student  WHERE  sno='S7';
```

转换成对基本表的数据删除，SQL 语句如下：

```
DELETE  FROM  Student  WHERE  sno='S7'  AND  dno='D1';
```

思考：向 IE_Student 视图中插入一名学生的信息，学号是"S8"，姓名是"张玲"，所在学院是"D2"。该学生的信息能插入进去吗？如果能插入进去，那么 IE_Student 视图和 Student 基本表中的内容分别有什么变化？

2. CHECK 约束视图的数据操纵

【例 3-111】 对 CHECK 约束视图 IE_Student_Check 进行数据操纵。

（1）向 IE_Student_Check 视图中插入一名学生的信息，学号是"S9"，姓名是"吴海"，性别是"男"，所在学院是"D1"。

CHECK 约束视图的数据操纵

```
INSERT  INTO  IE_Student_Check(sno,sname,dno)  VALUES('S9','吴海','D1');
```

该操作插入的学生是 D1 学院的，符合创建视图时子查询中的条件 dno='D1'，因此该学生的信息能插入进去。

思考：若向 IE_Student_Check 视图中插入一名学生的信息，学号是"S10"，姓名是"李玲"，所在学院是"D2"，那么该学生的信息能插入进去吗？为什么？

（2）将 IE_Student_Check 视图中"S9"学生的姓名更改为"王海"。

```
UPDATE  IE_Student_Check  SET  sname='王海'  WHERE  sno='S9';
```

思考：若将 IE_Student_Check 视图中"王海"的所在学院更改为"D3"，那么该更新操作能成功吗？为什么？

（3）将 IE_Student_Check 视图中"S9"学生信息删除。

```
DELETE  FROM  IE_Student_Check  WHERE  sno='S9';
```

 拓展阅读

视图的不可操纵与不允许操纵一样吗？

视图的不可操纵与不允许操纵是两个不同的概念。不可操纵是指理论上已经证明是不可能操纵的视图，如某些非行列子集视图；不允许操纵是指系统中不支持其操纵，但它本身有可能是可以操纵的视图。

3.6 索　　引

索引如同书中的目录一样，是加快查询的有效手段。索引是对基本表记录按一个字段或多个字段的值进行逻辑排序的一种结构，是逻辑结构到物理结构的一种映射。如果对含有大量记录的表进行查找，在没有任何索引的情况下，DBMS 要逐条读取记录进行比较，最终找到需要的记录，最坏的情况下会读取、比较所有的记录。这需要进行大量的磁盘 I/O 操作，明显降低了系统的效率。但如果基本表有索引，则通过索引能很快找到所需数据对应的物理记录，显然，这将大幅降低 I/O 操作次数，提高系统效率。因此，适当地在基本表中建立索引能加快对基本表的查询操作。

索引的分类如下。

（1）按索引字段的个数，可以将索引分为单索引和复合索引。其中，单索引是基于单个字段创建的索引，复合索引是基于多字段创建的索引。

（2）按照索引值的唯一性，可以将索引分为普通索引和唯一索引。其中，

① 普通索引是最基本的索引类型，它允许在定义索引的字段值中有重复值和 NULL 值。

② 唯一索引是指索引字段的值不能重复但可以为 NULL 值的索引，即每一个索引值只对应唯一的数据记录。当给表创建 UNIQUE 约束时，MySQL 会自动创建唯一索引。

（3）主键索引。主键索引是一种特殊的唯一索引，要求索引字段的值既不能重复也不能为 NULL 值。当给表创建主码约束时，MySQL 会自动创建主键索引。每个表只有一个主键索引。

3.6.1　定义索引

定义索引包括创建索引和删除索引。除了系统自动创建的索引外，其他索引均需使用 CREATE INDEX 语句创建。SQL 中一般不提供修改索引功能，如果某个索引需要修改，可以直接删除该索引，重新创建符合新要求的索引。

1. 创建索引

创建索引的语法格式如下：

```
CREATE [UNIQUE] INDEX <索引名> ON  <基本表名>(字段名1[(长度)][ASC|DESC][,字段名2
   [(长度)][ASC|DESC]]...);
```

📝说明：

（1）＜索引名＞是指要创建的索引名。

（2）＜基本表名＞指定要建立索引的基本表名称。

（3）＜字段名＞指定建立在基本表的哪个或哪些字段上，各字段名之间用逗号分隔；对于字符型字段，还可以使用＜长度＞指定字段值的前多少个字符参与创建索引，这有助于减小索引文件，节省存储空间。

（4）[ASC|DESC]表明索引值在该字段上的排列次序，ASC表示升序，DESC表示降序，默认为升序。

（5）[UNIQUE]选项表示创建唯一索引，省略该选项表示创建普通索引。

1）创建单索引

单索引是指基于单个字段创建的索引。在一个字段上基于某种次序只能创建一个索引。

【例3-112】 在课程表的学分字段上创建索引ID_credit，按学分降序排列。

```
CREATE  INDEX  ID_credit ON  Course(credit DESC);
```

🔍提示：查看索引可以使用 SHOW INDEX 语句。例如，查看本例中的索引，可使用如下语句：

```
SHOW INDEX FROM Course;
```

结果如下。

Table	Non_unique	Key_name	Seq_in_index	Column_name	Collation
course	0	PRIMARY	1	cno	A
course	0	uq_cname	1	cname	A
course	1	fk_cpno	1	cpno	A
course	1	ID_credit	1	credit	D

【例3-113】 在任课表的开课学期的字段的前四个字符上创建降序索引ID_Semeter。

```
CREATE INDEX ID_Semeter ON TC(semester(4) DESC);
```

2）创建复合索引

复合索引是指基于多个字段创建的索引。在一个基本表上可以创建多个复合索引，但字段的组合不能相同。

【例3-114】 在学生表的所在学院和性别两个字段上创建复合索引IDC_dno_sex，按学院编号升序排列，学院编号相同时按性别降序排列。

```
CREATE  INDEX  IDC_dno_sex  ON  Student(dno,sex DESC);
```

3）创建唯一索引

唯一索引是指索引字段值不能重复的索引，即每一个索引值只对应唯一的数据记录，因此在指定字段上创建唯一索引时，该字段数据不能出现重复的值。创建唯一索引时需要加上 UNIQUE 短语。

【例 3-115】 在学生表的姓名字段上创建唯一索引 UQ_sname，按姓名降序排列。

```
CREATE  UNIQUE  INDEX  UQ_sname  ON  Student(sname  DESC);
```

4）创建普通索引

普通索引是指索引字段值可以重复的索引。当创建索引时没有带 UNIQUE 短语，用户创建的索引就是普通索引，如例 3-112～例 3-114 中创建的索引都是普通索引。

2. 删除索引

索引主要用来加快查询速度。如果某个索引使用频度很低或是不再使用，则可以将其删除，以释放它所占用的磁盘空间。

删除索引的格式如下：

```
DROP  INDEX  <索引名> ON <表名>;
```

【例 3-116】 删除课程表上的索引 ID_credit。

```
DROP  INDEX  ID_credit ON Course;
```

3.6.2　创建索引的原则

创建索引的目的是加快查询的速度，但索引也可能会降低 DML 操作的速度。因为每一次 DML 操作，只要涉及索引字段，就会引起索引的调整。因此，在规划创建索引时，要考虑查询和 DML 的需求。

创建索引的原则如下。

（1）若一个基本表中有大量记录，但查询仅选择表中的少量记录，则应该为该表创建索引。

（2）若一个基本表需要进行频繁的 DML 操作，则不应该为该表创建索引。

（3）不要在太小（包含少量记录）的基本表上创建索引。

（4）要在 WHERE 子句中常出现的条件字段上创建索引。

（5）要在连接字段（主码字段和外码字段）上创建索引。

（6）不要在经常被修改的字段上创建索引。

本 章 小 结

本章介绍了关系数据库标准语言 SQL，其主要包括数据定义、数据操纵、数据查询和数据控制四大功能。数据定义功能是通过 CREATE、DROP、ALTER 等语句实现对基本表、视图和索引等数据库对象的定义，数据操纵功能是通过 INSERT、DELETE、UPDATE 等语句实现对数据的更新操作,最常用的、最重要的查询功能是通过 SELECT 语句实现的,实现数据控制功能的 GRANT 和 REVOKE 语句将在第 7 章详细介绍。

SELECT 查询功能强大且多样化,有单表查询、多表查询、连接查询、分组查询、嵌套查询等,并能对查询结果排序,这些都极大地丰富和增强了 SQL 语言的功能。

SQL 提供了视图功能,视图是由若干个基本表或其他视图导出的虚拟表。视图能简化数据查询操作并在一定程度上保证数据的安全性。有的视图可以操纵,有的不可以操纵。视图中的数据会随着基本表中数据的更新而更新,同时视图中数据的更新也会影响基本表中数据的变化。

SQL 提供了索引功能,通过创建索引可以提高用户对数据的查询速度,但同时索引也会降低数据的更新速度。因此,是否需要创建索引、在哪些字段上创建索引值得研究。

习　　题

一、选择题

1. SQL 语言的注释符号是( )。

    A. ＊和 &　　　　B. -- 和 / ＊……＊/　C. ％和 ♯　　　　　D. & 和 / ＊……＊/

2. 在 SQL 中,( )不是实现数据定义功能的语句。

    A. CREATE　　　　B. DROP　　　　C. ALTER　　　　D. SELECT

3. 在 SQL 中,( )不是实现数据操纵功能的语句。

    A. INSERT　　　　B. DELETE　　　　C. GRANT　　　　D. UPDATE

4. 创建任课表 TC 时,为"开课学期"这一字段创建约束,下列描述正确的是( )。

    A. 只能创建列级约束

    B. 只能创建表级约束

    C. 既可以创建列级约束,也可以创建表级约束

    D. 以上都不对

5. 创建任课表 TC 时,为(tno,cno,semester)定义主码约束时,下列描述正确的是( )。

    A. 只能创建列级约束

    B. 只能创建表级约束

    C. 既可以创建列级约束,也可以创建表级约束

    D. 以上都不对

6. 为表中约束命名的短语是( )。

    A. CONSTRAINT　B. FOREIGN　　　C. PRIMARY　　　D. REFERENCES

7. 下列是主码约束的是( )。

    A. CHECK　　　　　　　　　　　B. FOREIGN KEY

    C. PRIMARY KEY　　　　　　　　D. UNIQUE

8. 下列关于 ALTER TABLE 语句的描述,不正确的是( )。

    A. 可以一次删除多个字段

    B. 可以一次增加多个字段

    C. 可以修改字段名

    D. 可以修改字段类型

9. 若要删除基本表 TEST,下列语句正确的是(　　)。

    A. DROP　TEST　　　　　　　　　　B. DELETE TABLE TEST

    C. DELETE　TEST　　　　　　　　　　D. DROP TABLE TEST

10. 现有如下创建表 S 的 SQL 语句:

```
CREATE   TABLE   S
(SNO  CHAR(6)  PRIMARY KEY,
SNAME  VARCHAR(10)  NOT  NULL,
SEX  CHAR(2),
AGE  SMALLINT);
```

下列向 S 表中插入元组的操作,能成功插入的是(　　)。

    A. INSERT　INTO　S　VALUES('200801','Tom','男')

    B. INSERT　INTO　S(sno,sname,sex)　VALUES('200801','Tom','男')

    C. INSERT　INTO　S　VALUES('200801',NULL,'男',18)

    D. INSERT　INTO　S(sname,sex,age)　VALUES('Tom','男',18)

11. 在 Teach 数据库中,下列操作可以执行的是(　　)。

    A. INSERT　INTO　TC(tno,cno,semester)　VALUES('T5','C5','2021')

    B. UPDATE　TC　SET　tno='T9'　WHERE　tcid＝13;

    C. DELETE　FROM　Teacher　WHERE　tno='T1'

    D. INSERT　INTO　TC(tno,cno,semester)　VALUES('T5','C4','2021-2')

12. SQL 中,判断成绩 score 字段是否为空值的操作,下列不正确的是(　　)。

    A. score IS NULL　　　　　　　　　　B. score IS NOT NULL

    C. score＝NULL　　　　　　　　　　D. NOT (score IS NULL)

13. SQL 中,与 NOT　IN 等价的是(　　)。

    A. ＝ANY　　　　　B. ＜＞ANY　　　　C. ＝ALL　　　　　D. ＜＞ALL

14. SQL 中,下列操作正确的是(　　)。

    A. sname＝'张三'　　　　　　　　　　B. sname='张％'

    C. age＝MAX(age)　　　　　　　　　D. age BETWEEN NOT 80　AND　90

15. SQL 查询中,为了去掉不满足条件的分组,可以(　　)。

    A. 使用 WHERE 子句

    B. 在 GROUP BY 后面使用 HAVING 子句

    C. 先使用 WHERE 子句,再使用 HAVING 子句

    D. 先使用 HAVING 子句,再使用 WHERE 子句

16. 学校数据库中有学生(学号,姓名)和宿舍(楼名,房间号,床位号,学号)两个关系,假设有的学生不住宿,床位也可能空闲。如果要列出所有学生住宿和宿舍分配的情况,包括没有住宿的学生和空闲的床位,则应该执行(　　)。

    A. 全外连接　　　　B. 左外连接　　　　C. 右外连接　　　　D. 自然连接

17. 关于表的自身连接操作,下列描述错误的是(　　)。

A. 必须为表起两个不同的别名

B. 每个字段前必须加表别名前缀

C. 自身连接操作只能用隐式内连接,不能用显示内连接

D. 自身连接操作可以用隐式内连接,也可以用显示内连接

18. 在数据库体系结构中,视图属于( )。

    A. 模式   B. 外模式   C. 内模式   D. 存储模式

19. 关于视图,下列描述错误的是( )。

A. 视图是另一种形式的表,本身存储数据

B. 视图可以限制数据访问,简化复杂查询,提高数据安全性

C. 可以通过 WITH READ ONLY 限制在视图上执行 DML 操作

D. 可以在视图上再建立视图

20. 创建索引的作用是( )。

    A. 节省存储空间   B. 便于管理

    C. 提高查询速度   D. 提高查询和更新速度

二、简答题

1. 简述 SQL 语言的特点。

2. 简述相关子查询和不相关子查询在执行方式上的区别。

3. 简述视图的定义及分类。

4. 简述索引的创建原则。

三、操作题

1. 完成如下查询操作。

(1) 查询 T5 教师讲授的所有课程的课程号。

(2) 查询在第 2022-2 学期开设的课程的课程号和任课教师编号。

(3) 查询讲授 C4 课程的教师名和开课学期。

(4) 查询郑阳老师教授的所有课程的课程名和学分。

(5) 查询哪些学院的教师在第 2021-2 学期开设了网络数据库课程。

(6) 查询计算机学院讲授网络数据库课程的教师姓名和职称。

(7) 查询讲授 C2 或 C3 课程的教师编号。

(8) 查询至少讲授 C2 和 C3 课程的教师编号。

(9) 查询至少讲授两门课程的教师编号,结果按教师编号升序排序。

(10) 查询每位教师的授课门数,结果包含教师编号和授课门数,并按教师编号升序排列。

(11) 查询 2022 年开设的所有课程的课程号及任课教师编号,将查询结果按任课程号升序排序;如果课程号相同,再按教师编号降序排序。

(12) 查询有教师的学院中,各学院每年聘任的教师人数,要求显示学院编号、年份和人数,将查询结果按学院编号升序、年份降序排序。

(13) 查询不讲授 C2 课程的教师编号和教师姓名。

(14) 查询丁洁老师不讲授的课程的课程号。

(15) 查询讲授了全部课程的教师的教师编号。

（16）查询讲授了全部学分是 4 分课程的教师的教师编号和姓名。

（17）查询被全部教师讲授的课程的课程号。

（18）查询被全部教师讲授的课程的课程号和课程名。

（19）查询至少讲授了 T5 教师所讲授的全部课程的教师的教师编号。

2. 完成如下数据操纵。

（1）将工学院新进的教师孙哲插入系统中，教师编号是 T7，职称和聘任时间暂时不确定。

（2）将教师周伟调到 D2 学院上班。

（3）将所有教师的聘任时间统一修改为 2002 年 7 月 1 日。

（4）将所有工学院的教师的聘任时间统一修改为 2000 年 8 月 1 日。

（5）删除第 2021-2 学期的所有任课记录。

（6）周伟老师被调走，请删除周伟老师的所有信息。

3. 按要求创建视图。

（1）创建包含所有高级职称教师（教授和副教授）的视图 Senior_prof_teacher，视图中包括教师编号、教师姓名、职称和所在学院。

（2）创建视图 Workyears_teacher，视图中包括每位教师的教师编号和现任岗位的工作年数。

（3）创建视图 Count_tc，统计讲授每门课程的教师人数，视图中包含课程号和教师人数两列。

（4）创建视图 Count_tc2，统计讲授每门课程的教师人数，视图中包含课程号、课程名和教师人数三列。

4. 按要求创建索引。

（1）在教师表的所在学院字段上创建索引 ID_dno，按所在学院降序排列。

（2）在教师表的姓名字段上创建唯一索引 UQ_tname，按姓名升序排列。

第 4 章 数据库编程

📝 本章学习目标

（1）熟悉字符型、数值型、日期时间型和布尔型常量的表示。

（2）理解系统变量、用户变量和局部变量的概念与应用。

（3）掌握 SQL 编程的流程控制语句。

（4）掌握存储过程、函数和触发器的创建与使用。

（5）理解游标的使用。

重点：存储过程和触发器的创建与使用。

难点：带参数的存储过程的创建和异常处理。

📚 本章学习导航

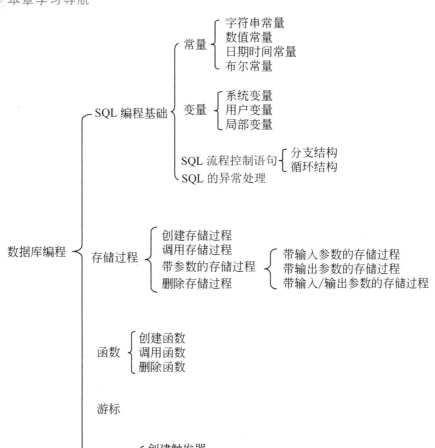

标准 SQL 主要是对数据库对象进行创建、修改、删除操作和对数据进行查询、插入、更新和删除操作，是一种非过程化的语言，不具备流程控制功能，因此满足不了复杂业务流程的需求。如果用户要实现对数据库的复杂操作，就需要使用具有流程控制的、结构化的扩展的 SQL 语言。

4.1   SQL 编程基础

4.1.1   常量

常量是指在程序运行过程中值保持不变的量。常量可分为字符串常量、数值常量、日期时间常量和布尔常量等。

1. 字符串常量

字符串常量是指用单引号括起来的字符序列，如'hello'、'你好'。

一般地，一个 ASCII 字符用 1 字节存储，每个汉字用 2 字节存储。

字符串中可以使用普通字符，也可以使用转义序列表示特殊字符，如表 4-1 所示。

表 4-1   字符串转义序列

序　　列	含　　义	序　　列	含　　义
\n	一个换行符	\"	一个双引号
\r	一个回车符	\\	一个反斜线
\t	一个定位符	\%	一个"%"字符
\b	一个退格符	_	一个"_"字符
\'	一个单引号		

📝 注意：

（1）单引号作为定界符的字符串内要表示单引号，可以写成两个单引号，或在单引号前加转义字符，如'It' 's a box.'或'It\ 's a box.'。

（2）双引号作为定界符的字符串内要表示双引号，可以写成两个双引号，或在双引号前加转义字符，如"He said："hello. "" " 或"He said：\"hello. \" "。

（3）单引号作为定界符的字符串内要表示双引号，可直接表示，不需要特殊处理；同理，双引号作为定界符的字符串内要表示单引号，也可以直接表示，不需要特殊处理。例如，'It is a "big" box. '、"It's a box."。

2. 数值常量

数值常量分为整数常量和浮点数常量。

整数常量是指不带小数点的整数，如十进制数 886、+327、−98 等。使用前缀 0x 可以表示十六进制数，如 0x2B、0x31 等。

💎 提示：0x 中的 x 一定要小写。

浮点数常量是指带小数的数值常量，如 −2.8、3.14、1.2E5、0.7E−3 等。

3. 日期时间常量

日期时间常量是用单引号括起来的表示日期时间的字符串。

日期型常量包括年、月、日,数据类型为 DATE,格式为"年-月-日",中间的间隔符可以使用"-""\""@""%"等特殊符号,如'2021-9-10'、'2021\10\1'等。

时间型常量包括小时、分、秒,数据类型为 TIME,格式为"小时:分:秒",如'8:10:36'。

日期时间的组合数据类型为 DATETIME 或 TIMESTAMP,如'2021-9-10 8:10:36'。DATETIME 的年份范围为 1000~9999,而 TIMESTAMP 的年份范围为 1970~2038。

4. 布尔常量

布尔常量只包含 TRUE 和 FALSE 两个值,其中 FALSE 的数字值为 0,TRUE 的数字值为 1。

4.1.2 变量

变量是指在程序运行过程中其值可以改变的量。变量名用于标识该变量,不能与关键字同名。变量的值的类型决定了变量的类型。

在 MySQL 中,变量分为系统变量、用户变量和局部变量三种。

1. 系统变量

系统变量是 MySQL 已有的特定设置的变量,用于控制数据库的一些行为和方式的参数,以及初始化或设置数据库对系统资源的占用、文件存放位置等。自户不能自己定义系统变量。

系统变量一般以两个@符号开头,如@@VERSION 变量显示系统版本号。为了与其他 SQL 产品保持一致,某些特定的系统变量前面要省略这两个@符号,如 CURRENT_DATE、CURRENT_TIME、CURRENT_USER 等。

系统变量分为全局变量和会话变量。全局变量影响数据库服务器的整体操作,当服务器启动时,所有全局变量初始化为默认值,对全局变量的修改会影响整个服务器。会话变量在每次建立一个新的连接时由 MySQL 初始化,它会将当前所有全局变量的值复制一份作为会话变量,因此大多数会话变量的名字和全局系统变量的名字相同。改变会话变量的值仅适用于正在运行的会话,不影响其他会话。

1)系统变量的显示

方法 1:使用 SHOW 命令查看系统变量,其语法格式如下。

```
SHOW [GLOBAL|SESSION] VARIABLES [LIKE '字符串'];
```

📝说明:

(1) GLOBAL 表示全局变量,SESSION 表示会话变量。若都省略,则默认为会话变量。下同。

(2)"LIKE '字符串'"一般是含有通配符的变量名,若省略该项,则表示查看所有变量。

【例 4-1】 查看系统变量清单。

```
SHOW GLOBAL VARIABLES;              -- 查看所有全局变量
SHOW SESSION VARIABLES;            -- 查看所有会话变量
```

```
SHOW VARIABLES;                              -- 查看所有会话变量
SHOW GLOBAL VARIABLES LIKE 'max%';           -- 查看所有以 max 开头的全局变量
SHOW SESSION VARIABLES LIKE 'max%';          -- 查看所有以 max 开头的会话变量
SHOW VARIABLES LIKE 'max%';                  -- 查看所有以 max 开头的会话变量
```

方法 2：使用 SELECT 命令查看系统变量列表，其语法格式如下。

```
SELECT @@[GLOBAL.|SESSION.]变量名 1 [, @@[GLOBAL.|SESSION.]变量名 2,...];
```

【例 4-2】 查看系统变量 sort_buffer_size。

```
SELECT @@GLOBAL.sort_buffer_size;            -- 查看全局变量 sort_buffer_size
SELECT @@SESSION.sort_buffer_size;           -- 查看会话变量 sort_buffer_size
SELECT @@sort_buffer_size;                   -- 查看会话变量 sort_buffer_size
```

将上述三条语句合并成一条语句并执行：

```
SELECT @@GLOBAL.sort_buffer_size,@@SESSION.sort_buffer_size, @@sort_buffer_
    size;
```

结果如下。

```
+--------------------+---------------------+-----------------+
| @@global.sort_buffer_size | @@session.sort_buffer_size | @@sort_buffer_size |
+--------------------+---------------------+-----------------+
|             262144 |              262144 |          262144 |
+--------------------+---------------------+-----------------+
```

【例 4-3】 查看当前使用的 MySQL 的版本号、当前登录用户、当前日期和当前时间。

```
SELECT @@VERSION AS  当前 MySQL 版本,CURRENT_USER 当前用户,CURRENT_DATE 当前日期,
    CURRENT_TIME 当前时间;
```

结果如下。

```
+--------------+-----------------+------------+----------+
| 当前 MySQL 版本 | 当前用户          | 当前日期     | 当前时间    |
+--------------+-----------------+------------+----------+
| 8.0.23       | root@localhost  | 2021-08-22 | 14:53:32 |
+--------------+-----------------+------------+----------+
```

2）系统变量的赋值

给系统变量赋值的语法格式如下：

```
SET [GLOBAL|SESSION] 系统变量名 =表达式
   |@@[GLOBAL.|SESSION.] 系统变量名 =表达式;
```

【例 4-4】 给系统变量 sort_buffer_size 赋值。

```
SET GLOBAL sort_buffer_size=250000;          -- 给全局变量 sort_buffer_size 赋值
SET @@GLOBAL.sort_buffer_size=250000;        -- 给全局变量 sort_buffer_size 赋值
SET SESSION sort_buffer_size=270000;         -- 给会话变量 sort_buffer_size 赋值
```

```
SET sort_buffer_size=270000;                    -- 给会话变量 sort_buffer_size 赋值
SET @@SESSION.sort_buffer_size=270000;          -- 给会话变量 sort_buffer_size 赋值
SET @@sort_buffer_size=270000;                  -- 给会话变量 sort_buffer_size 赋值
```

重新为系统变量 sort_buffer_size 赋值以后,再次执行例 4-2 中的命令:

```
SELECT @@GLOBAL.sort_buffer_size,@@SESSION.sort_buffer_size, @@sort_buffer_
    size;
```

结果如下。

```
+----------------------+-----------------------+-------------------+
| @@global.sort_buffer_size | @@session.sort_buffer_size | @@sort_buffer_size |
+----------------------+-----------------------+-------------------+
|               250000 |                270000 |            270000 |
+----------------------+-----------------------+-------------------+
```

2. 用户变量

用户自己定义的变量称为用户变量。用户变量以一个@开头,如@username。用户变量作用于当前整个连接,其他客户端的连接看不到且无法使用当前连接定义的用户变量。当前连接断开时,其定义的所有用户变量将自动释放。

定义和初始化用户变量可以使用 SET 语句,也可以使用 SELECT 语句,语法格式有如下三种:

```
SET @用户变量=表达式;
SET @用户变量:=表达式;
SELECT  @用户变量:=表达式;
```

提示:在 SET 语句中为变量赋值时可以使用"＝"或":＝",而在非 SET 语句中"＝"被视为比较运算符。

【例 4-5】 创建用户变量并为其赋值,输出该变量。

```
SET @username='刘珊';
SET @sex:='女';
SELECT @password:='123456';
SELECT @username,@sex,@password;
```

结果如下。

```
+-----------+------+-----------+
| @username | @sex | @password |
+-----------+------+-----------+
| 刘珊      | 女   | 123456    |
+-----------+------+-----------+
```

【例 4-6】 使用用户变量实现查询 S3 选修的所有课程的课程号和课程名。

```
USE Teach;
SET @username=(SELECT sname FROM Student WHERE sno='S3');
```

```
SELECT cno,cname FROM Course
WHERE cno IN
    (SELECT cno FROM SC
    WHERE sno IN
        (SELECT sno FROM Student WHERE sname=@username));
```

结果如下。

```
+-----+-----------+
| cno  | cname      |
+-----+-----------+
| C1   | 数据库      |
| C2   | 计算机基础   |
+-----+-----------+
```

3. 局部变量

局部变量一般用在 SQL 语句块中，使用 DECLARE 声明，它的作用范围是在 BEGIN…END 之间。当 SQL 语句块执行完后，局部变量就会自动释放。

局部变量的赋值方法与用户变量基本相同，不同的是局部变量名不用@符号开头。

1）局部变量的声明

声明局部变量的语法格式如下：

```
DECLARE  变量名列表  类型  [DEFAULT  值];
```

说明：必须指明类型，若不指定则默认为 NULL。

例如：

```
DECLARE num1,num2 INT  DEFAULT 10;
```

提示：如果定义不同类型的局部变量，则每种类型的变量都要使用 DECLARE 重新定义。例如：

```
DECLARE num1,num2 INT DEFAULT 10;
DECLARE va,vb FLOAT;
```

2）局部变量的赋值

（1）使用 SET 为局部变量赋值，语法格式如下：

```
SET  变量名=表达式;
```

（2）使用 SELECT INTO 语句为局部变量赋值，语法格式如下：

```
SELECT 字段表达式  INTO  局部变量列表  FROM  表名  [WHERE <条件>]
```

例如：

```
SELECT  COUNT(*) INTO  num  FROM Student  WHERE  sex='男';
```

拓展阅读

DECLARE 不仅可以声明变量,还可以声明游标和异常等。凡是 DECLARE 声明语句,必须放在程序代码的最前面,即紧跟在 BEGIN 后。

4.1.3 SQL 流程控制语句

SQL 中有三种控制结构:顺序结构、分支结构和循环结构。前文中使用的语句均为顺序结构,下面介绍分支结构和循环结构。

1. 分支结构

分支结构由 IF 和 CASE 语句实现,在程序中根据条件表达式的取值情况选择要执行的操作语句。

1) IF 语句

IF 语句的语法格式如下:

```
IF 条件表达式 1 THEN 语句序列 1;
    [ELSEIF 条件表达式 2 THEN 语句序列 2;]...
    ...
    [ELSE 语句序列 n;]
END IF;
```

【例 4-7】 计算 S3 的平均成绩,当平均成绩大于等于 80 时,输出"该生成绩较好";当成绩小于 80 时,输出"该生成绩一般"。

```
BEGIN
  DECLARE v_avgscore FLOAT;
  SELECT ROUND(AVG(score),2) INTO v_avgscore FROM SC WHERE sno='S3';
  IF(v_avgscore>=80.0) THEN
    SELECT '该生成绩较好';
  ELSE
    SELECT '该生成绩一般';
  END IF;
END;
```

【例 4-8】 计算 S1 的平均成绩,当平均成绩大于等于 90 时,输出"该生成绩优秀";当平均成绩小于 90 且大于等于 80 时,输出"该生成绩良好";当平均成绩小于 80 且大于等于 70 时,输出"该生成绩中等";当平均成绩小于 70 且大于等于 60 时,输出"该生成绩及格";当平均成绩小于 60 时,输出"该生成绩不及格"。

```
BEGIN
  DECLARE v_avgscore FLOAT;
  SELECT ROUND(AVG(score),2) INTO v_avgscore FROM SC WHERE sno='S1';
  IF(v_avgscore>=90.0) THEN   SELECT '该生成绩优秀';
  ELSEIF v_avgscore>=80.0   THEN SELECT '该生成绩良好';
  ELSEIF v_avgscore>=70.0   THEN SELECT '该生成绩中等';
```

```
    ELSEIF v_avgscore>=60.0  THEN SELECT '该生成绩及格';
    ELSE SELECT '该生成绩不及格';
    END IF;
END;
```

2）CASE 语句

CASE 语句可以和 IF 语句一样实现多分支判断功能，但 CASE 语句更简洁。CASE 语句有两种形式。

（1）基本 CASE 语句，其语法格式如下：

```
CASE   选择变量名
    WHEN 表达式 1 THEN 语句序列 1;
    WHEN 表达式 2 THEN 语句序列 2;
    ...
    WHEN 表达式 n THEN 语句序列 n;
    ELSE 语句序列 n+1;
END  CASE;
```

执行过程：将选择变量的值依次和各表达式进行比较，如果相等，则执行后面相应的语句序列；如果不相等，则执行 ELSE 后面的语句序列。

【例 4-9】 用基本 CASE 语句实现例 4-8 的功能。

```
BEGIN
  DECLARE v_avgscore FLOAT;
  DECLARE v_grade INT;
  SELECT ROUND(AVG(score),2) INTO v_avgscore FROM SC WHERE sno='S1';
  SET v_grade=TRUNCATE(v_avgscore/10,0);
  CASE v_grade
    WHEN 10 THEN   SELECT '该生成绩优秀';
    WHEN 9 THEN SELECT '该生成绩优秀';
    WHEN 8 THEN SELECT '该生成绩良好';
    WHEN 7 THEN SELECT '该生成绩中等';
    WHEN 6 THEN SELECT '该生成绩及格';
    ELSE SELECT '该生成绩不及格';
  END CASE;
END;
```

提示：TRUNCATE(m,n)函数返回数值 n 被截断 m 位小数的值。

（2）搜索结构 CASE 语句，其语法格式如下：

```
CASE
    WHEN    条件表达式 1    THEN   语句序列 1;
    WHEN    条件表达式 2    THEN   语句序列 2;
    ...
    WHEN    条件表达式 n    THEN   语句序列 n;
    ELSE    语句序列 n+1;
```

```
END  CASE;
```

执行过程：依次判断各条件表达式的值是否为真，如果为真，则执行后面的语句序列；如果都为假，则执行 ELSE 后面的语句序列。

提示：搜索结构 CASE 语句没有选择变量。

【例 4-10】 用搜索结构 CASE 语句实现例 4-8 的功能。

```
BEGIN
  DECLARE v_avgscore FLOAT;
  SELECT ROUND(AVG(score),2) INTO v_avgscore FROM SC WHERE sno='S1';
  CASE
      WHEN v_avgscore BETWEEN 90 AND 100 THEN  SELECT '该生成绩优秀';
      WHEN v_avgscore BETWEEN 80 AND 89 THEN SELECT '该生成绩良好';
      WHEN v_avgscore BETWEEN 70 AND 79 THEN SELECT '该生成绩中等';
      WHEN v_avgscore BETWEEN 60 AND 69 THEN SELECT '该生成绩及格';
      ELSE SELECT '该生成绩不及格';
  END CASE;
END;
```

2. 循环结构

循环结构是重要的程序控制结构，用来重复执行一条语句或一组语句。MySQL 中的循环结构包括 WHILE 循环、REPEAT 循环和 LOOP 循环三种。

1）WHILE 循环

WHILE 循环是有条件的循环，其语法格式如下：

```
WHILE   条件表达式   DO
    循环体语句;
END WHILE;
```

执行过程：循环开始时首先判断 WHILE 后面的条件表达式的值，当条件表达式的值为真时，执行循环体语句；当条件表达式的值为假或 NULL 时，退出循环，执行 END WHILE 后面的语句。如果第一次判断时条件表达式的值就为假，则不执行循环体。

【例 4-11】 用 WHILE 循环求 1 到 100 的和。

```
BEGIN
  DECLARE v_count,v_sum INT DEFAULT 0;
  WHILE v_count<100 DO
    SET v_count=v_count+1;
    SET v_sum=v_sum+v_count;
  END WHILE;
  SELECT v_sum AS 1 到 100 的和;
END;
```

2）REPEAT 循环

REPEAT 是无条件循环，其语法格式如下：

```
REPEAT
```

```
    循环体语句;
    UNTIL 条件表达式
END REPEAT;
```

执行过程：循环开始时首先无条件执行一次循环体语句，然后判断 UNTIL 后面的条件表达式的值，当条件表达式的值为假时，再执行循环体语句；当条件表达式的值为真时，退出循环，执行 UNTIL 下面的语句。

【例 4-12】　用 REPEAT 循环求 1 到 100 的和。

```
BEGIN
  DECLARE v_count,v_sum INT DEFAULT 0;
  REPEAT
    SET v_count=v_count+1;
    SET v_sum=v_sum+v_count;
    UNTIL v_count>=100
  END REPEAT;
  SELECT v_sum AS 1 到 100 的和;
END;
```

3）LOOP 循环

基本 LOOP 循环的语法格式如下：

```
[语句标号:]LOOP
    循环体语句;
    LEAVE 语句标号;
END LOOP [语句标号];
```

执行过程：循环开始后，无条件地反复执行 LOOP 与 END LOOP 之间的执行语句，直到退出循环。LEAVE 用于无条件退出标号指定的循环。

【例 4-13】　用基本 LOOP 循环求 1 到 100 的和。

```
BEGIN
  DECLARE v_count,v_sum INT DEFAULT 0;
  label1:LOOP
    SET v_count=v_count+1;
    SET v_sum=v_sum+v_count;
    IF v_count=100 THEN
        LEAVE label1;
    END IF;
  END LOOP label1;
  SELECT v_sum AS 1 到 100 的和;
END;
```

4.1.4　SQL 的异常处理

SQL 中的代码执行有错误时，如果没有异常处理，程序就会非正常终止。为了能及时处理程序中的错误,使程序得以正常运行至结束,一般会使用异常处理。

MySQL 中使用 DECLARE HANDLER 语句处理异常,其语法格式如下:

```
DECLARE handle_action HANDLER FOR condition_value statement
```

功能:当 condition_value 条件满足时,发生异常,则先执行 statement 处理语句,再执行 handle_action 动作。

💡说明:

(1) condition_value 的取值有以下几种情况。

① mysql_error_code:MySQL 的错误码,为整数类型。例如,错误码 1602 表示重复键值。

② SQLSTATE sqlstate_value:用五个字符表示的 SQLSTATE 值。例如,SQLSTATE '23000'也表示重复键值。

③ condition_name:处理条件的名称。

④ NOT FOUND:所有以 02 开头的 SQLSTATE 代码的速记。

⑤ SQLWARNING:所有以 01 开头的 SQLSTATE 代码的速记。

⑥ SQLEXCEPTION:所有不以 00、01、02 开头的 SQLSTATE 代码的速记。

(2) statement 是当异常发生时要执行的处理语句。statement 处理语句可以是一行简单的 SQL 语句,也可以是多行复杂的 SQL 语句,但是多行 SQL 语句需要用 BEGIN 和 END 包围起来。

(3) handle_action 表示当异常发生时,应如何处理整个程序的运行。该项主要有两种取值:CONTINUE,表示继续执行当前的程序;EXIT,表示终止当前的程序。

4.2 存 储 过 程

存储过程(Stored Procedure)是一种命名的 SQL 块,是为了完成某种特定功能的 SQL 语句集。存储过程有名称,编译后长期存储在数据库中,通过存储过程的名称和参数(如果有)进行调用。存储过程可以多次反复执行,效率高。存储过程在数据库开发、维护和管理等过程中起着非常重要的作用。

4.2.1 创建存储过程

创建存储过程的语法格式如下:

```
CREATE PROCEDURE  存储过程名
  ([IN|OUT|INOUT]  参数名1  参数类型1,
  [IN|OUT|INOUT]  参数名2  参数类型2,
    ...
  [IN|OUT|INOUT]  参数名n  参数类型n)
BEGIN
```

```
    [声明部分];
    <执行部分(主程序体)>;
END;
```

说明：

（1）存储过程名后面的参数是可选项。如果有参数，要将其放在小括号里，且各参数之间用逗号分隔；如果没有参数，小括号也不能省略。

（2）参数有IN、OUT和INOUT三种模式。其中，IN表示输入参数，只能接收从调用程序传来的值，是默认的参数模式；OUT表示输出参数，用于向调用程序返回值；INOUT表示输入/输出参数，同时具有输入参数和输出参数的特性，既可以接收从调用程序传来的值，也可以向调用程序返回值。

（3）声明部分是可选项。如果有变量、游标和异常等需要声明的，就有声明部分；如果没有需要声明的，就没有声明部分。

【例 4-14】 创建存储过程 user_time，输出系统当前用户名和系统当前日期。

```
DELIMITER $$              -- 修改结束符号为$$
CREATE PROCEDURE user_time()
BEGIN
  SELECT CURRENT_USER AS 当前用户,CURRENT_DATE AS 当前日期;
END $$                    -- 系统遇到$$才会整体执行上面的一大段代码
DELIMITER ;               -- 将结束符号改回分号
```

提示：DELIMITER 语句用于设置语句结束符号，默认为分号。在存储过程等 SQL 块中，为了告诉编译器这一个 SQL 块的若干语句需要整体执行，需要在 SQL 块的开头修改语句结束符为"＄＄"或"//"等其他字符，并在 SQL 块的结尾将语句结束符改回原来的分号。

4.2.2 调用存储过程

存储过程创建完以后，经过编译会永久存储在数据库中，可以通过存储过程名和参数（如果有）等信息多次反复进行调用。调用存储过程的语法格式如下：

```
CALL  存储过程名 ([实参1,实参2,...]);
```

说明：如果存储过程有参数，就把参数放在小括号里；如果没有参数，后面的小括号也不能省略。

例如，调用例 4-14 创建的存储过程 user_time，代码如下：

```
CALL user_time();
```

结果如下。

```
+----------------+------------+
| 当前用户        | 当前日期     |
+----------------+------------+
| root@localhost | 2021-08-23 |
+----------------+------------+
```

4.2.3 带参数的存储过程

1. 带输入参数的存储过程

【例 4-15】 创建存储过程 insert_department，向学院表中插入新记录。

```
DELIMITER $$
CREATE PROCEDURE insert_department(
p_dno CHAR(2),
p_dname VARCHAR(30),
p_office VARCHAR(4),
p_note TEXT
)
BEGIN
    #声明变量 info,以表明插入是否成功
    DECLARE info VARCHAR(20) DEFAULT '插入成功';
    #异常处理
    DECLARE CONTINUE HANDLER FOR 1062 SET info='插入失败,不能插入重复的数据';
    INSERT INTO Department VALUES(p_dno,p_dname,p_office,p_note);
    SELECT info;
END $$
DELIMITER ;
```

例 4-15 的调用代码如下：

```
CALL insert_department('D5','美术学院','B204','成立于 2003 年');
CALL insert_department('D2','音乐学院','A202','成立于 2002 年');
```

思考：请读者给出上述两条调用语句的输出结果。

提示：本例中的异常处理语句"DECLARE CONTINUE HANDLER FOR 1062"部分也可以替换成"DECLARE CONTINUE HANDLER FOR SQLSTATE '23000'"。

【例 4-16】 创建存储过程 delete_department，删除 Department 表中指定的学院记录。

```
DELIMITER $$
CREATE PROCEDURE delete_department(p_dno CHAR(2))
BEGIN
  DELETE FROM Department WHERE dno=p_dno;
  SELECT * FROM Department;
END $$
DELIMITER ;
```

例 4-16 的调用代码如下：

```
CALL   delete_department ('D5');
```

💡提示：MySQL 中删除不存在的记录只是显示 0 行受影响，没有任何异常信息，所以不需要处理异常。

2. 带输出参数的存储过程

【例 4-17】 创建存储过程 search_department，根据给定的学院编号返回学院名称。

```
DELIMITER $$
CREATE PROCEDURE search_department(
p_dno CHAR(2),
OUT p_dname VARCHAR(30)
)
BEGIN
   DECLARE info VARCHAR(30) DEFAULT '查找成功';
   DECLARE CONTINUE HANDLER FOR NOT FOUND SET info='查找失败';
   SELECT dname INTO p_dname FROM Department WHERE dno=p_dno;
   SELECT info;
END $$
DELIMITER ;
```

例 4-17 的调用代码如下：

```
SET @vdno='D2';
CALL search_department(@vdno,@p_name);
SELECT @p_name;
```

💡思考：如果将本例中的异常处理语句 DECLARE CONTINUE HANDLER 换成 DECLARE EXIT HANDLER，则存储过程的执行与之前有何不同？

3. 带输入/输出参数的存储过程

【例 4-18】 创建存储过程 swap，实现两个数的交换。

```
DELIMITER $$
CREATE PROCEDURE swap(
INOUT p_num1   INT,
INOUT p_num2   INT
)
BEGIN
   DECLARE v_temp INT;
   SET v_temp=p_num1;
   SET p_num1=p_num2;
   SET p_num2=v_temp;
END $$
DELIMITER ;
```

例 4-18 的调用代码如下：

```
SET @n1=12;
SET @n2=56;
CALL swap(@n1,@n2);
SELECT @n1,@n2;
```

4.2.4　删除存储过程

当一个存储过程不再需要时，用户可将其删除，以释放占用的存储空间。删除存储过程的语法格式如下：

```
DROP  PROCEDURE [IF EXISTS] 存储过程名;
```

说明：IF EXISTS 选项可以防止存储过程不存在时发生错误。

【例 4-19】　删除存储过程 swap。

```
DROP  PROCEDURE IF EXISTS  swap;
```

4.3　函　　数

函数与存储过程相似，是完成特定功能的 SQL 代码集合。函数必须有函数名，可以有参数，经编译后存储在数据库中，可多次反复调用。函数与存储过程的区别主要有以下几点。

（1）函数只可以使用输入类型的参数，但参数前不可以指定 IN。

（2）函数必须通过 RETURN 语句返回一个值，而存储过程没有返回值。

（3）函数通常作为表达式的一部分被调用，而存储过程的调用使用的是 CALL 语句。

拓展阅读

MySQL 默认不允许创建函数，若要创建函数，则需要设置全局变量 log_bin_trust_function_creators 的值为 1。其方法有以下两种。

（1）更改全局配置：

```
SET GLOBAL log_bin_trust_function_creators = 1;
```

（2）更改配置文件 my.cnf：

```
log_bin_trust_function_creators=1          --重启服务生效
```

4.3.1　创建函数

创建函数的语法格式如下：

```
CREATE FUNCTION   函数名
```

```
( [   参数名 1   参数类型 1,
      参数名 2   参数类型 2,
      ...
      参数名 n   参数类型 n ] )
RETURNS   数据类型
BEGIN
    [声明部分];
    <执行部分(主程序体)>;
    RETURN   表达式;
END ;
```

✒ 说明：

（1）在声明部分的 RETURNS 子句说明函数返回值的类型及长度。

（2）在程序的主体部分必须有一条 RETURN 子句将相应类型的表达式值返回。如果程序结束时没有发现返回子句，就会出现错误。

（3）其他部分的说明同存储过程。

【例 4-20】 创建函数 get_avgscore，返回指定学生的平均成绩。

```
DELIMITER $$
CREATE FUNCTION get_avgscore(f_sno CHAR(2))
RETURNS FLOAT
BEGIN
  RETURN (SELECT ROUND(AVG(score),2)  FROM SC WHERE sno=f_sno);
END $$
DELIMITER ;
```

4.3.2　调用函数

和使用系统内置函数一样，使用 SELECT 语句就可以调用函数以查看函数的返回值。例 4-20 的调用代码如下：

```
SELECT get_avgscore('S1');
```

4.3.3　删除函数

当一个函数不再需要时，用户可将其删除，以释放占用的存储空间。删除函数的语法格式如下：

```
DROP  FUNCTION [IF EXISTS] 函数名;
```

【例 4-21】 删除函数 get_avgscore。

```
DROP  FUNCTION IF EXISTS get_avgscore;
```

4.4 游 标

标准 SQL 的操作是面向集合的,其特点是"一次一集合",即每次操作的结果是包含多条记录的集合;而 SQL 的变量一次只能存储一条记录,并不能完全满足 SQL 语句向应用程序输出数据的要求。为此,引入了游标(Cursor)的概念,用游标来协调这两种不同的数据处理方式。

在执行返回多行数据的 SELECT 语句时,系统会在内存中为其分配一个缓冲区,称为上下文区。游标就是指向该缓冲区的指针,所指向的记录称为当前记录。应用程序可以利用指针的移动逐行处理数据。

MySQL 只支持显式游标,且游标只能在存储过程或函数里使用。游标的使用分为声明游标、打开游标、提取数据和关闭游标四个步骤。

1. 声明游标

在 SQL 块的 DECLARE 部分声明游标,其语法格式如下:

```
DECLARE 游标名 CURSOR FOR SELECT 语句
```

说明:

(1) 每个游标必须有唯一的名称。

(2) SELECT 语句不能包含 INTO 子句。

2. 打开游标

打开游标就是执行游标对应的 SELECT 语句,将其结果存入缓冲区,指针指向缓冲区的首部,标识游标结果集合。打开游标的语法格式如下:

```
OPEN 游标名;
```

3. 提取数据

提取数据就是将游标指向的当前记录中的数据存入输出变量中。提取数据的语法格式如下:

```
FETCH 游标名 INTO 变量列表;
```

说明:

(1) 游标刚启动时,指针指向第一条记录。

(2) 第一次执行 FETCH 语句时提取第一行数据,并将数据存储到变量列表的变量里,因此变量列表中的变量个数、次序和类型一定要与取出的数据(定义游标时在 SELECT 后的目标字段)相对应。

(3) 取完数据后指针自动下移,再次执行 FETCH 语句时提取当前记录的数据。但执行一次 FETCH 语句只能提取一条数据,因此 FETCH 语句需要循环语句的配合才能实现整个结果集的遍历。

(4) 当指针到达游标尾时,已无数据,再次执行 FETCH 语句时,将产生"Error

number：1329，Symbol：FETCH_NO_DATA，SQLSTATE：02000"的错误信息。

注意：游标是向前只读的，即只能顺序地从前向后读取结果集中的数据，而不能从后向前，也不能直接跳到中间的某条记录。

4. 关闭游标

当提取和处理完游标结果集合中的数据后，应用程序应及时关闭游标，以释放游标占用的系统资源，使该游标的工作区无效，不能再使用 FETCH 语句提取其中的数据。如果要重新检索数据，应用程序必须重新打开关闭后的游标。关闭游标的语法格式如下：

```
CLOSE    游标名；
```

【例 4-22】 创建存储过程 student_browse，利用游标 stu_cursor 输出指定学院的所有学生的学号和姓名输出。

```
DELIMITER $$
CREATE PROCEDURE student_browse(v_dno CHAR(2))
BEGIN
   DECLARE founddate BOOLEAN DEFAULT TRUE;
   DECLARE v_sno CHAR(2);
   DECLARE v_sname VARCHAR(10);
   DECLARE stu_cursor CURSOR FOR SELECT sno,sname FROM Student WHERE dno=v_dno;
   DECLARE CONTINUE HANDLER FOR 1329 SET founddate=FALSE;
    OPEN stu_cursor;
    FETCH stu_cursor INTO v_sno,v_sname;
    WHILE founddate DO
       SELECT v_sno,v_sname;
       FETCH stu_cursor INTO v_sno,v_sname;
    END WHILE;
    CLOSE stu_cursor;
END$$
DELIMITER ;
```

调用该存储过程，命令如下：

```
CALL student_browse('D1');
```

该语句会输出 D1 学院的所有学生的学号和姓名。

提示：本例中游标异常处理语句"DECLARE CONTINUE HANDLER FOR 1329"也可以换成"DECLARE CONTINUE HANDLER FOR SQLSTATE '02000'"或是"DECLARE CONTINUE HANDLER FOR NOT FOUND"。

【例 4-23】 创建存储过程 course_update，利用游标 sc_cursor 将平均成绩低于 80 分的课程的学分减 1。

```
DELIMITER $$
CREATE PROCEDURE course_update()
BEGIN
```

```
DECLARE founddate BOOLEAN DEFAULT TRUE;
DECLARE v_cno CHAR(2);
DECLARE sc_cursor CURSOR FOR
    SELECT DISTINCT cno FROM SC GROUP BY cno HAVING AVG(score)<80;
DECLARE CONTINUE HANDLER FOR SQLSTATE '02000' SET founddate=FALSE;
OPEN sc_cursor;
FETCH sc_cursor INTO v_cno;
WHILE founddate DO
    UPDATE Course SET credit=credit-1 WHERE cno=v_cno;
    FETCH sc_cursor INTO v_cno;
END WHILE;
CLOSE sc_cursor;
END$$
DELIMITER ;
```

调用该存储过程，命令如下：

```
CALL course_update();
```

4.5 触 发 器

触发器是一种特殊的存储过程，以独立对象的形式存储在数据库中，定义了与表有关的某个事件发生时要执行的操作。当触发器依赖的特定事件发生时，会自动激活该触发器并执行相应代码，从而实现数据的自动维护。触发器的执行过程是隐式的，对用户是透明的。

触发器与存储过程的区别有以下几点。

（1）存储过程通过 CALL 命令调用执行，而触发器由触发事件自动引发，不需要被调用执行，也不需要手工启动。

（2）存储过程可以有参数，而触发器没有参数。

（3）存储过程可以有输出，而触发器一定没有输出，因此不能在触发器里包含输出语句。

触发器主要用来维护表中数据，利用触发器可以创建比五大约束更为复杂的约束，满足用户对表数据的复杂要求。同时，触发器还可以实现表数据的自动级联修改和级联删除。

触发器功能强大，是保证数据完整性的重要条件，但是如果在表上定义过多的触发器，势必会增加对表的束缚，同时也增加了表数据维护的复杂度。

MySQL 中仅支持行级触发器，即对于表的 DML 操作，每更新一行数据，就触发一次触发器，执行触发体的程序。

4.5.1 创建触发器

创建触发器的语法格式如下：

```
CREATE TRIGGER 触发器名
BEFORE | AFTER
INSERT|DELETE|UPDATE
ON 表名
FOR EACH ROW
BEGIN
        <触发体:主体部分,触发操作语句>;
END;
```

📝 说明：

（1）触发对象：表名。

（2）触发事件：INSERT｜DELETE｜UPDATE。

（3）触发时机：BEFORE｜AFTER，表明在 DML 操作之前发生还是之后发生。

（4）触发操作：触发器的主体部分。若主体部分只有一条语句，则不用 BEGIN 和 END。

【例 4-24】 创建触发器 oper_sc，当向 SC 表插入数据时，将操作用户和操作时间登记在日志表 SC_LOG 中。

第 1 步：创建日志表 SC_LOG。

```
CREATE TABLE SC_LOG
(lid INT(10) PRIMARY KEY AUTO_INCREMENT,
 username VARCHAR(30),
 opertime DATETIME );
```

第 2 步：创建触发器。

```
CREATE TRIGGER oper_sc
  BEFORE INSERT
  ON SC
  FOR EACH ROW
  INSERT INTO SC_LOG(username,opertime) VALUES(CURRENT_USER,SYSDATE());
```

第 3 步：测试。

```
INSERT INTO SC VALUES('S2','C4',77);
```

查询 SC_LOG 日志表的内容：

```
SELECT  *  FROM  SC_LOG;
```

结果如下。

```
+-----+----------------+---------------------+
| lid | username       | opertime            |
+-----+----------------+---------------------+
|  1  | root@localhost | 2021-08-25 15:53:16 |
+-----+----------------+---------------------+
```

当触发器被触发时,触发器内部可以记录数据的变化,即记录变化之前的旧值和变化之后的新值。新记录用 NEW 关键字表示,旧记录用 OLD 关键字表示,其有效性如表 4-2 所示。

表 4-2 NEW 和 OLD 的有效性

关 键 字	INSERT	UPDATE	DELETE
OLD	无	更新之前的旧记录	删除之前的旧记录
NEW	插入之后的新记录	更新之后的新记录	无

【例 4-25】 创建触发器 trg_student_delete,当删除学生信息时,首先删除该学生的所有选修信息,然后再删除该学生信息。

```
CREATE TRIGGER trg_student_delete
BEFORE DELETE ON Student
FOR EACH ROW
DELETE FROM SC WHERE sno=old.sno;
```

使用下面的 DML 语句进行测试,观察 Student 表和 SC 表中是否有相应记录删除。

```
DELETE FROM Student WHERE sno='S2';
```

结果是删除成功。

查询 Student 表的内容:

```
SELECT  sno,sname,sex,birth,dno  FROM  Student;
```

结果如下。

```
+-----+-------+------+------------+------+
| sno | sname | sex  | birth      | dno  |
+-----+-------+------+------------+------+
| S1  | 张轩  | 男   | 2001-07-21 | D1   |
| S3  | 于林  | 男   | 2000-12-12 | D3   |
| S4  | 贾哲  | 女   | 2002-02-18 | D1   |
| S5  | 刘强  | 男   | 2001-08-01 | D2   |
| S6  | 冯玉  | 女   | 2000-10-09 | D4   |
+-----+-------+------+------------+------+
```

查询 SC 表的内容:

```
SELECT  *  FROM  SC;
```

结果如下。

```
+-----+-----+-------+
| sno | cno | score |
+-----+-----+-------+
| S1  | C1  |    90 |
| S1  | C2  |    98 |
| S1  | C3  |    98 |
| S1  | C4  |    52 |
```

```
| S3    | C1    |    85    |
| S3    | C2    |    69    |
| S4    | C1    |    46    |
| S4    | C2    |    69    |
| S5    | C2    |    78    |
| S5    | C3    |    77    |
| S6    | C2    |    87    |
| S6    | C3    |  NULL    |
| S6    | C4    |    79    |
+-----+-----+-------+
```

当触发器涉及对触发表自身的更新操作时,触发时机只能使用 BEFORE,不能使用 AFTER。

【例 4-26】 创建触发器 SC_update,当修改学生成绩时,用户输入的 60 分以上的成绩都按 60 分录入。

```
DELIMITER $$
CREATE TRIGGER SC_update
BEFORE UPDATE ON SC
FOR EACH ROW
BEGIN
    IF new.Score>60 THEN
        SET new.Score=60;
    END IF;
END$$
DELIMITER ;
```

注意:本例中的触发器是对 SC 表自身的更新操作触发,因此不能使用 AFTER UPDATE。

4.5.2 删除触发器

如果触发器不再使用,可以用 DROP TRIGGER 语句将其删除。其语法格式如下:

```
DROP  TRIGGER [IF EXISTS]  触发器名;
```

【例 4-27】 删除触发器 SC_update。

```
DROP  TRIGGER  SC_update;
```

本 章 小 结

本章介绍了扩展的 SQL 语言,可以编写程序实现对数据库的复杂操作。

SQL 编程中,可以使用 IF 和 CASE 语句进行分支选择,使用 WHILE、REPEAT 和 LOOP 进行循环操作;当程序运行出错时,可以对发生的错误进行异常处理。

当程序取出的数据多于一行时,可以使用游标进行逐行处理。显式游标的使用一般有定义、打开、提取数据、关闭四个步骤。

存储过程和函数是实现特定功能的程序块,会长期保存在数据库中,可以被程序多次反复调用。

触发器是一种特殊的命名的存储过程,它没有参数,也不能被显式调用,是由触发事件自动引发执行的。

习　　题

一、选择题

1. 下列关于全局变量的赋值正确的是(　　)。

    A. SET GLOBAL VAR_NAME＝VALUE

    B. SET @GLOBAL VAR_NAME＝VALUE

    C. SET @@GLOBAL VAR_NAME＝VALUE

    D. SET GLOBAL.VAR_NAME＝VALUE

2. 下列关于会话变量的赋值正确的是(　　)。

    A. SET SESSION VAR_NAME＝VALUE

    B. SET @SESSION VAR_NAME＝VALUE

    C. SET @@SESSION VAR_NAME＝VALUE

    D. SET SESSION.VAR_NAME＝VALUE

3. 下列关于用户变量的赋值正确的是(　　)。

    A. SET X＝3　　　　　　　　　B. SET @X＝3

    C. SELECT X：＝3　　　　　　　D. SELECT @X＝3

4. 从一个集合中取一个值的数据类型是(　　)。

    A. INT　　　　　　B. ENUM　　　　　C. CHAR　　　　　D. TEXT

5. REPEAT 循环的终止条件是(　　)。

    A. 在 REPEAT 语句中的条件为 FALSE 时停止

    B. 达到循环限定的循环次数,它会自动终止循环

    C. UNTIL 语句中的条件为 TRUE

    D. UNTIL 语句中的条件为 FALSE

6. 下列有关存储过程的特点,描述错误的是(　　)。

    A. 存储过程不能将值传回调用的主程序

    B. 存储过程是一个命名的模块

    C. 编译的存储过程存放在数据库中

    D. 一个存储过程可以调用另一个存储过程

7. 下列有关函数的描述,错误的是(　　)。

    A. 在函数的头部必须描述返回值的类型

    B. 在函数的执行部分必须要有 RETURN 语句

C. 函数必须要有参数

D. 函数至少要有一个返回值

8. 下列关于触发器的描述,不正确的是(　　　)。

A. 触发器自动执行,不能被其他程序调用

B. 触发器可以传递参数

C. 触发器里不能包含输出语句

D. 表上的触发器越多越好

二、简答题

1. 简述系统变量、用户变量和局部变量的区别。

2. 简述显式游标的处理步骤。

3. 简述存储过程和函数的区别。

三、编程题

1. 计算 1 到 100 之间所有奇数的和,请分别用三种循环方法编写程序。

2. 定义游标,将在第 2021 年开设课程的课程号和任课教师编号输出。

3. 创建存储过程 score_update,根据给定的课程号,将所有选修该课程的成绩降低 10%,并给出调用该存储过程的代码。

4. 创建函数 cno_count,返回指定教师的任课门数。

5. 创建触发器 tno_update,当更新 Teacher 表中的教师编号时,级联更新 TC 表中的相关教师编号,并给出测试语句。

第 5 章 关系规范化理论

📝 本章学习目标

（1）理解关系规范化的作用。

（2）掌握各范式的标准要求。

（3）掌握关系规范化的过程。

（4）理解函数依赖的定义与分类。

（5）掌握关系候选码和极小函数依赖集的求解过程。

（6）了解多值依赖与 4NF。

重点：关系规范化的过程。

难点：关系规范化过程中的分解、判断关系属于第几范式。

本章学习导航

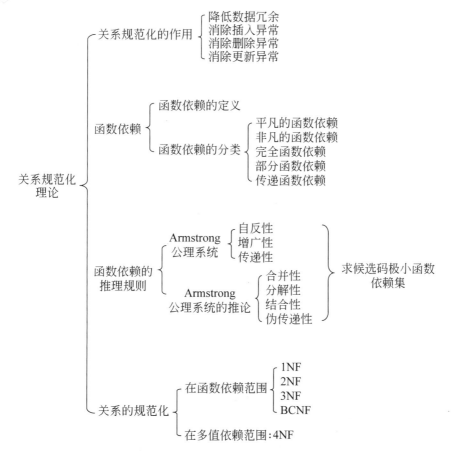

一个关系数据库模式由若干个关系模式组成，每个关系模式由若干有相互依赖关系的属性组成。给定一个具体的应用环境，应该如何构造一个适合于它的数据库模式，即应该构造几个关系模式、每个关系模式由哪些属性组成，属性间的相互依赖关系如何等，这是数据库设计的最基本的问题。关系规范化理论是指导数据库设计的重要理论依据。

5.1 关系规范化的作用

为了设计一个合理、可靠、简单、正确的关系数据库，形成了关系规范化理论。它是根据现实世界存在的数据依赖进行关系模式的规范化处理，从而得到一个合理的数据库设计模式。规范化理论主要包括两方面内容：一是数据依赖，是核心，主要研究属性之间的依赖关系；二是范式，是关系模式符合某种级别的标准。

5.1.1 问题的提出

什么样的关系模式是一个"好"的关系模式？"不好"的关系模式有哪些问题？下面通过实例进行分析。

假设要建立一个学校教务管理数据库，涉及的部分对象包括学生的学号（sno）、学生姓名（sname）、学生所在学院（dname）、学院办公地点（office）、课程号（cno）、课程名称（cname）和成绩（score）。如果用一个单一的关系模式 SCD 表示，则该关系模式为

SCD(sno, sname, dname, office, cno, cname, score)

根据应用环境的实际情况，有如下语义规定。

（1）一个学院有多名学生，一名学生只能属于一个学院。

（2）一个学院只有一处办公地点，一处办公地点只能被一个学院使用。

（3）一名学生可以选修多门课程，一门课程可以被多名学生选修。

（4）每名学生选修每门课程都有一个成绩。

在 SCD 关系模式中填入部分数据，可得到该关系模式的具体实例，如表 5-1 所示。

表 5-1　SCD 关系

sno	sname	dname	office	cno	cname	score
S1	张轩	计算机学院	C101	C1	数据库	90
S1	张轩	计算机学院	C101	C2	计算机基础	98
S1	张轩	计算机学院	C101	C3	C_Design	98
S1	张轩	计算机学院	C101	C4	网络数据库	52
S3	于林	网络学院	F301	C1	数据库	85
S3	于林	网络学院	F301	C2	计算机基础	67
S5	刘强	软件学院	S201	C2	计算机基础	78
S5	刘强	软件学院	S201	C3	C_Design	77

根据语义及表中的数据,可知 SCD 关系的码是(sno,cno)。

SCD 关系存在如下异常。

1. 数据冗余

数据冗余就是某种信息在关系中重复存储多次。

在 SCD 关系中,学生的学号 sno 和姓名 sname 重复存储,其重复的次数等于该生选修的课程门数;课程号 cno 和课程名称 cname 重复存储,其重复的次数等于选修该门课程的学生的人数;学院名 dname 和办公地点 office 也重复存储,其重复的次数等于其所有学生选修的课程门数的和。

2. 插入异常

插入异常一般是指该插入的记录插不进去。

在 SCD 关系中,如果某个学生没有选修课程,那么该学生的信息就插不进去。因为 sno 和 cno 是主属性,主属性不能为空,所以只有学号没有课程号的信息插不进去。同理,如果某门课程没有被学生选修,该课程信息也插不进去。如果有新成立的学院,但是该学院没有学生,或是有学生但学生都没有选课,那么该学院的信息也都插不进去。

3. 删除异常

删除异常是指不该删除的记录被删除。

在 SCD 关系中,如果某名学生只选修了一门课程,由于某种原因,该生连这一门课程也不选修了,那么当删除该生的选修记录时,就会把该生的记录也删除。同理,如果某门课程只被一名学生选修,由于某种原因,该生不再选修这门课程,那么在删除该选修记录的同时就会把这门课的课程记录也删除。如果某个学院的学生已全部毕业,当删除该学院的所有学生记录时,就会把该学院的记录也删除。

4. 更新异常

更新异常是指由于更新不完全而导致数据不一致。

在 SCD 关系中,如果更换某学院的办公地点,那么该院有多少学生,每名学生选修多少门课程,其所有选修课程总数目的记录都要修改,如果漏掉了其中一条记录,就会出现该学院有两处办公地点的情况,和语义不相符,导致数据不一致。

综上所述,SCD 关系不是一个“好”的关系模式。一个“好”的关系模式应当不会发生插入异常、删除异常和更新异常,数据冗余应尽可能少。

5.1.2　问题的原因

关系产生异常是因为它“包罗万象”,包含了大量的属性,导致数据冗余。例如,在 SCD 关系中,学院名称重复存储多少次,办公地点就重复存储多少次。同时,根据应用环境的语义,属性和属性间存在着相互依赖的关系。大量的属性导致关系中存在着错综复杂的数据依赖,其中有一些不好的数据依赖会导致关系模式存在上述异常。

5.1.3　问题的解决

将一个“不好”的关系模式变成一个“好”的关系模式的方法是利用关系规范化理论,对关系模式进行分解，使每一个关系模式表达的概念单一，属性间的数据依赖关系单纯化，从而消除这些异常。例如，SCD 关系模式可以分解为以下四个关系模式：

- PDepartment(dname,office)
- PStudent(sno,sname,dname)
- PCourse(cno,cname)
- PSC(sno,cno,score)

各关系模式的实例如表 5-2～表 5-5 所示。

表 5-2　PDepartment 关系

dname	office
计算机学院	C101
网络学院	F301
软件学院	C201

表 5-3　PStudent 关系

sno	sname	dname
S1	张轩	计算机学院
S3	于林	网络学院
S5	刘强	软件学院

表 5-4　PCourse 关系

cno	cname
C1	数据库
C2	计算机基础
C3	C_Design
C4	网络数据库

表 5-5　PSC 关系

sno	cno	score
S1	C1	90
S1	C2	98
S1	C3	98
S1	C4	52
S3	C1	85
S3	C2	67
S5	C2	78
S5	C3	77

这四个关系都不会发生插入异常、删除异常和更新异常，数据冗余也得到了控制，都是"好"的关系。

5.2　函数依赖

数据依赖是同一关系中属性间的相互依赖和相互制约，是语义的体现。例如，在 SCD 关系中，由"一个学院只有一处办公地点，一处办公地点只能被一个学院使用"这个语义可知，办公地点和学院之间是一对一的数据依赖关系，通过学院名就可以唯一确定办公地点；若知道办公地点名字，也能唯一确定是哪个学院的办公地点。

数据依赖有很多种，主要包括函数依赖（Functional Dependency，FD）、多值依赖（Multivalued Dependency，MVD）和连接依赖（Join Dependency，JD）。其中，函数依赖是最重要的数据依赖，是规范化的基础。

5.2.1　函数依赖的定义

定义 5-1　设 $R(U)$ 是属性集 U 上的关系模式,X、Y 是 U 的子集。若对于 $R(U)$ 的任意一个可能的关系 r,对于 X 的每一个具体的值,Y 都有唯一的值与之对应,则称 X 函数确定 Y 或 Y 函数依赖于 X,记作 $X \rightarrow Y$。

X 称为函数依赖的决定因素,Y 称为依赖因素。

例如,在关系模式 SCD 中,对于每个学号 sno 的值,都有唯一的姓名 sname 与之相对应,即当知道某个学生的学号时,就一定能唯一确定该生的姓名。因此,称 sno 函数确定 sname,或者称 sname 函数依赖于 sno,记作 sno→sname,其中 sno 是决定因素,sname 是依赖因素。

下面介绍一些术语和记号。

(1) 当 Y 不函数依赖于 X 时,记作 $X \nrightarrow Y$。例如,在关系模式 SCD 中,如果学生姓名允许重名,那么当知道某个学生的姓名时,不一定能唯一确定该生的学号。因此,称 sname 不能函数确定 sno,记作 sname ↛ sno。

(2) 当 $X \rightarrow Y$,且 $Y \rightarrow X$ 时,称 X 与 Y 是相互函数确定,或者称 X 与 Y 是相互函数依赖的,记作 $X \leftrightarrow Y$。例如,在关系模式 SCD 中,dname→office,同时 office→dname,因此 dname 和 office 是相互函数依赖的,记作 dname↔office。

拓展阅读

函数依赖那些事儿

函数依赖是语义范畴的概念,一个函数依赖是否成立要根据语义来确定。

例如,在 SCD 关系中,函数依赖 sname→sno 成立与否,与学生姓名是否允许重名有关。若不允许重名,则该函数依赖成立;若允许重名,则该函数依赖不成立。

函数依赖关系的存在与时间无关,即函数依赖是关系中所有记录都要满足的约束条件,而不是只有某条或某些记录满足就行。另外,关系中记录的增加、删除或者更新都不能破坏这种函数依赖关系。

判断函数依赖成立与否可以利用属性之间的联系类型来确定。

(1) 若属性 X 和属性 Y 之间是 1∶1 的联系,则存在函数依赖 $X \rightarrow Y$、$Y \rightarrow X$,即 $X \leftrightarrow Y$。

(2) 若属性 X 和属性 Y 之间是 1∶n 的联系,则存在函数依赖 $Y \rightarrow X$。

(3) 若属性 X 和属性 Y 之间是 m∶n 的联系,则 X 和 Y 之间不存在任何函数依赖关系。

例如,在 SCD 关系中,dname 和 office 之间是 1∶1 的联系,则有 dname→office、office→dname,即 dname↔office;dname 与 sno 之间是 1∶n 的联系,则有 sno→dname;sno 和 cno 之间是 m∶n 的联系,则 sno 和 cno 之间不存在函数依赖关系。

5.2.2　函数依赖的分类

1. 平凡的函数依赖

当 $X \rightarrow Y$,但 $Y \subseteq X$ 时,称 $X \rightarrow Y$ 是平凡的函数依赖。

函数依赖的分类

例如，在关系模式 SCD 中，(sno,cno)→sno 就是平凡的函数依赖。

对于任意的关系模式，平凡的函数依赖是必然成立的，它不反映新的语义。在以后的使用过程中，若不特别声明，函数依赖都是指非平凡的函数依赖。

2. 非平凡的函数依赖

当 $X{\to}Y$，但 $Y\nsubseteq X$ 时，称 $X{\to}Y$ 是非平凡的函数依赖。

例如，在关系模式 SCD 中，sno→sname 和 (sno,cno)→score 等都是非平凡的函数依赖。

3. 完全函数依赖

如果 $X{\to}Y$，并且对于 X 的任何一个真子集 X'，都有 $X'\nrightarrow Y$，则称 Y 完全函数依赖于 X，记作 $X\xrightarrow{F}Y$。

例如，在 SCD 中，(sno,cno) 的真子集有 sno 和 cno，并且 sno $\nrightarrow$ score、cno $\nrightarrow$ score，那么 score 对 (sno,cno) 就是完全的函数依赖，记作 (sno,cno)$\xrightarrow{F}$score。

4. 部分函数依赖

如果 $X{\to}Y$，并且存在 X 的一个真子集 X'，使得 $X'{\to}Y$ 成立，则称 Y 部分函数依赖于 X，记作 $X\xrightarrow{P}Y$。

例如，在 SCD 中，(sno,cno) 的真子集有 sno 和 cno，并且 sno→sname，那么 sname 对 (sno,cno) 就是部分函数依赖，记作 (sno,cno)$\xrightarrow{P}$sname。

5. 传递函数依赖

假设 X、Y 和 Z 是同一集合的三个不同的子集，如果 $X{\to}Y$，$Y\nsubseteq X$ 且 $Y\nrightarrow X$，$Y{\to}Z$，则称 Z 传递函数依赖于 X，记作 $X\xrightarrow{T}Z$。

例如，在 SCD 中，sno→dname、dname→office，则 office 传递函数依赖于 sno，记作 sno$\xrightarrow{T}$office。

5.2.3 函数依赖的推理规则

1974 年，阿姆斯特朗（Armstrong）提出了一套推理规则，可以由已有的函数依赖推导出新的函数依赖。

1. Armstrong 公理系统

设 X、Y 和 Z 是 $R(U)$ 上的属性集，Armstrong 公理系统有以下三条基本公理。

（1）A1（自反性）：如果 $Y\subseteq X\subseteq U$，则 $X{\to}Y$。

（2）A2（增广性）：如果 $X{\to}Y$ 且 $Z\subseteq U$，则 $XZ{\to}YZ$。

（3）A3（传递性）：如果 $X{\to}Y$ 且 $Y{\to}Z$，则 $X{\to}Z$。

2. Armstrong 公理系统的推论

（1）B1（合并性）：如果 $X{\to}Y$ 且 $X{\to}Z$，则 $X{\to}YZ$。

（2）B2（分解性）：如果 $X{\to}YZ$，则 $X{\to}Y$ 且 $X{\to}Z$。

（3）B3（结合性）：如果 $X{\to}Y$ 且 $W{\to}Z$，则 $XW{\to}YZ$。

（4）B4（伪传递性）：如果 $X{\to}Y$ 且 $WY{\to}Z$，则 $XW{\to}Z$。

5.3 候选码和极小（或最小）函数依赖集

5.3.1 候选码

在第 2 章中已经给出了候选码的定义,现在用函数依赖的概念定义候选码。

定义 5-2 设 K 是 $R(U)$ 中的属性或属性的组合,若 $K \xrightarrow{F} U$,则 K 为 R 的候选码。

例如,在 SCD 分解的各个关系(见表 5-2～表 5-5)中,dname $\xrightarrow{F}$ (dname,office)、office $\xrightarrow{F}$ (dname,office),因此 dname 和 office 都是关系 PDepartment 的候选码;sno $\xrightarrow{F}$ (sno,sname,dname),因此 sno 是关系 PStudent 的候选码;cno $\xrightarrow{F}$ (cno,cname),因此 cno 是关系 PCourse 的候选码;(sno,cno) $\xrightarrow{F}$ score,因此(sno,cno)是关系 PSC 的候选码。

如果 U 部分依赖于 K,即 $K \xrightarrow{P} U$,则称 K 为超码(SurpKey)。

5.3.2 极小（或最小）函数依赖集

一个关系模式的所有函数依赖的集合称为该关系模式的函数依赖集,用 F 表示。如果函数依赖集中的一个函数依赖可以由该集合中的其他函数依赖推导出来,则称该函数依赖在其函数依赖集中是冗余的。数据库的实现是基于无冗余的函数依赖集的,即极小(或最小)函数依赖集,用 F_{min} 表示。

定义 5-3 如果函数依赖集 F 满足下列条件,则称 F 是一个极小(或最小)函数依赖集。

(1) F 中每个函数依赖的右边仅有一个属性。

(2) F 中不存在这样的函数依赖 $X \rightarrow Y$,使得 F 与 $F-\{X \rightarrow Y\}$ 等价。

(3) F 中不存在这样的函数依赖 $X \rightarrow Y$,X 有真子集 X',使得 $F-\{X \rightarrow Y\} \cup \{X' \rightarrow Y\}$ 与 F 等价。

最小函数依赖集的算法实现过程如下。

(1) 对于 F 中每个函数依赖 $X \rightarrow Y$,若 $Y=Y_1,Y_2,\cdots,Y_n$,则通过 B2 分解性规则,用 $X \rightarrow Y_i (i=1,2,\cdots,n)$ 取代 $X \rightarrow Y$。

(2) 从 F 中删除传递依赖的结果,保留传递依赖的过程。

(3) 从 F 中删除部分依赖。

【例 5-1】 设 F 是关系模式 $R(A,B,C)$ 的函数依赖集,且 $F=\{A \rightarrow BC,B \rightarrow C,A \rightarrow B, AB \rightarrow C\}$,求 R 的极小函数依赖集和候选码。

解:

(1) 求极小函数依赖集。

① 将 F 中每个函数依赖写成右边是单属性形式,得

$$F=\{A \rightarrow B, A \rightarrow C, B \rightarrow C, A \rightarrow B, AB \rightarrow C\}$$

删除一个多余的 $A \rightarrow B$,得

$$F = \{A \rightarrow B, A \rightarrow C, B \rightarrow C, AB \rightarrow C\}$$

② 从 F 中删除传递依赖的结果。因为 F 中有 $A \rightarrow B$ 和 $B \rightarrow C$,所以 $A \rightarrow C$ 是传递依赖的结果,是冗余的,应删除,得

$$F = \{A \rightarrow B, B \rightarrow C, AB \rightarrow C\}$$

③ 从 F 中删除部分依赖。因为 F 中有 $B \rightarrow C$,所以 $AB \rightarrow C$ 是部分依赖,是冗余的,应删除,得

$$F = \{A \rightarrow B, B \rightarrow C\}$$

至此,F 中已没有冗余的函数依赖,因此极小函数依赖集 $F_{min} = \{A \rightarrow B, B \rightarrow C\}$。

（2）求候选码。

在极小函数依赖集 F_{min} 中,由 $A \rightarrow B$ 和 $B \rightarrow C$ 可以推导出 $A \rightarrow C$,因此 $A \rightarrow BC$,且这是一个完全的函数依赖,即 $A \xrightarrow{F} BC$,因此 A 是 R 的候选码。

【例 5-2】 关系模式 $R(A, B, C, D, E)$ 的函数依赖集 $F = \{B \rightarrow A, D \rightarrow A, A \rightarrow E, AC \rightarrow B\}$,求 R 的候选码。

解：

由 $D \rightarrow A$ 可得 $CD \rightarrow AC$;   ①

由①和 $AC \rightarrow B$ 可得 $CD \rightarrow B$;   ②

由 $B \rightarrow A$ 和 $A \rightarrow E$ 可得 $B \rightarrow E$;   ③

由②③可得 $CD \rightarrow E$;   ④

由①②④可得 $CD \xrightarrow{F} ABCDE$,因此 CD 是 R 的候选码。

【例 5-3】 关系模式 $R(A, B, C)$ 的函数依赖集 $F = \{A \rightarrow B, B \rightarrow A, B \rightarrow C, A \rightarrow C, C \rightarrow A\}$,求 R 的极小函数依赖集。

方法 1：

由 $A \rightarrow B$ 和 $B \rightarrow C$ 可知 $A \rightarrow C$ 是冗余的,应删除,得

$$F = \{A \rightarrow B, B \rightarrow A, B \rightarrow C, C \rightarrow A\}$$

由 $B \rightarrow C$ 和 $C \rightarrow A$ 可知 $B \rightarrow A$ 是冗余的,应删除,得

$$F = \{A \rightarrow B, B \rightarrow C, C \rightarrow A\}$$

至此,F 中已没有冗余的函数依赖,因此极小函数依赖集 $F_{min1} = \{A \rightarrow B, B \rightarrow C, C \rightarrow A\}$。

方法 2：

由 $B \rightarrow A$ 和 $A \rightarrow C$ 可知 $B \rightarrow C$ 是冗余的,应删除,得

$$F = \{A \rightarrow B, B \rightarrow A, A \rightarrow C, C \rightarrow A\}$$

至此,F 中已没有冗余的函数依赖,因此极小函数依赖集 $F_{min2} = \{A \rightarrow B, B \rightarrow A, A \rightarrow C, C \rightarrow A\}$。

提示：极小函数依赖集 F_{min} 可能不是唯一的,它与各个函数依赖的处置顺序有关。

5.4　关系的规范化

5.4.1　范式及规范化

关系数据库中的关系要满足一定的要求,才能称得上是"好"的关系,该要求的标准就是范式(Normal Form,NF),将"不好"的关系转换为"好"的关系的过程就是关系的规范化(Normalization)。

1. 范式

范式是符合某一种级别的关系模式的集合,是衡量关系模式规范化程度的标准。满足最低级别要求的是第一范式(简写为 1NF),在 1NF 中满足进一步要求的为第二范式(简写为 2NF),其余的依此类推。范式共有六个标准,由低到高依次为 1NF、2NF、3NF、BCNF(Boyce-Codd 范式)、4NF 和 5NF。其中,1NF、2NF 和 3NF 是由科德(Codd)于 1971—1972 年提出的,1974 年科德和博伊斯(Boyce)又共同提出了 BCNF,1976 年费金(Fagin)提出了 4NF,后来又有人提出了 5NF。范式的标准如图 5-1 所示。

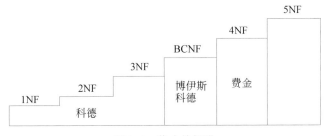

图 5-1　范式的标准

通常把一个关系模式 R 符合第 n 范式的标准要求记为 $R \in n$NF。各范式之间的关系(见图 5-2)如下:

$$5\text{NF} \subset 4\text{NF} \subset \text{BCNF} \subset 3\text{NF} \subset 2\text{NF} \subset 1\text{NF}$$

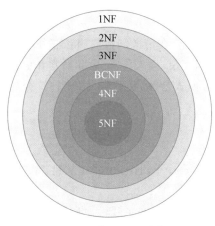

图 5-2　各范式之间的关系

提示：范式的级别越高，属于这种级别的关系模式的数量就越少。

2. 规范化

一个关系模式符合的范式级别越低，就越容易出现异常现象。因此，需要将有异常且符合低级别范式的关系模式通过模式分解方法转换为若干个符合高一级别范式的关系模式的集合，以消除异常，该过程称为关系模式的规范化。

关系规范化的基本思想是逐步消除数据依赖中不合适的部分，使各个关系达到某种程度的"分离"，即"一事一地"的模式设计原则，让一个关系只描述一个概念、一个实体或者实体间的一种联系，若多于一个概念就把它"分离"出去。因此，规范化实质上是概念的单一化。

5.4.2　1NF

定义 5-4　如果关系模式 R 中的每个属性值都是不可分的原子值，则称 R 属于第一范式，记作 $R \in 1NF$。

第一范式是关系模式所应满足的最低条件，一般来说，每一个关系模式都必须满足第一范式。但是，关系模式如果仅仅满足第一范式是不够的，仍可能会出现数据冗余、插入异常、删除异常和更新异常等问题。

【例 5-4】　分析关系模式 SCD(sno,sname,dname,office,cno,cname,score)。

SCD 中每个属性都是不可再分的单属性，根据 1NF 的定义可知，SCD $\in$ 1NF。

SCD 的码是(sno,cno)，函数依赖如下：sno $\rightarrow$ sname、sno $\rightarrow$ dname、dname $\rightarrow$ office、office $\rightarrow$ dname、cno $\rightarrow$ cname、(sno,cno) $\rightarrow$ score、(sno,cno) $\xrightarrow{P}$ sname、(sno,cno) $\xrightarrow{P}$ dname、(sno,cno) $\xrightarrow{P}$ cname，如图 5-3 所示。

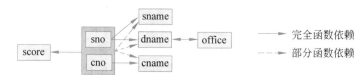

图 5-3　SCD 关系模式的函数依赖

SCD 中存在完全函数依赖，也存在传递函数依赖和部分函数依赖，其中有不合适的函数依赖存在，才导致 SCD 关系有数据冗余、插入异常、删除异常和更新异常等问题（详见 5.1.1 小节中的描述）。因此，要对其进行模式分解，消除异常，使它符合更高级别范式的要求。

5.4.3　2NF

2NF

定义 5-5　如果关系模式 $R \in 1NF$，且每个非主属性都完全函数依赖于 R 的任一候选码，则 $R \in 2NF$。

由定义可知，2NF 的实质是不存在非主属性对码的部分依赖，因此由 1NF 向 2NF 的转换就是消除 1NF 中所有非主属性对码的部分依赖。

下面介绍有关 2NF 的两个推论。

2NF 的推论 1: 若 $R \in 1NF$, 且 R 的码是单属性, 则 $R \in 2NF$。

证明 若 R 的码 K 是单属性, 则 K 没有真子集, 其他的属性对 K 都是完全函数依赖, 不可能存在部分依赖, 因此 $R \in 2NF$。

2NF 的推论 2: 若 R 是二目关系, 则 $R \in 2NF$。

证明 假设 $R(A, B)$ 是二目关系, R 的码有四种情况。

(1) 若 A 是码, 则 R 的码是单属性, 根据推论 1, $R \in 2NF$。

(2) 若 B 是码, 则 R 的码是单属性, 根据推论 1, $R \in 2NF$。

(3) 若 A 和 B 都是码, 则 R 的所有码都是单属性, 根据推论 1, $R \in 2NF$。

(4) 若 (A, B) 是码, 则 R 中没有非主属性, 也就没有非主属性对码的部分依赖, 因此 $R \in 2NF$。

【例 5-5】 将满足 1NF 的关系模式 SCD(sno, sname, dname, office, cno, cname, score) 分解为 2NF。

SCD 中的非主属性有 score、sname、dname、office 和 cname。由图 5-3 所示的函数依赖可以看出, 只有非主属性 score 是完全依赖于码(sno, cno)的, 其他的非主属性都是部分依赖于码的, 因此 SCD $\notin$ 2NF。

在图 5-3 中断开所有非主属性对码的部分依赖, 如图 5-4 所示, 可将 SCD 为解为以下三个关系模式:

- PSC(sno, cno, score)
- PStudent(sno, sname, dname, office)
- PCourse(cno, cname)

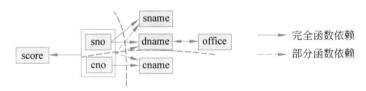

图 5-4 SCD 关系模式的函数依赖分解

注意: 分解时, 分开的两部分要有相同的属性, 以确保以后能进行连接操作。

PSC 的函数依赖如图 5-5(a)所示, 其码是(sno, cno), 只有一个非主属性 score, 而且 (sno, cno) $\xrightarrow{F}$ score, 因此 PSC $\in$ 2NF。

PStudent 的函数依赖如图 5-5(b)所示, 其码是 sno, 非主属性有 sname、dname 和 office, 而且 sno $\xrightarrow{F}$ sname、sno $\xrightarrow{F}$ dname、sno $\xrightarrow{F}$ office, 因此 PStudent $\in$ 2NF。

PCourse 的函数依赖如图 5-5(c)所示, 其码是 cno, 只有一个非主属性 cname, 而且 cno $\xrightarrow{F}$ cname, 因此 PCourse $\in$ 2NF。

综上可知, 将 SCD 关系模式分解成了三个属于 2NF 的关系模式 PSC、PStudent 和 PCourse, SCD 关系模式中的异常得到了部分解决。

(1) 数据冗余减少。学号 sno 和姓名 sname 在 PStudent 中不再重复存储, 课程号 cno

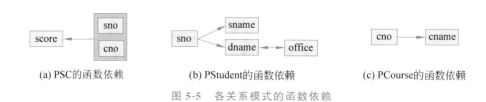

图 5-5   各关系模式的函数依赖

和课程名称 cname 在 Course 中也不再重复存储。

（2）插入异常得到了部分解决。若新来的学生没有选课，可将该学生的记录插入 PStudent 中；若开设的某门课程没有人选，也可以先将课程记录插入 PCourse 中。

（3）删除异常得到了部分解决。若要删除仅选修一门课程的某学生的选课记录，在 PSC 中删除即可，学生记录还留在 PStudent 中；当删除仅有一名学生选修某门课程的选课记录时，在 PSC 中删除即可，课程记录还留在 PCourse 中。

（4）更新异常得到了部分解决。若更换某学院的办公地点，则该学院有多少学生，更换多少次即可，更新次数减少。

但是，关系模式 SCD 还存在以下异常。

（1）数据冗余。学院名 dname 和办公地点 office 在 PStudent 中仍然重复存储，其重复的次数等于该学院学生总人数。

（2）插入异常。新成立的学院如果没有学生，则该学院的记录仍然无法插入。

（3）删除异常。如果某个学院的学生全部毕业，当删除该学院的所有学生记录时，该学院的记录仍然会被删除。

（4）更新异常。当更换某学院的办公地点时，如果漏掉了其中一条记录，就会出现该学院有两处办公地点的情况，和语义不相符，导致数据不一致。

因此，还需要对 SCD 关系模式进一步分解，消除异常，使之符合更高级别的范式要求。

5.4.4　3NF

定义 5-6　如果关系模式 $R \in 2NF$，且每个非主属性都不传递依赖于 R 的任一候选码，则 $R \in 3NF$。

由定义可知，若 $R \in 3NF$，则 $R \in 2NF$，同时 $R \in 1NF$，即若 $R \in 3NF$，则每个非主属性既不部分依赖于码也不传递依赖于码。但是，当 $R \in 2NF$ 时，R 不一定属于 3NF。

3NF 的推论：若 R 是二目关系，则 $R \in 3NF$。

证明　假设 $R(A,B)$ 是二目关系，R 中只有两个属性，无法形成任何形式的传递依赖，因此 $R \in 3NF$。

【例 5-6】　将例 5-5 中的关系模式 SCD 进一步分解为 3NF。

在例 5-5 中，SCD 被分解成了三个属于 2NF 的关系 PSC、PStudent 和 PCourse。其中，PSC 只有一个非主属性 score，而且 score 是完全直接函数依赖于码（sno，cno）的，不是传递依赖，因此 PSC ∈ 3NF；PCourse 只有一个非主属性 cname，而且 cname 是完全直接函数依赖于码 cno 的，不是传递依赖，因此 PCourse ∈ 3NF；PStudent 的非主属性有 sname、dname 和 office，由 sno→dname 和 dname→office 可推导出 sno $\xrightarrow{T}$ office，即存在非主属性 office 对码 sno 的传递

依赖,因此 PStudent $\notin$ 3NF,只需要对 Student 进行分解,使之达到 3NF 即可。

在 PStudent 的函数依赖中断开所有非主属性对码的传递依赖,如图 5-6 所示,可将 PStudent 分解为两个关系模式：PStudent(sno,sname,dname)、PDepartment(dname,office)。

分解后的 PStudent 关系的码是 sno,其函数依赖如图 5-7(a)所示,只有两个非主属性 sname 和 dname,而且对码都是直接函数依赖而不是传递依赖,因此 PStudent $\in$ 3NF; PDepartment 关系的码是 dname 和 office,其函数依赖如图 5-7(b)所示,没有非主属性,也就不存在非主属性对码的传递依赖,因此 PDepartment $\in$ 3NF。

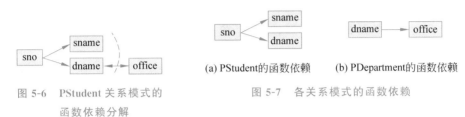

图 5-6　PStudent 关系模式的
　　　　函数依赖分解

(a) PStudent的函数依赖　　　(b) PDepartment的函数依赖

图 5-7　各关系模式的函数依赖

至此,将 SCD 分解成了以下四个符合 3NF 的关系模式：

- PSC(sno,cno,score)
- PCourse(cno,cname)
- PStudent(sno,sname,dname)
- PDepartment(dname,office)

此时,SCD 中存在的异常全部消除。

(1) 不必要的数据冗余全部消除。学院名 dname 和办公地点 office 在 PDepartment 中不再重复。

(2) 插入异常消除。新成立的学院如果没有学生,则该学院的记录插入 PDepartment 中即可。

(3) 删除异常消除。如果某个学院的学生全部毕业,则只在 PStudent 中删除该学院的所有学生记录,该学院的记录依然保留在 PDepartment 中。

(4) 更新异常消除。当更换某学院的办公地点时,只在 PDepartment 中更新其中的一条记录即可,不会导致数据不一致。

SCD 规范到了 3NF 后,已经实现了彻底分离,达到了“一事一地”的概念单一化原则要求。一般的数据库设计达到 3NF 即可,但是该结论只适用于仅有一个候选码的关系,而有多个候选码的 3NF 关系仍可能产生异常,需要进一步分解,消除异常,使之符合更高级别的范式要求。

5.4.5　BCNF

定义 5-7　如果关系模式 $R \in$ 1NF,且对于 R 中的每个函数依赖 $X \to Y$,X 必为候选码,则 $R \in$ BCNF。

由 BCNF 的定义可知,每个 BCNF 的关系模式都具有如下三个性质。

(1) 所有非主属性都完全函数依赖于每个候选码。

（2）所有主属性都完全函数依赖于每个不包含它的候选码。

（3）没有任何属性完全函数依赖于非码的任何一组属性。

当 $R \in$ BCNF 时，已经不存在任何属性（主属性或非主属性）对码的部分函数依赖和传递依赖，所以 $R \in$ 3NF。但是，若 $R \in$ 3NF，则 R 未必属于 BCNF。

BCNF 的推论 1：若 R 是二目关系，则 $R \in$ BCNF。

证明　假设 $R(A,B)$ 是二目关系，则 R 的码有以下四种情况。

（1）若 A 是码，则 R 的码是单属性，只存在一个直接的完全函数依赖 $A \to B$，且 A 是码，因此 $R \in$ BCNF。

（2）若 B 是码，则 R 的码是单属性，只存在一个直接的完全函数依赖 $B \to A$，且 B 是码，因此 $R \in$ BCNF。

（3）若 A 和 B 都是码，则存在两个直接的完全函数依赖 $A \to B$ 和 $B \to A$，且 A 和 B 都是码，因此 $R \in$ BCNF。

（4）若 (A,B) 是码，则 R 中没有任何的函数依赖，因此 $R \in$ BCNF。

BCNF 的推论 2：若 R 的码是全码，则 $R \in$ BCNF。

证明　若 R 的码是全码，则 R 中没有任何函数依赖，因此 $R \in$ BCNF。

注意：从 R 的码是全码能推导出 R 的属性全都是主属性，但 R 的属性全都是主属性不一定能推导出 R 的码是全码。

【例 5-7】　考察符合 BCNF 的关系模式 SJP。

在 SJP(S,J,P) 中，S 表示学生的学号，J 表示课程的课程号，P 表示某个学生在某门课程中的名次。若有如下语义规定：

（1）每名学生选修每门课程的成绩只有一个名次。

（2）每门课程中每一个名次只有一个学生（没有并列名次）。

由该语义可得如下函数依赖：$(S,J) \to P$、$(J,P) \to S$。

关系 SJP 的码是 (S,J) 和 (J,P)，在这些函数依赖中，决定因素都是码，因此 SPJ $\in$ BCNF。

【例 5-8】　考察符合 3NF 但不符合 BCNF 的关系模式 STJ。

在 STJ(S,T,J) 中，S 表示学生的学号，T 表示教师的教师号，J 表示课程的课程号。如果有如下语义规定：

（1）每位教师只讲授一门课程，每门课程由若干教师讲授。

（2）每名学生选定一门课程，就对应一个固定的教师。

（3）每名学生选定某一位教师，就选定了该教师的课程。

由该语义可得如下函数依赖：$T \to J$、$(S,J) \to T$、$(S,T) \to J$。

STJ 的函数依赖如图 5-8 所示。

STJ 的候选码是 (S,J) 和 (S,T)，STJ 中的所有属性都是主属性，不会存在非主属性对码的传递依赖，因此 STJ $\in$ 3NF。但是，在 STJ 的函数依赖中，有一个函数依赖 $T \to J$ 的决定因素 T 不是码，因此 STJ $\notin$ BCNF。STJ 关系存在如下异常。

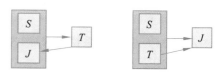

图 5-8　STJ 的函数依赖

（1）数据冗余。一位教师只讲授一门课，如果某一教师信息重复存储 N 次，那么该教师所讲授的课程信息也重复存储 N 次。

（2）插入异常。学生没有选课或教师开课没人选，都不能插入相应的记录。

（3）删除异常。选修某门课的学生全部毕业，删除学生记录的同时连教师开设这门课的记录也会删除。

（4）更新异常。教师开课名称修改后，所有选修该课的学生信息都要进行相应的修改。如果漏掉了其中的一条记录，就会出现该教师讲授两门课的情况，和语义不相符，导致数据不一致。

STJ 出现异常的原因是存在一个主属性 J 依赖于非码的一个主属性 T，在 STJ 的函数依赖中断开该函数依赖，如图 5-9 所示，将 STJ 分解为两个关系模式：ST(S,T)、TJ(T,J)。

ST 关系的码是全码，其函数依赖如图 5-10（a）所示，没有任何函数依赖，因此 ST∈BCNF；TJ 关系的码是 T，其函数依赖如图 5-10（b）所示，只有一个函数依赖 $T{\rightarrow}J$ 且决定因素 T 是码，因此 TJ∈BCNF。

图 5-9 STJ 关系模式的函数依赖分解　　图 5-10 各关系模式的函数依赖

此时，STJ 中存在的异常全部消除。

（1）数据冗余消除。在 TJ 中，教师号 T 是码，不重复，因此该教师所讲授的课程 J 也不重复。

（2）插入异常消除。学生没选课时，可以将学生及学生跟随的教师记录插入 ST 中；教师开课没人选时，可以将教师开课的记录插入 TJ 中。

（3）删除异常消除。选修某门课的学生全部毕业，删除学生记录时只在 ST 中删除即可，该教师开设这门课的记录仍然在 TJ 中。

（4）更新异常消除。修改教师开课名称时，只在 TJ 中修改一条记录即可。

提示：一个模式中的所有关系模式如果都属于 BCNF，那么在函数依赖范畴内，它已实现了彻底分离，消除了各种异常，即在函数依赖范畴内，BCNF 是最高级别的规范化形式。

5.4.6 关系规范化的应用

在函数依赖范畴内，判断一个关系模式 R 属于第几范式的步骤如下。

（1）确定关系 R 的所有候选码。

（2）写出 R 的极小函数依赖集。

（3）根据各范式的判断准则判断 R 属于第几范式。

【例 5-9】 设有关系模式 R(A,B,C,D)及其上的函数依赖集 $F={AB{\rightarrow}CD,A{\rightarrow}D}$。

（1）求 R 的码。

（2）求 R 的极小函数依赖集 $F_{\min}$。

（3）R 是 2NF 吗？如果不是，请说明理由并将其分解成 2NF 模式集。

解：

（1）由 $AB \rightarrow CD$ 可得 $AB \rightarrow ABCD$，即 $AB \xrightarrow{F} ABCD$，因此 R 的码是 AB。

（2）首先右边属性单一化，得 $F = \{AB \rightarrow C, AB \rightarrow D, A \rightarrow D\}$；然后删除多余的部分函数依赖，得 $F = \{AB \rightarrow C, A \rightarrow D\}$。因此，$F_{\min} = \{AB \rightarrow C, A \rightarrow D\}$。

（3）因为有非主属性 D 对码 AB 部分依赖，所以 R 不属于 2NF，将 R 分解如下：R_1（A，B，C）、R_2（A，D），此时 R_1 和 R_2 都属于 2NF。

【例 5-10】 设有关系模式 R（职工编号，日期，日营业额，部门名，部门经理），该模式统计商店里每个职工的日营业额，以及职工所在部门和部门经理信息。

如果规定每名职工每天只有一个营业额，每名职工只在一个部门工作，每个部门只有一位经理，试回答下列问题。

（1）写出关系模式 R 的码和基本函数依赖。

（2）R 是 2NF 吗？若不是，将 R 分解成 2NF 模式集。

（3）将（2）得出的 2NF 分解成 3NF 模式集。

解：

（1）R 的码是（职工编号，日期）。R 的极小函数依赖集是{（职工编号，日期）→ 日营业额，职工编号 → 部门名，部门名 → 部门经理}。

（2）R 中存在这样一个函数依赖：职工编号 → 部门名，那么非主属性"部门名"对码（职工编号，日期）就是部分依赖，即（职工编号，日期）$\xrightarrow{P}$ 部门名，因此 $R \notin$ 2NF。

可将 R 分解成下面的两个关系模式：R_1（职工编号，日期，日营业额）、R_2（职工编号，部门名，部门经理）。

R_1 的码是（职工编号，日期），只有一个非主属性"日营业额"是完全依赖于码的，因此 $R_1 \in$ 2NF；R_2 的码是"职工编号"，是单属性，根据 2NF 的推论 1，可知 $R_2 \in$ 2NF。

（3）在 R_1 中，唯一的一个非主属性"日营业额"直接依赖于码，因此 $R_1 \in$ 3NF。

在 R_2 中，存在这样两个函数依赖：职工编号 → 部门名和部门名 → 部门经理，即存在非主属性"部门经理"对码的传递依赖，因此 $R_2 \notin$ 3NF。

可将 R_2 分解成下面的两个关系模式：R_{21}（职工编号，部门名）、R_{22}（部门名，部门经理）。

R_{21} 和 R_{22} 都是二目关系，因此都是 3NF 模式。

至此，R 被分解为一个 3NF 模式集 $\{R_1, R_{21}, R_{22}\}$。

5.5 多值依赖与 4NF

函数依赖表示的是属性间的一对一的联系问题。一个关系模式在函数依赖范畴内最高范式可以达到 BCNF，但如果属于 BCNF 的关系模式还有异常，那么就要在多值依赖范畴内讨论属性间的一对多联系，即多值依赖问题，并将其规范化至 4NF。

1. 多值依赖

【例 5-11】　考察关系模式 Teach(C,T,B)。

在关系模式 Teach(C,T,B)中，C 表示课程，T 表示任课教师，B 表示参考书。有如下的语义规定：

(1) 每门课程由多位教师讲授，他们使用相同的一套参考书。

(2) 每位教师可以讲授多门课程，每种参考书可供多门课程使用。

其中，课程 C 与教师 T、参考书 B 之间都是 $1:n$ 联系，并且这两个联系是独立的，如表 5-6 所示，用非规范化的关系表示这种联系。

表 5-6　非规范化的 Teach 关系

课程 C	教师 T	参考书 B
物理	李勇 王军	普通物理学 光学原理 物理习题集
数学	李勇 张平	数学分析 微分方程 高等代数
计算数学	张平 周峰	数学分析 线性代数 解析几何
……	……	……

规范化的 Teach 关系模式的部分数据如表 5-7 所示。

表 5-7　规范化的 Teach 关系

课程 C	教师 T	参考书 B
物理	李勇	普通物理学
物理	李勇	光学原理
物理	李勇	物理习题集
物理	王军	普通物理学
物理	王军	光学原理
物理	王军	物理习题集
数学	李勇	数学分析
数学	李勇	微分方程
数学	李勇	高等代数
数学	张平	数学分析
数学	张平	微分方程
数学	张平	高等代数
……	……	……

Teach 关系的码是全码，根据 BCNF 的推论，Teach$\in$BCNF，已达到函数依赖范畴内的最高范式要求，但 Teach 关系还存在以下异常。

（1）数据冗余。课程信息、教师信息和参考书信息都被重复储存多次，尤其是课程信息和教师信息。

（2）插入操作复杂。当某一门课程增加一位任课教师时，该课程有多少本参考书，就必须插入多少条记录。例如，为物理课增加一位教师"刘关"，需要插入三条记录：（物理，刘关，普通物理学）、（物理，刘关，光学原理）、（物理，刘关，物理习题集）。

（3）删除操作复杂。某一门课程要删除一本参考书，该课程有多少名教师讲授，就必须删除多少条记录。例如，为物理课程删除一本参考书《光学原理》，则需要删除三条记录：（物理，李勇，光学原理）、（物理，王军，光学原理）、（物理，刘关，光学原理）。

（4）修改操作复杂。某一门课程要修改一本参考书，该课程有多少位教师讲授，就必须修改多少条记录。

Teach 关系存在异常的原因是课程 C 与教师 T、参考书 B 之间存在着独立的一对多联系，即教师 T、参考书 B 之间彼此独立，没有关系，它们都取决于课程 C，这是多值依赖存在的表现。

定义 5-8 设 $R(U)$ 是属性集 U 上的一个关系模式。X、Y 和 Z 是 U 的子集，并且 $Z=U-X-Y$。关系模式 $R(U)$ 中的多值依赖 $X \rightarrow\rightarrow Y$ 成立，当且仅当对 $R(U)$ 的任一关系 r，给定一对 (x,z) 值，有一组 Y 值与之相对应，这组值仅仅取决于 x 的值而与 z 的值无关。

在例 5-11 的 Teach 关系中存在两个多值依赖：$\{C \rightarrow\rightarrow T, C \rightarrow\rightarrow B\}$。对于 $C \rightarrow\rightarrow T$，给定一对 (c,b) 的值，有一组 t 的值与之相对应，这组值取决于 c 的值而与 b 的值无关。例如，一对（物理，普通物理学）值，对应一组（李勇，王军）的值，这组值仅取决于课程名"物理"，只要课程名是"物理"，讲授这门课的教师就一定是"李勇"和"王军"，与使用什么参考书无关，因为每位讲授"物理"课的教师都要使用这一套三本的参考书。同理，一对（物理，光学原理）值和一对（物理，物理习题集）值都对应这组（李勇，王军）的值。但如果将课程名由"物理"换成"数学"，给定一对（数学，数学分析）值，对应的一组值就换成了（李勇，张平），而不再是（李勇，王军）。同理，一对（数学，微分方程）值和一对（数学，高等代数）值都对应这组（李勇，张平）的值。

思考： 请读者自行给出 $C \rightarrow\rightarrow B$ 的含义。

如果 $X \rightarrow\rightarrow Y$，且 $Z=U-X-Y=\varnothing$，则称 $X \rightarrow\rightarrow Y$ 为平凡的多值依赖；若 $Z \neq \varnothing$，则称 $X \rightarrow\rightarrow Y$ 为非平凡的多值依赖。例如，Teach 关系中的两个多值依赖都是非平凡的多值依赖。

多值依赖具有以下性质。

（1）对称性。若 $X \rightarrow\rightarrow Y$ 成立，则 $X \rightarrow\rightarrow Z$ 也成立，其中 $Z=U-X-Y$。

多值依赖的对称性可以由完全二分图直观地表示出来，如图 5-11 所示。

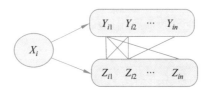

图 5-11 多值依赖的完全二分图

例如,Teach 关系中的多值依赖完全二分图如图 5-12 所示。

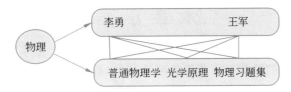

图 5-12 Teach 关系中的多值依赖完全二分图

(2) 传递性。若 $X \rightarrow\!\!\!\rightarrow Y, Y \rightarrow\!\!\!\rightarrow Z$,则 $X \rightarrow\!\!\!\rightarrow Z-Y$。

(3) 合并性。若 $X \rightarrow\!\!\!\rightarrow Y, X \rightarrow\!\!\!\rightarrow Z$,则 $X \rightarrow\!\!\!\rightarrow YZ$。

(4) 分解性。若 $X \rightarrow\!\!\!\rightarrow Y, X \rightarrow\!\!\!\rightarrow Z$,则 $X \rightarrow\!\!\!\rightarrow Y \bigcap Z$、$X \rightarrow\!\!\!\rightarrow Y-Z$、$X \rightarrow\!\!\!\rightarrow Z-Y$。

多值依赖与函数依赖的区别如下。

(1) 函数依赖 $X \rightarrow Y$ 成立,表示一个 X 的值对应唯一的一个 Y 的值,这只与 X 和 Y 两个属性有关,而与其他属性无关。

而多值依赖 $X \rightarrow\!\!\!\rightarrow Y$ 成立,表示一个 X 的值对应多个 Y 的值,这不仅与 X 和 Y 两个属性有关,还与其他属性 Z 有关。

(2) 函数依赖 $X \rightarrow Y$ 的有效性仅取决于 X 和 Y 两个属性的值,和范围无关,即在任何属性集 $W(XY \subseteq W \subseteq U)$ 上都成立。

而多值依赖 $X \rightarrow\!\!\!\rightarrow Y$ 在 U 上成立,则在 $W(XY \subseteq W \subseteq U)$ 上一定成立;反之则不然,即 $X \rightarrow\!\!\!\rightarrow Y$ 在 $W(W \subseteq U)$ 上成立,在 U 上不一定成立。

2. 4NF

定义 5-9 关系模式 $R \in 1NF$,若 R 的每个多值依赖 $X \rightarrow\!\!\!\rightarrow Y$ 都是平凡的多值依赖,则称关系模式 $R \in 4NF$。

由 4NF 的定义可知,在符合 4NF 的关系模式中,可以有函数依赖,也可以有平凡的多值依赖,但不可以有非平凡的多值依赖。因此,从 BCNF 向 4NF 转换时消除的就是非平凡的多值依赖。

【例 5-12】 将关系模式 Teach(C, T, B) 规范化到 4NF。

关系模式 Teach(C, T, B) 中存在两个非平凡的多值依赖:{$C \rightarrow\!\!\!\rightarrow T, C \rightarrow\!\!\!\rightarrow B$}。

根据 4NF 的定义,消除这两个非平凡的多值依赖,将 Teach 分解为如下两个 4NF 关系模式:$CT(C, T)$、$CB(C, B)$。

CT 和 CB 是二目关系,在 CT 中依然存在多值依赖 $C \rightarrow\!\!\!\rightarrow T$,但这是平凡的多值依赖;在 CB 中也存在多值依赖 $C \rightarrow\!\!\!\rightarrow B$,但这也是平凡的多值依赖。因此,$CT \in 4NF, CB \in 4NF$。

4NF 推论:若 R 是二目关系,则 $R \in 4NF$。

函数依赖和多值依赖是两种非常重要的数据依赖。如果只考虑函数依赖,则属于 BCNF 的关系模式规范化程度是最高的;如果考虑多值依赖,则属于 4NF 的关系模式规范化程度是最高的。除了函数依赖和多值依赖外,还有一种连接依赖,它是在关系的连接运算时反映出来的一种数据依赖。存在连接依赖的关系模式仍可能会有数据冗余、插入异常、删除异常和更新异常等问题。如果消除了属于 4NF 的关系模式中存在的连接依赖,就可以使关系模式进一步达到 5NF。这里不再讨论连接依赖和 5NF,有兴趣的读者可以参考相关资料。

本 章 小 结

本章介绍了设计"好"的数据库所需的理论指导,即关系的规范化理论。一个"不好"的关系可能会包含数据冗余、插入异常、删除异常和更新异常等问题,其根本原因是关系的属性间存在"不好"的依赖关系。因此,必须对关系模式进行分解。逐步消除数据依赖中不合适的部分,使模式中的各关系模式达到某种程度的"分离",做到"一事一地",让一个关系描述一个概念、一个实体或者实体间的一种联系,若多于一个概念,就把它"分离"出去。因此,所谓规范化实质上是概念的单一化。

判断一个关系"好"与"不好"的准则称为范式。范式一共有六种,分别是 1NF、2NF、3NF、BCNF、4NF 和 5NF,它们对关系的要求依次升高。其中,1NF、2NF、3NF、BCNF 是函数依赖范畴内的范式,4NF 是多值依赖范畴内的范式,5NF 是连接依赖范畴内的范式。本书未给出 5NF 和连接依赖的内容,感兴趣的读者请查阅相关资料。对于一般的应用而言,当所有关系模式达到 3NF 或 BCNF 时就可以满足大多数用户的要求。

一个规范式程度较低的关系模式通过模式分解达到更高级别范式的要求,会增加数据库中关系的数量,导致后续产生大量连接操作,从而降低系统效率。因此,关系的规范化程度不是越高越好,只要满足用户的实际需求即可,也就是说规范化可以在任何一步终止。

习 题

一、选择题

1. 如何构造出一个合适的数据逻辑结构是(　　)主要解决的问题。

　A. 关系系统查询优化　　　　　　　B. 数据字典

　C. 关系数据库规范化理论　　　　　D. 关系数据库查询

2. 关系规范化中的删除操作异常是指(　　)。

　A. 不该删除的数据被删除

　B. 不该插入的数据被插入

　C. 应该删除的数据未被删除

　D. 应该插入的数据未被插入

3. 关系规范化中的插入操作异常是指(　　)。

　A. 不该删除的数据被删除

　B. 不该插入的数据被插入

　C. 应该删除的数据未被删除

　D. 应该插入的数据未被插入

4. 设计性能较优的关系模式称为规范化,规范化的主要理论依据是(　　)。

　A. 关系规范化理论　　　　　　　　B. 关系运算理论

　C. 关系代数理论　　　　　　　　　D. 数理逻辑

5. 关系 R 中,若每个数据项都是不可再分的,那么 R 至少属于(   )。

    A. 1NF   B. 2NF   C. 3NF   D. $BCNF$

6. 在关系数据库中,任何二元关系模式的最高范式必定是(   )。

    A. 1NF   B. 2NF   C. 3NF   D. $BCNF$

7. 对于规范化的关系模式 R,将 1NF 经过(   )转变为 2NF,将 2NF 经过(   )转变为 3NF。

    A. 消除主属性对码的部分依赖

    B. 消除非主属性对码的部分依赖

    C. 消除主属性对码的传递依赖

    D. 消除非主属性对码的传递依赖

8. 如果 $A{\to}B$,则属性 A 和属性 B 的联系是(   )。

    A. $1:n$ B. $n:1$ C. $m:n$ D. 以上都不是

9. 下面关于函数依赖的描述中,不正确的是(   )。

    A. 若 $X{\to}Y,X{\to}Z$,则 $X{\to}YZ$ B. 若 $XY{\to}Z$,则 $X{\to}Z,Y{\to}Z$

    C. 若 $X{\to}Y,Y{\to}Z$,则 $X{\to}Z$ D. 若 $X{\to}Y,Y'{\subset}Y$,则 $X{\to}Y'$

10. 已知关系模式 $R(A,B,C,D,E)$ 及其上的函数依赖集 $F=\{A{\to}D,B{\to}C,E{\to}A\}$,则 R 的候选码是(   )。

    A. AB B. BE C. CD D. DE

11. 设关系模式 $R(A,B,C,D)$,函数依赖集 $F=\{AB{\to}C,D{\to}B\}$,则 R 的候选码是(   )。

    A. AB B. BC C. CD D. AD

12. 设有关系模式 $R(A,B,C,D)$ 及其上的函数依赖集 $F=\{A{\to}B,A{\to}C,A{\to}D,BC{\to}A\}$。

(1) 关系模式 R 的码是(   )。

    A. A 和 AB B. A 和 BC C. B 和 CD D. B 和 AD

(2) R 最高属于(   )。

    A. 1NF   B. 2NF   C. 3NF   D. $BCNF$

13. 设有关系模式 $R(A,B,C)$ 及其上的函数依赖集 $F=\{A{\to}B,B{\to}C\}$,则关系模式 R 的规范化程度最高达到(   )。

    A. 1NF   B. 2NF   C. 3NF   D. $BCNF$

14. 设有关系模式 $R(A,B,C,D)$ 及其上的函数依赖集 $F=\{AB{\to}C,C{\to}D\}$,则关系模式 R 的规范化程度最高达到(   )。

    A. 1NF   B. 2NF   C. 3NF   D. $BCNF$

15. 设有关系模式 $R(A,B,C,D)$ 及其上的函数依赖集 $F=\{A{\to}CD,C{\to}B\}$,则关系模式 R 的规范化程度最高达到(   )。

    A. 1NF   B. 2NF   C. 3NF   D. $BCNF$

16. 设有关系模式 $R(A,B,C)$ 及其上的函数依赖集 $F=\{B{\to}A,AC{\to}B,\}$,则关系模式 R 的规范化程度最高达到(   )。

    A. 1NF   B. 2NF   C. 3NF   D. $BCNF$

17. 设有关系模式 $R(A,B,C,D)$ 及其上的函数依赖集 $F=\{B{\to}C,C{\to}D,D{\to}A\}$，则关系模式 R 的规范化程度最高达到(　　)。

    A. 1NF   B. 2NF   C. 3NF   D. BCNF

18. 设有关系模式 $R(A,B,C)$ 及其上的函数依赖集 $F=\{AC{\to}B,AB{\to}C,B{\to}C\}$，则关系模式 R 的规范化程度最高达到(　　)。

    A. 1NF   B. 2NF   C. 3NF   D. BCNF

19. 已知关系模式 $R(A,B,C,D,E)$ 及其上的函数依赖集 $F=\{A{\to}C,BC{\to}D,CD{\to}A,AB{\to}E\}$。

(1) 下列属性组中的(　　)是关系 R 的候选码。

    A. BC B. AB 和 BC C. AB、AD、CD D. AD 和 BD

(2) 关系模式 R 的规范化程度最高达到(　　)。

    A. 1NF   B. 2NF   C. 3NF   D. BCNF

20. 设 U 是所有属性的集合，X、Y、Z 都是 U 的子集，且 $Z=U-X-Y$。下面关于多值依赖的描述中，不正确的是(　　)。

    A. 若 $X{\to\to}Y$，则 $X{\to\to}Z$

    B. 若 $X{\to}Y$，则 $X{\to\to}Y$

    C. 若 $X{\to\to}Y$，且 $Y'{\subset}Y$，则 $X{\to\to}Y'$

    D. 若 $Z=\varnothing$，则 $X{\to\to}Y$

二、简答题

1. 下列说法正确吗？为什么？

(1) 任何一个二目关系都属于 3NF。

(2) 任何一个二目关系都属于 BCNF。

(3) 任何一个二目关系都属于 4NF。

(4) 当且仅当函数依赖 $A{\to}B$ 在 R 上成立时，关系 $R(A,B,C)$ 等于其投影 $R_1(A,B)$ 和 $R_2(A,C)$ 的连接。

(5) 若 $A{\to}B$，且 $B{\to}C$，则 $A{\to}C$ 成立。

(6) 若 $A{\to}B$，且 $A{\to}C$，则 $A{\to}BC$ 成立。

(7) 若 $B{\to}A$，且 $C{\to}A$，则 $BC{\to}A$ 成立。

(8) 若 $BC{\to}A$，则 $B{\to}A$，且 $C{\to}A$ 成立。

2. 设有关系模式 $R(A,B,C)$ 及其上的函数依赖集 $F=\{C{\to}B,B{\to}A\}$。

(1) 求 R 的码。

(2) R 是 3NF 吗？如果不是，请说明理由并将其分解成 3NF 模式集。

3. 设有关系模式 $R(A,B,C,D,E,F)$ 及其上的函数依赖集 $F=\{B{\to}F,E{\to}A,EB{\to}D,A{\to}C\}$。

(1) 求 R 的码。

(2) R 最高属于第几范式，为什么？

(3) 如果 R 不是 3NF，则将其分解成 3NF 模式集。

4. 设有关系 $R(A,B,C,D,E)$ 和函数依赖 $F=\{ABC{\to}DE,BC{\to}D,D{\to}E\}$ 试回答下列问题。

（1）关系 R 的候选码是什么？R 属于第几范式？并说明理由。

（2）如果关系 R 不属于 BCNF，则将其逐步分解为 BCNF。

要求：写出达到每一级范式的分解过程，并指明消除什么类型的函数依赖。

5. 设有关系 $R(A,B,C,D)$ 和函数依赖 $F\{B{\rightarrow}D,AB{\rightarrow}C\}$，试回答下列问题。

（1）关系 R 属于第几范式？

（2）如果关系 R 不属于 BCNF，则将其逐步分解为 BCNF。

要求：写出达到每一级范式的分解过程，并指明消除什么类型的函数依赖。

6. 设有关系模式 $R(A,B,C,D)$ 及其上的函数依赖 $F=\{A{\rightarrow}C,C{\rightarrow}A,B{\rightarrow}AC,D{\rightarrow}AC,BD{\rightarrow}A\}$。

（1）求 R 的候选码。

（2）求 R 的极小函数依赖集。

7. 设有关系 $R(A,B,C,D,E)$ 和函数依赖 $F=\{A{\rightarrow}BC,CD{\rightarrow}E,B{\rightarrow}D,E{\rightarrow}A\}$，试求 R 的所有候选码。

8. 设有关系 $R(A,B,C,D,E)$ 和函数依赖 $F=\{AB{\rightarrow}C,B{\rightarrow}D,D{\rightarrow}E\}$，试回答下列问题。

（1）关系 R 的候选码是什么？

（2）分析 R 属于第几范式。

（3）若 R 不属于 3NF，则将其分解为 3NF。

9. 设有关系 R，内容如表 5-8 所示。

表 5-8　关系 R

学号 sno	课程号 cno	课程名 cname	教师 teacher	教师办公室 office	成绩 grade
S1	C1	OS	张刚	B201	70
S2	C2	DB	赵阳	F303	87
S3	C1	OS	张刚	B201	86
S3	C3	AL	李杰	E105	77
S5	C4	CL	赵阳	F303	98

语义如下：一名学生可以选修多门课程，一门课程可以被多名学生选修；一门课只有一位任课教师，一位教师可以讲授多门课；一位教师只在一个办公室办公，一个办公室里有多位教师。课程名允许重名。

试回答下列问题。

（1）关系 R 的码是什么？

（2）写出关系 R 的极小函数依赖集。

（3）判断 R 最高达到第几范式。

（4）关系 R 是否存在插入、删除异常？若存在，请说明在什么情况下发生及发生的原因。

（5）将 R 转化为 3NF。

10. 现有如下关系模式：借阅（图书编号，书名，作者名，出版社，读者编号，读者姓名，借阅日期,归还日期),基本函数依赖集 $F=\{$图书编号→（书名,作者名,出版社）,读者编号→读者姓名,(图书编号,读者编号,借阅日期)→归还日期$\}$。

（1）写出该关系模式的码。

（2）该关系模式满足第几范式？并说明理由。

（3）若该关系模式不是 3NF,则将其转化为 3NF。

第6章 数据库设计

📝 本章学习目标

(1) 了解数据库设计的定义、特点和方法。

(2) 掌握数据库设计的步骤。

(3) 掌握需求分析、概念结构设计、逻辑结构设计的任务、方法和成果。

重点：需求分析、概念结构设计、逻辑结构设计的任务、方法和成果。

难点：实体和属性的抽象、E-R 图向关系模式的转换。

🐾 本章学习导航

数据库设计
- 数据库设计概述
  - 数据库设计的定义
  - 数据库设计的特点
  - 数据库设计的方法
  - 数据库设计的步骤
- 需求分析
  - 任务：明确用户的需求
  - 方法：自顶向下(重点)、自底向上
  - 成果：DFD、DD、SRS
- 概念结构设计
  - 任务：抽象实体、属性及联系
  - 方法：自顶向下、自底向上(重点)、逐步扩张、混合策略
  - 成果：E-R图
- 逻辑结构设计
  - 任务：E-R图向具体数据模型(如关系模型)的转换
  - 方法
    - 实体的转换规则
    - 联系的转换规则
      - 1:1 的联系转换规则
      - 1:n 的联系转换规则
      - m:n 的联系转换规则
  - 成果：具体的数据模型(如关系模型)
- 物理结构设计
  - 确定存取方法
    - 索引(重点)
    - 聚簇
    - Hash
  - 确定存储结构
- 数据库的实施
  - 建立数据库结构
  - 数据载入
  - 编写与调试应用程序
  - 数据库试运行
- 数据库的运行和维护
  - 数据库的转储和恢复
  - 数据库的安全性、完整性控制
  - 数据库性能的监督、分析和改进
  - 数据库的重组和重构

目前,数据库已广泛应用于各种信息系统中,如信息管理系统(MIS)、决策支持系统(DDS)、办公自动化系统(OA)等,已成为现代信息系统的基础和核心。从小型的单项事务处理系统到大型复杂的信息系统,都使用先进的数据库技术来保持系统数据的整体性、完整性和共享性。一个国家的数据库建设规模、数据库信息量的大小和使用频度已成为衡量这个国家信息化程度的重要标志之一。

数据库设计是数据库应用系统设计与开发的关键性工作。

6.1 数据库设计概述

数据库设计有广义和狭义两种含义。

广义的数据库设计是指建立后台数据库及其前台应用系统,包括合适的计算机平台和数据库管理系统、设计数据库及开发数据库应用系统等。这种数据库设计实际上是整个应用系统的设计,即软件的开发,应当按照软件工程的原理和方法进行,属于软件工程的范畴。广义的数据库设计有两个成果:一是数据库;二是以数据库为基础的应用系统。

狭义的数据库设计是指设计数据库本身,设计数据库的各级模式并建立数据库,这是数据库应用系统设计的一部分。狭义的数据库设计的成果主要是数据库,不包括应用系统。本书主要介绍狭义的数据库设计。

6.1.1 数据库设计的定义

数据库设计是指对于一个给定的应用环境,构造最优的数据库逻辑模式和物理结构,并据此建立数据库及其应用系统,使之能够有效地存储和管理数据,满足各种用户的应用需求,包括信息管理要求和数据操作要求。信息管理要求是指在数据库中应该存储和管理哪些数据对象;数据操作要求是指对数据对象需要进行哪些操作,如查询、插入、修改和删除等操作。

数据库设计的目标是为用户和各种应用系统提供一个信息基础设施和高效率的运行环境,包括数据库数据的存取效率、数据库存储空间的利用率和数据库系统运行管理的效率。

数据库设计是一项庞大的工程,是涉及多学科的综合性技术,整个设计过程包括系统设计、实施、运行和维护。数据库设计的开发周期长、耗资多、风险大。从事数据库设计的专业人员应该具备多方面的知识和技术,主要内容如下。

(1) 计算机学科的基础知识和程序设计的方法、技巧。

(2) 数据库的基础知识和数据库设计技术。

(3) 软件工程的原理和方法。

(4) 相关应用领域的知识。

提示:对于同一个应用环境,不同的设计人员设计的数据库也不完全相同,只要该数据库结构合理、数据一致、易维护而且能满足用户的所有需求,就是一个好的数据库。

6.1.2　数据库设计的特点

数据库设计是指数据库应用系统从设计、实施到运行与维护的全过程。数据库设计和一般的软件系统的设计、开发和运行与维护有许多相同之处,更有其自身的一些特点。

1. 三分技术,七分管理,十二分基础数据

数据库设计需要好的技术,更需要好的管理。这里的管理不仅包括数据库设计作为一个大型工程项目本身的项目管理,也包括企业应用部门的业务管理。企业的业务管理是否合理、流畅,对数据库结构的设计有直接影响。

十二分基础数据强调了数据的收集、整理、组织和不断更新是数据库建设中的重要环节,基础数据的收集、入库是数据库设计初期工作量最大、最烦琐、最细致的工作。

2. 数据库的结构(数据)设计和行为(处理)设计相结合

数据库的结构设计是指根据指定的应用环境进行数据库的模式或子模式的设计,包括数据库的概念结构设计、逻辑结构设计和物理结构设计。数据库模式是各应用程序共享的结构,是静态的、稳定的,一旦形成就不容易改变,因此结构设计又称静态模型设计。

数据库的行为设计是指确定数据库用户的行为和动作,即用户对数据库的操作,这些要通过应用程序来实现,所以数据库的行为设计就是应用程序的设计。用户的行为总是使数据库的内容发生变化,是动态的,因此行为设计又称动态模型设计。

早期的数据库系统开发过程中,常常把数据库结构设计和应用程序设计分离开来,现在要把二者的密切结合作为数据库设计的重点。

3. 数据库设计应与具体应用环境紧密联系

数据库设计应置身于实际的应用环境中,这样才能更好地满足用户的信息需求和处理需求。如果脱离实际的应用环境,空谈数据库设计,则无法判定数据库设计的好坏。

6.1.3　数据库设计的方法

数据库设计的方法可分为以下三类。

1. 直观设计法

直观设计法也称手工试凑法,是早期在软件工程出现之前,数据库设计主要采用的手工与经验相结合的方法。这种方法依赖于设计者的经验和技巧,缺乏科学理论和工程原则的支持,设计的质量很难保证。常常是数据库运行一段时间后又发现各种问题,然后重新进行修改,增加了系统维护的代价。

2. 规范化设计法

为了改进手工试凑法,1978 年 10 月,来自 30 多个国家的数据库专家在美国新奥尔良(New Orleans)市专门讨论了数据库设计问题,他们运用软件工程的思想和方法,提出了数据库设计的准则和规范,形成了一些规范化的设计方法。

(1)新奥尔良方法。新奥尔良方法是目前公认的比较完整和权威的一种规范化设计方法。该方法将数据库设计分为需求分析、概念结构设计、逻辑结构设计和物理结构设计四个阶段。

(2)基于 E-R 模型的数据库设计方法。基于 E-R 模型的数据库设计方法由陈品山于

1976 年提出，其基本思想是在需求分析的基础上，用 E-R 图构造一个反映现实世界实体之间联系的概念模型，并将此概念模型转换成基于某一特定 DBMS 的逻辑模型。

（3）基于 3NF 的数据库设计方法。基于 3NF 的数据库设计方法是由 S.阿特雷（S. Atre）提出的结构化设计方法，用关系规范化理论为指导来设计数据库的逻辑模型。其基本思想是在需求分析的基础上确定数据库模式中的全部属性与属性之间的依赖关系，将它们组织在一个单一的关系模式中，并分析模式中不符合 3NF 的约束条件，将其投影分解，规范成若干个 3NF 关系模式的集合。

规范化设计法从本质上说仍然是手工设计法，其基本思想是过程迭代和逐步求精。

3. 计算机辅助设计法

计算机辅助设计法是指在数据库设计的某些过程中模拟某一规范化设计的方法，并以人的知识或经验为主导，通过人机交互方式实现设计中的某些部分。目前，许多计算机辅助软件工程（Computer Aided Software Engineering，CASE）工具可以自动或辅助设计人员完成数据库设计过程中的很多任务，如 Sybase 公司的 PowerDesigner 和 Oracle 公司的 Designer 等数据库设计工具软件，已经普遍地用于大型数据库设计。

6.1.4 数据库设计的步骤

按照规范化的设计方法，将数据库设计分为六个阶段：需求分析阶段、概念结构设计阶段、逻辑结构设计阶段、物理结构设计阶段、数据库实施阶段、数据库运行和维护阶段，如图 6-1 所示。

（1）需求分析阶段。需求分析阶段的主要任务是准确了解与分析用户的需求（包括数据内容和处理要求），并加以规格化和分析。需求分析是整个数据库设计过程的基础，是最复杂、最困难、最耗时的一步，但也是最重要的一步。作为"地基"的需求分析做得是否充分与准确，决定了在其上构建数据库"大厦"的速度与质量。需求分析做得不好，会导致整个数据库设计返工重做。

（2）概念结构设计阶段。概念结构设计阶段是整个数据库设计的关键，这一阶段的主要任务是对用户的需求进行综合、归纳与抽象，形成一个独立于具体 DBMS 的概念模型，如 E-R 模型。概念模型是对现实世界的可视化描述，属于信息世界。

（3）逻辑结构设计阶段。逻辑结构设计阶段的主要任务是将概念结构设计阶段得到的概念模型转换为某个 DBMS 支持的数据模型，如转换为关系模型，并对其进行优化。

（4）物理结构设计阶段。物理结构设计阶段的主要任务是为逻辑数据模型选取一个最适合应用环境的物理结构，包括存储结构和存取方法。显然，数据库的物理设计完全依赖于给定的硬件环境和数据库产品。

（5）数据库实施阶段。在数据库实施阶段中，设计人员运用 DBMS 提供的数据库语言（如 SQL）及其宿主语言，根据逻辑设计和物理设计的结果建立数据库，编制与调试应用程序，组织数据入库，并进行试运行。

（6）数据库运行和维护阶段。数据库试运行结果符合设计目标后，数据库即可真正投入运行。但是，由于应用环境不断变化，数据库运行过程中物理存储也会不断变化，因此在数据库系统运行过程中必须不断地对其进行评价、调整与修改，这些维护工作是一个长期的

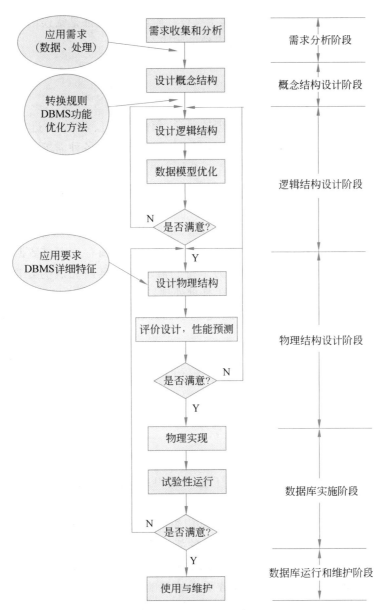

图 6-1 数据库设计的步骤

任务,也是设计工作的继续和提高。

数据库设计的基本思想是过程迭代和逐步求精,因此设计一个完善的数据库应用系统是不可能一蹴而就的,它往往是上述六个阶段的不断反复。

6.2 需 求 分 析

简单地说,需求分析就是分析用户的需求。需求分析是数据库设计的起点,也是后续步骤的基础。只有准确地获取用户的需求,才能设计出好的数据库。如果在数据库设计之初的需求分析阶段就出现了错误,那么后续所有设计阶段的结果都是错误的,导致整个设计返工,付出很大的代价,因此必须高度重视系统的需求分析。

6.2.1 需求分析的任务

需求分析的任务是对现实世界要处理的对象(组织、部门、企业等)进行详细调查,充分了解原系统(手工系统或计算机系统)的工作概况,明确用户的各种需求,然后在此基础上确定新系统的功能。

调查的重点是"数据"和"处理",通过调查收集与分析获得用户对数据库的要求。

1. 用户的需求

(1)信息需求。信息需求是最基本的需求,是指用户需要从数据库中获得的信息内容与性质。由信息需求可以推导出数据要求,即在数据库中需要存储哪些数据。

(2)处理需求。处理需求是指用户为了得到需求的信息而完成的处理功能及处理要求,如处理的响应时间和处理方式(联机还是批处理)等。

(3)安全性与完整性需求。在定义信息需求和处理需求的同时必须确定相应的安全性和完整性约束。

调查的难点是确定用户的最终需求,这是因为一方面用户缺少计算机知识,开始时无法确定计算机究竟能为自己做什么,不能做什么,因此往往不能准确地表达自己的需求,所提出的需求也在不断地变化;另一方面,设计人员缺少用户的专业知识,不容易理解用户的真正需求,甚至误解用户的需求。因此,设计人员必须不断深入地与用户交流,才能逐步确定用户的实际需求。

2. 调查用户需求的步骤与方法

首先调查清楚用户的实际需求,与用户达成共识;然后分析与表达这些需求。调查用户需求的具体步骤如下。

(1)调查组织机构情况,包括该组织的部门组成情况、各部门的职责和任务等。

(2)调查各部门的业务活动情况。了解各部门输入和使用什么数据、如何加工处理这些数据、输出什么信息、输出到什么部门、输出结果的格式是什么等,这是调查的重点。

(3)明确新系统的需求。在熟悉业务活动的基础上,协助用户明确对新系统的各种需求,包括信息需求、处理需求、安全性与完整性需求,这是调查的又一个重点。

(4)确定新系统的边界。对调查结果进行初步分析,确定哪些功能由计算机完成,或将来准备让计算机完成,哪些功能由人工完成。由计算机完成的功能就是新系统应该实现的功能。

在调查过程中,可以根据不同的问题和条件使用不同的调查方法。常见的调查方法如下。

(1)跟班作业。亲身参与到各部门的业务工作中,了解业务活动的情况。这种方法能比较准确地了解用户的业务活动,缺点是比较费时。

(2)开调查会。与用户中有丰富业务经验的人进行座谈,一般要求调查人员具有较好的业务背景(如之前设计过类似的系统),被调查人员有比较丰富的实际经验,这样双方能就具体问题进行有针对性的交流和讨论。

(3)问卷调查。将设计好的调查问卷发放给用户,供用户填写。调查问卷的设计要合理,调查问卷的发放要进行登记,并规定交卷时间。调查问卷的填写要有样板,以防用户填写的内容过于简单,将相关数据的表格附在调查问卷中。

（4）访谈询问。针对调查问卷或者调查会的具体情况,如果仍有不清楚的地方,可以访问有经验的业务人员,询问其对业务的理解和处理方法。

（5）审阅原系统。大多数数据库项目并不是从头开始建立的,通常会有一个不满足现在要求的原系统,通过对原系统的研究,可以发现一些可能会被忽略的细微问题,因此考察原系统对新系统的设计有很大好处。

进行需求调查时,主要目的就是全面、准确地收集用户的需求。但无论使用何种调查方法,都必须有用户的积极参与和配合。

6.2.2　需求分析的方法

通过用户调查,收集用户需求后,就要对用户需求进行分析,并表达用户的需求。可以采用自顶向下或自底向上的方法表达用户的需求,如图 6-2 所示。

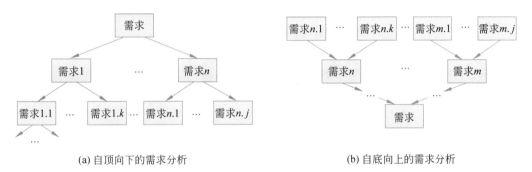

(a) 自顶向下的需求分析　　　　　　　　　　(b) 自底向上的需求分析

图 6-2　需求分析的方法

在众多分析方法中,结构化分析(Structured Analysis,SA)是一种简单实用的方法,它从最上层的组织机构入手,采用自顶向下、逐层分解的方法分析系统,用数据流图(Data Flow Diagram,DFD)分析用户的需求,用数据字典(Data Dictionary,DD)对数据流图进行补充和说明。

6.2.3　需求分析的成果

需求分析的主要成果是软件需求规格说明书(Software Requirement Specification, SRS)。软件需求规格说明书为用户、分析人员、设计人员及测试人员之间相互理解和交流提供了方便,是系统设计、测试和验收的主要依据;同时,软件需求规格说明书也起着控制系统演化过程的作用,追加需求应结合软件需求规格说明书一起考虑。

软件需求规格说明书具有正确性、无歧义性、完整性、一致性、可理解性、可修改性、可追踪性和注释等。软件需求规格说明书需要得到用户的验证和确认,一旦确认,软件需求规格说明书就成了开发合同,也成了系统验收的主要依据。

软件需求规格说明书的基本格式可参考图 6-3。

软件需求规格说明书
1 引言
    1.1 编写目的
    1.2 适用范围
    1.3 参考资料
    1.4 术语和缩略语
2 系统概述
    2.1 产品背景
    2.2 产品描述
    2.3 产品功能
    2.4 运行环境
    2.5 假设与依赖
3 系统功能性需求
    3.1 系统功能描述
    3.2 系统数据流图
    3.3 系统数据字典
4 系统非功能性需求
    4.1 性能需求
    4.2 安全性需求
    4.3 可用性需求
    4.4 其他需求
5 外部接口需求
    5.1 用户接口
    5.2 硬件接口
    5.3 软件接口
    5.4 通信接口

图 6-3　软件需求规格说明书的基本格式

6.3　概念结构设计

在需求分析阶段得到的用户需求是对现实世界应用环境的具体要求，为了更好、更准确地将这些具体要求在机器世界的数据库中实现，应首先将这些需求抽象为信息世界的概念模型作为过渡。

6.3.1　概念结构设计概述

概念结构设计就是将需求分析得到的用户需求抽象为信息结构，即概念模型的过程，是整个数据库设计的关键。概念模型是现实世界到机器世界的中间层,它是按用户的观点建立的模型,独立于机器。

概念模型的主要特点如下。

(1)语义表达能力丰富。概念模型能表达用户的各种需求,能真实、充分地反映现实世界,包括事物和事物之间的联系,能满足用户对数据的处理要求,是对现实世界的一个真实模型。

(2)易于交流和理解。概念模型是设计人员和用户之间的交流语言,因此概念模型要表达自然、直观和容易理解,以便和不熟悉计算机的用户交换意见,用户的积极参与是保证数据库设计成功的关键。

(3)易于修改和扩充。概念模型要能灵活地加以改变,以反映用户需求和现实环境的变化。

(4)易于向各种数据模型转换。概念模型独立于特定的DBMS,因此更加稳定,能方便地向关系模型等各种数据模型转换。

描述概念模型的有力工具是E-R模型(或E-R图),它将现实世界的信息结构统一用属性、实体及它们之间的联系来描述。

6.3.2 概念结构设计的方法和步骤

1. 概念结构设计的方法

概念结构设计的方法有以下四种。

(1)自顶向下。首先定义全局概念结构的框架,然后逐步细化,如图6-4所示。

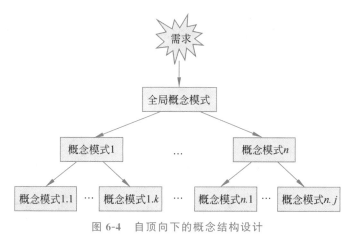

图6-4 自顶向下的概念结构设计

(2)自底向上。首先定义一个局部应用的概念结构,然后将它们集成起来,得到全局概念结构,如图6-5所示。

(3)逐步扩张。首先定义最重要的核心概念结构,然后向外扩充,以滚雪球的方式逐步生成其他概念结构,直至得到全局概念结构,如图6-6所示。

(4)混合策略。将自顶向下和自底向上两种方法相结合,首先用自顶向下的方法设计一个全局概念结构框架,划分成若干个局部概念结构;然后采取自底向上的方法实现各局部

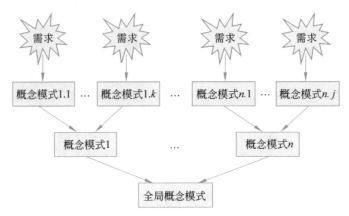

图 6-5   自底向上的概念结构设计

图 6-6   逐步扩张的概念结构设计

概念结构加以合并，最终实现全局概念结构。

在概念模型设计中，最常用的是自底向上的设计方法。在数据库设计过程中，自顶向下的需求分析和自底向上的概念结构设计是最好的"黄金结构"策略，如图 6-7 所示。

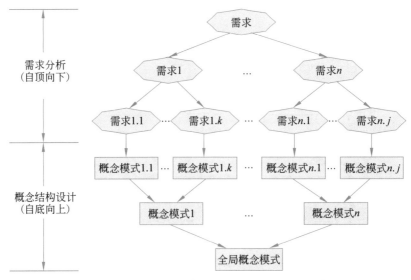

图 6-7   需求分析与概念结构设计的"黄金结构"策略

2. 概念结构设计的步骤

自底向上的概念结构设计分为以下三步。

(1) 根据需求分析的结果(主要是数据流图和数据字典)在局部应用中进行数据抽象,设计局部 E-R 模型,即设计用户视图。

(2) 集成各局部 E-R 模型,消除冲突,形成全局初步 E-R 模型,即视图集成。

(3) 对全局初步 E-R 模型进行优化,消除不必要的冗余,得到最终的全局基本 E-R 模型,即概念模型。

概念结构设计的整个步骤如图 6-8 所示。

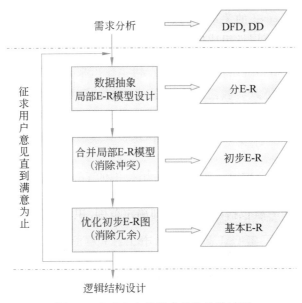

图 6-8 自底向上的概念结构设计过程

6.3.3 数据抽象与局部 E-R 模型设计

1. 数据抽象

概念模型是对现实世界的一种抽象。抽象是在对现实世界有一定认识的基础上,对实际的人、物、事和概念进行人为的处理,抽取人们关心的本质特性,忽略非本质的细节,并把这些特征用各种概念精确地加以描述。数据抽象一般有分类(Classification)和聚集(Aggregation)两种。

1) 分类

分类定义某一类概念作为现实世界中一组对象的类型,这些对象具有某些共同的特征和行为,将它们抽象为一个实体。它抽象了对象值和型之间的 is member of 关系。在 E-R 模型中,实体就是这种抽象。

例如,在教务管理系统中,张轩是一名学生,陈茹也是一名学生,都是学生的一员(is member of 学生),他们具有共同的特征和行为,如在某个学院学习、选修某些课程等。通过分类,得出"学生"这个实体。同理,数据库是一门课程,计算机基础也是一门课程,通过分类可以得出"课程"这个实体，如图 6-9 所示。

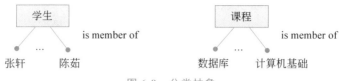

图 6-9　分类抽象

2）聚集

聚集定义某一类型的组成成分，将对象类型的组成成分抽象为实体的属性。组成成分与对象类型之间是 is part of 的关系。例如，"学生"实体是由学号、姓名、性别、出生日期、照片、兴趣爱好和所在学院等属性组成的，如图 6-10 所示。

图 6-10　聚集抽象

2. 局部 E-R 模型设计

局部 E-R 模型设计一般包括四个步骤，即确定范围、识别实体、定义属性和确定联系。

1）确定范围

范围是指局部 E-R 图设计的范围。范围划分要自然、便于管理，可以按业务部门或业务主体划分；与其他范围界限比较清晰，相互影响比较小；范围大小要适度，实体控制在 10 个左右。

2）识别实体

在确定的范围内寻找并识别实体。通过分类抽象，在数据字典中按人员、组织、物品、事件等寻找实体并给实体一个合适的名称。给实体正确命名时，可以发现实体之间的差别。

3）定义属性

属性是描述实体的特征和组成，也是分类的依据。相同实体应该具有相同数量的属性、名称、数据类型。在实体的属性中，有些是系统不需要的，要删除；有的实体需要区别状态和处理标识，要人为地增加属性。

局部 E-R
模型设计

实体和属性是相对而言的，在形式上没有可以截然划分的界限，因此在抽象实体和属性时需要遵循以下三条基本原则。

（1）能属性不实体。为了简化 E-R 图的处理，现实世界的事物能作为属性对待的，尽量作为属性对待。

（2）属性不能再具有需要描述的性质。属性是不可分的数据项，不能包含其他属性。

（3）属性不能与其他实体有联系，联系只发生在实体和实体之间。

例如，学生是一个实体，包含学号、姓名、性别、出生日期、照片、兴趣爱好和所在学院等属性。如果在该局部应用中只是描述学生属于哪个学院，不需要知道学院的基本信息，根据第（1）条基本原则，"所在学院"就是学生实体的一个属性；如果在局部应用中还需要描述学院的基本信息，如学院编号、学院名称、办公地点和备注等，根据第（2）条基本原则，"所在学院"就要上升为一个实体;根据第(3)条基本原则,学生和学院这两个实体之间可以有联系,如图 6-11 所示。

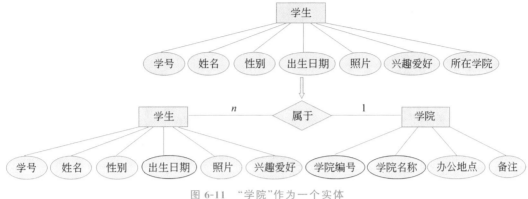

图 6-11 "学院"作为一个实体

4) 确定联系

对于识别出的实体,应进行两两组合,判断实体之间是否存在联系,联系的类型有 1:1、1:n 和 $m:n$。

【例 6-1】 在教务管理系统中,由需求分析可得出如下语义约定。

(1) 每个学院都有若干教师和学生,并开设多门课程。

学院的相关信息:学院编号、学院名称、办公地点、备注。

教师的相关信息:教师编号、教师姓名、教师职称、教师所属单位。

学生的相关信息:学号、姓名、性别、出生日期、照片、兴趣爱好和所在学院,学生的各科成绩和平均成绩等。

课程的相关信息:课程号、课程名、每门课程的直接先修课、学分。

(2) 一个学院聘任多位教师,聘期一般为三年,到期后可以继续聘用,也可以选择解聘,一位教师在某个时间段只能在一个单位工作;每个单位可开设多门课程供教师选课;一个学院有多名学生,一名学生也只能在一个学院学习。

(3) 一位教师可以讲授多门课程,一门课程可以被多位教师讲授;相同的课程可以被不同教师在不同的学期讲授,每位教师只讲授自己学院开设的课程。

(4) 一名学生可以选修多门课程,一门课程可以被多名学生选修。

请给出该系统的各分 E-R 图。

解:

根据上面的需求分析描述,抽象出实体和属性,如图 6-12 所示。

根据语义规定,可得出各实体之间的联系,构成该系统的各分 E-R 图,如图 6-13 所示。

6.3.4 全局 E-R 模型设计

各分 E-R 图设计好后,需要将它们合并成一个整体的全局 E-R 图。

1. 合并局部 E-R 模型

局部 E-R 模型合并为全局 E-R 模型有两种集成方法。

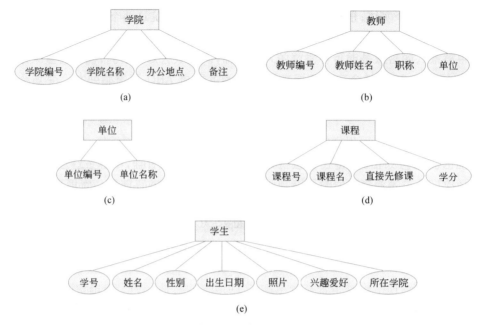

图 6-12　教务管理系统抽象出的各实体和属性

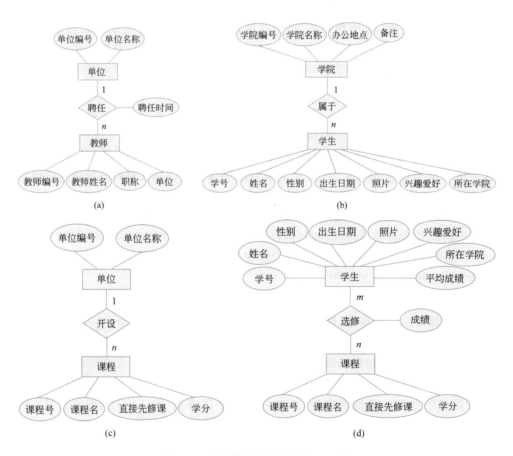

图 6-13　教务管理系统的各分 E-R 图

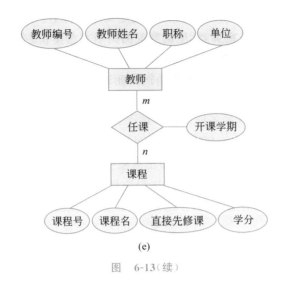

(e)

图 6-13（续）

（1）一次性合并。所有局部 E-R 图一次性集成一个总的初步 E-R 图，如图 6-14（a）所示。这种方法通常用于局部 E-R 图比较简单时的合并。

（2）逐步合并。首先将两个或多个比较关键的局部 E-R 图合并，然后每次将一个新的局部 E-R 图合并进来，最终形成一个总的初步 E-R 图，如图 6-14（b）所示。这种方法通常用于局部 E-R 图比较复杂时的合并。

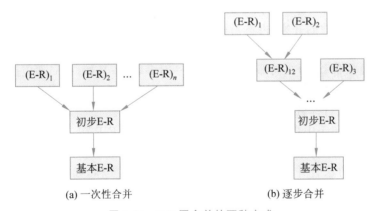

(a) 一次性合并 (b) 逐步合并

图 6-14 E-R 图合并的两种方式

合并时，先将那些现实世界有联系的局部结构合并，从公共实体（实体名相同或码相同的实体）开始，最后加入独立的局部结构。

2. 消除冲突

由于各个局部应用不同，通常由不同设计人员进行局部 E-R 图设计，因此各个局部 E-R 图不可避免地会有不一致的地方，称为冲突。各局部 E-R 图之间的冲突主要有以下三种。

1）属性冲突

属性冲突包括属性域冲突和属性取值单位冲突。

（1）属性域冲突，即属性值的类型、取值范围或取值集合不同。例如，学号在一个局部应用中被定义为整数，而在另一个局部应用中被定义为字符型。

（2）属性取值单位冲突。例如，学生的身高有的以米为单位，有的以厘米为单位；又如，质量单位有的以千克为单位，有的以克为单位。

属性冲突需要各部门采用讨论、协商等手段加以解决。

2）命名冲突

命名冲突包括同名异义和异名同义两种情况。

（1）同名异义，即不同意义的对象在不同的局部应用中具有相同的名字。例如，在局部应用 A 中将教室称为房间，而在局部应用 B 中将学生宿舍也称为房间，虽然名字都是"房间"，但表示的是两个不同意义的对象。

（2）异名同义，即同一意义的对象在不同的局部应用中有不同的名字。例如，有的部门把教科书称为课本，有的部门则把教科书称为教材。

命名冲突可能发生在实体、属性和联系上，其中属性的命名冲突更为常见。命名冲突通常采用讨论、协商等手段加以解决。

3）结构冲突

结构冲突包括以下三种情况。

（1）同一对象在不同应用中具有不同的抽象。例如，"课程"在某一局部应用中被抽象为实体，而在另一局部应用中则被抽象为属性。其解决方法通常是把属性变换为实体或把实体变换为属性，使同一对象具有相同的抽象。变换时要遵循三个基本原则。

（2）同一实体在不同局部视图中包含的属性不完全相同，或者属性的排列次序不完全相同。这是因为不同的局部应用关心的是该实体的不同侧面。其解决方法是使该实体的属性取各分 E-R 图中属性的并集，再适当调整属性的次序。

（3）实体之间的联系在不同局部视图中呈现不同的类型。例如，实体 E1 与 E2 在局部应用 A 中是多对多联系，而在局部应用 B 中是一对多联系；又如，在局部应用 C 中 E1 与 E2 之间有联系，而在局部应用 D 中 E1、E2、E3 三者之间有联系。其解决方法是根据应用语义对实体联系的类型进行综合或调整。

【例 6-2】 将例 6-1 中得到的各分 E-R 图合并为初步 E-R 图，合并时消除各种冲突。

解：

采用逐步合并方法合并各分 E-R 图，先确定一组公共实体，如在图 6-13 中，(a)和(e)有公共实体"教师"，因此先将二者合并，结果如图 6-15 所示。

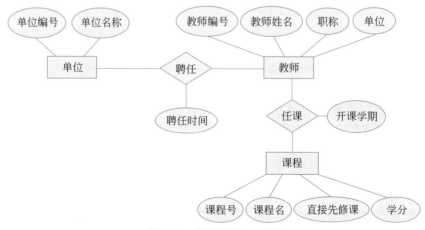

图 6-15　教师任课 E-R 图

然后在刚生成的图 6-15 中加入图 6-13(c),得到图 6-16 所示的 E-R 图。

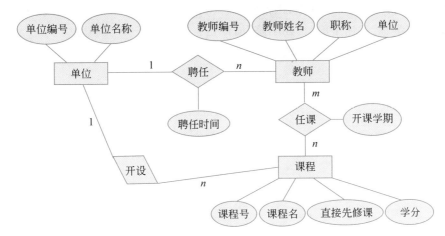

图 6-16 单位开课 E-R 图

图 6-13 中的(b)和(d)有公共实体"学生",将二者合并,得到图 6-17 所示的 E-R 图。

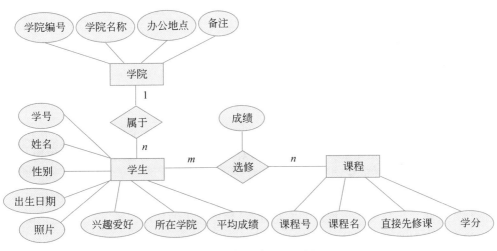

图 6-17 学生选课 E-R 图

然后将图 6-16 和图 6-17 中的两个分 E-R 图合并,消除其中的冲突。二者存在的冲突如下。

(1) 由需求分析可知,图 6-16 中的"单位"实体和图 6-17 中的"学院"实体虽然名称不同,但表达的意思相同,都是指教师或学生所在的学院,属于命名冲突中的异名同义,因此将二者统一命名为"学院"。

(2) 图 6-16 中的"单位"实体有两个属性,图 6-17 中的"学院"实体有三个属性,由(1)可知,"单位"和"学院"是同一个实体,却在两个分 E-R 图中有不同的属性个数,属于结构冲突中的第(2)条,因此合并二者的属性。

(3) 教师实体中的"单位"和"学生"实体中的"所在学院"是同一个意思,被抽象成了属性,但在分 E-R 图中的其他地方被抽象成了实体,这属于结构冲突中的第(1)条。根据三条原则中的第(2)、第(3)条，"学院"需要用学院编号、学院名称、办公地点和备注等进一步描述且与学生和教师都有 1：n 的联系，因此"学院"应该被抽象为实体。这样，"教师"实体中的"单位"属性和"学生"实体中的"所在学院"属性是多余的，应该将其删除。

最终得到的全局初步 E-R 图如图 6-18 所示。

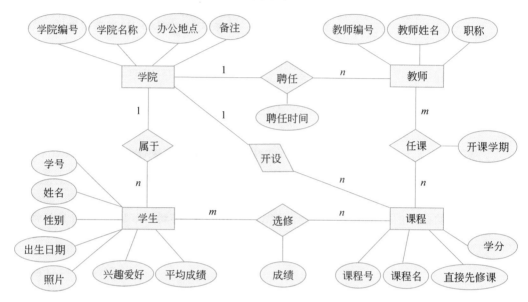

图 6-18　教务管理系统的全局初步 E-R 图

3. 优化全局 E-R 模型

在各个局部 E-R 图合并时，消除了冲突，生成了全局初步 E-R 图。但在初步 E-R 图中可能存在一些冗余数据和冗余联系，因此必须对初步 E-R 图进行优化，修改与重构 E-R 图，消除冗余，生成全局基本 E-R 图。

冗余数据是指可由基本数据导出的数据，冗余联系是指可由其他联系导出的联系。冗余数据和冗余联系容易破坏数据库的完整性，给数据库维护增加困难，应该予以消除。消除冗余后的初步 E-R 图称为基本 E-R 图。

【例 6-3】 将例 6-2 中得到的初步 E-R 图优化成为基本 E-R 图。

解：

在图 6-18 中，"学生"实体中的"平均成绩"属性可由"选修"联系中的属性"成绩"计算而来，所以"平均成绩"属性是冗余数据，应该删除。另外，"学院"实体和"课程"实体之间的联系"开设"，可由"学院"实体和"教师"实体之间的"聘任"联系与"教师"实体和"课程"实体之间的"任课"联系推导出来，因此"开设"联系是冗余联系，应该删除。这样，删除冗余联系和冗余数据后得到最终的基本 E-R 图，如图 6-19 所示。

并不是所有的冗余数据与冗余联系都必须加以消除，有时为了提高某些应用的效率，不得不以冗余信息作为代价。因此，在设计数据库概念结构时，哪些冗余信息必须消除，哪些冗余信息允许存在，需要根据用户的整体需求来确定。

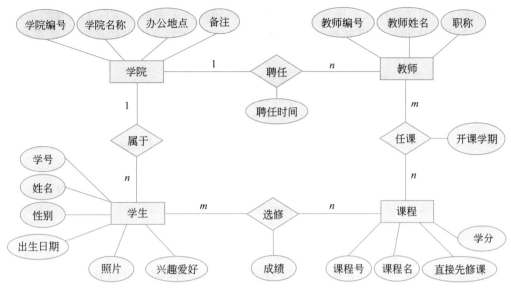

图 6-19 教务管理系统的全局基本 E-R 图

6.4 逻辑结构设计

概念结构设计得到的概念模型是独立于任何一种 DBMS 的信息结构,与实现无关。逻辑结构设计的任务就是把概念结构设计阶段设计好的基本 E-R 图转换为与所选用的 DBMS 支持的数据模型相符合的逻辑结构。

目前的数据库应用系统大都采用支持关系数据模型的关系数据库管理系统,因此本节以关系模型为例分析逻辑结构设计。

基于关系模型的数据库逻辑结构设计一般分为三个步骤,如图 6-20 所示。

(1) 概念模型(E-R 图)向关系模型的转换。

(2) 关系模型的优化。

(3) 用户子模式的设计。

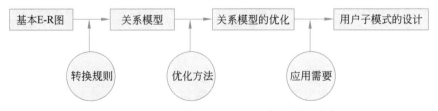

图 6-20 基于关系模型的数据库逻辑结构设计步骤

6.4.1 E-R 图向关系模型的转换

E-R 图由实体、实体的属性和实体之间的联系三个要素组成,而关系模型

E-R 图向关系
模型的转换

的逻辑结构是一组关系模式的集合，因此将 E-R 图转换为关系模型实际上就是将实体、实体的属性和实体之间的联系转换为关系模式。E-R 图向关系模型转换时一般遵循以下规则。

1. 实体的转换规则

一个实体转换为一个关系模式，实体的属性就是关系的属性，实体的码就是关系的码。

【例 6-4】 将图 6-21 中的 E-R 图转换成关系模式。

图 6-21 实体转换实例

一个实体转换成一个关系模式，图 6-21 中有两个实体，因此可以转换成两个关系模式，即

- 部门(<u>部门编号</u>，部门名称，办公地点，联系电话)。
- 职工(<u>职工编号</u>，姓名，性别，出生日期)。

约定：关系模式中带下画线的属性是该关系模式的码，带波浪线的属性是该关系的外码，下同。

2. 联系的转换规则

(1) 1∶1 的联系可以转换为一个独立的关系模式，也可以与任意一端对应的关系模式合并。

① 如果转换为一个独立的关系模式，则与该联系相连的各实体的码及联系本身的属性均转换为关系模式的属性，每个实体的码均是该关系模式的候选码。

② 如果与某一端实体对应的关系模式合并，则需要在该关系模式的属性中加入另一个关系模式的码(作为外码)和联系本身的属性。

💡提示：一般与记录数较少的关系合并，即在记录数较少的关系中加入另一个记录数较多的关系的码作为该关系的外码，并加入联系本身的属性。

【例 6-5】 将图 6-22 中的 E-R 图转换成关系模式。

图 6-22 1∶1 联系转换实例

方案 1：1∶1 的"领导"联系转换为一个独立的关系模式，即

- 部门(部门编号,部门名称,办公地点,联系电话)。
- 职工(职工编号,姓名,性别,出生日期)。
- 领导(部门编号,职工编号,任职时间)。

其中,"领导"关系模式中有两个候选码,分别是部门编号和职工编号。

方案2:1:1的"领导"联系与"部门"关系模式合并,即

- 部门(部门编号,部门名称,办公地点,联系电话,部门领导的职工编号,任职时间)。
- 职工(职工编号,姓名,性别,出生日期)。

方案3:1:1的"领导"联系与"职工"关系模式合并,即

- 部门(部门编号,部门名称,办公地点,联系电话)。
- 职工(职工编号,姓名,性别,出生日期,所领导的部门编号,任职时间)。

在方案1中,E-R图转换成了三个关系模式,这会在以后的查询应用中增加连接操作的概率。在方案2和方案3中,E-R图都转换成了两个关系模式,其中"部门"关系的记录数比"职工"关系的记录数少,为减少冗余,推荐方案2。

(2) 1:n的联系可以转换为一个独立的关系模式,也可以与n端对应的关系模式合并。

① 如果转换为一个独立的关系模式,则与该联系相连的各实体的码及联系本身的属性均转换为该关系模式的属性,而该关系模式的码是n端实体的码。

② 如果与n端实体对应的关系模式合并,则需要在n端关系模式的属性中加入1端关系模式的码和联系本身的属性,合并后的n端关系模式的码不变。

提示:1:n的联系转换为关系模式时,一般情况下倾向于采用第二种方法,即与n端对应的关系模式合并,这样能减少系统中关系的个数。

【例6-6】 将图6-23中的E-R图转换成关系模式。

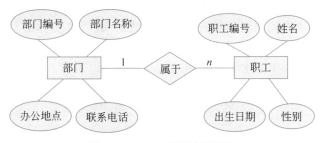

图6-23 1:n联系转换实例

方案1:1:n的"属于"联系转换为一个独立的关系模式,即

- 部门(部门编号,部门名称,办公地点,联系电话)。
- 职工(职工编号,姓名,性别,出生日期)。
- 属于(职工编号,所在部门编号)。

方案2:1:n的"属于"联系与n端即"职工"关系模式合并,即

- 部门(部门编号,部门名称,办公地点,联系电话)。
- 职工(职工编号,姓名,性别,出生日期,所在部门编号)。

方案1比方案2多了一个关系模式,这会在以后的查询应用中增加连接操作的概率;同

时，根据第(5)条转换规则(见后文)，具有相同码的关系模式可以合并，目的是减少系统中关系模式的个数，因此当"职工"关系模式与"属于"关系模式合并时，就变成了方案2。综上所述，方案2是1∶n联系转换的最佳选择。

（3）m∶n的联系转换为一个独立的关系模式。与该联系相连的各实体的码及联系本身的属性均转换为关系模式的属性，各实体的码组成关系模式的码或码的一部分。

【例6-7】 将图6-24中的E-R图转换成关系模式。

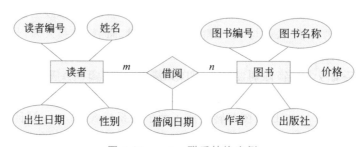

图6-24 m∶n联系转换实例

若规定一位读者对同一本图书只能借阅一次，不能重复借阅，则转换的关系模式如下：
- 读者(读者编号,姓名,出生日期,性别)。
- 图书(图书编号,图书名称,作者,出版社,价格)。
- 借阅(读者编号,图书编号,借阅日期)。

若规定一位读者对同一本图书可以重复借阅多次，则转换的关系模式如下：
- 读者(读者编号,姓名,出生日期,性别)。
- 图书(图书编号,图书名称,作者,出版社,价格)。
- 借阅(读者编号,图书编号,借阅日期)。

（4）三个或三个以上实体间的一个多元联系转换为一个关系模式。与该多元联系相连的各实体的码及联系本身的属性均转换为关系模式的属性，各实体的码组成关系模式的码或码的一部分。

【例6-8】 将图6-25中的E-R图转换成关系模式。

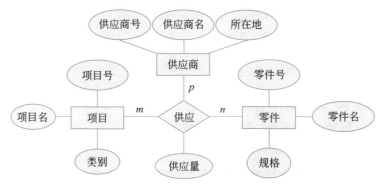

图6-25 三个实体m∶n∶p联系转换实例

根据图6-25转换成的关系模式如下：
- 供应商(供应商号,供应商名,所在地)。

- 项目(项目号,项目名,类别)。
- 零件(零件号,零件名,规格)。
- 供应(供应商号,项目号,零件号,供应量)。

(5) 具有相同码的关系模式可合并。这样做的目的是减少系统中关系的个数,降低系统复杂度。合并方法是将其中一个关系模式的全部属性加入另一个关系模式中,然后删除其中的同义属性(可能同名,也可能不同名),并适当调整属性的次序。

【例 6-9】 将图 6-19 中的基本 E-R 图转换成关系模式,要求 1∶1 和 1∶n 的联系与相应的关系模式合并。

① 将四个实体转换成四个关系模式,即
- 学院(学院编号,学院名称,办公地点,备注)。
- 教师(教师编号,教师姓名,职称)。
- 课程(课程号,课程名,直接先修课,学分)。
- 学生(学号,姓名,性别,出生日期,照片,兴趣爱好)。

② 两个 $m∶n$ 联系"选修"和"任课"转换成两个独立的关系模式,即
- 选修(学号,课程号,成绩)。
- 任课(教师编号,课程号,开课学期)。

由于"任课"关系的主码有三个属性,为简化对该关系的操作,可以设置一个"任课编号"属性。因此,"任课"关系也可以写成如下形式:
- 任课(任课编号,教师编号,课程号,开课学期)。

③ 两个 1∶n 联系"聘任"和"属于"转换方法如下:
- 1∶n 的"聘任"联系与 n 端实体"教师"合并,得到如下关系模式:
  教师(教师编号,教师姓名,职称,所在学院,聘任时间)。
- 1∶n 的"属于"联系与 n 端实体"学生"合并,得到如下关系模式:
  学生(学号,姓名,性别,出生日期,照片,兴趣爱好,所在学院)。

④ 最终得到六个关系模式,即
- 学院(学院编号,学院名称,办公地点,备注)。
- 教师(教师编号,教师姓名,职称,所在学院,聘任时间)。
- 课程(课程号,课程名,直接先修课,学分)。
- 学生(学号,姓名,性别,出生日期,照片,兴趣爱好,所在学院)。
- 选修(学号,课程号,成绩)。
- 任课(任课编号,教师编号,课程号,开课学期)。

提示:由于 1∶1 和 1∶n 联系的转换有多种形式,因此 E-R 图转换成关系模式的结果不唯一,即逻辑结构设计的结果不唯一。

6.4.2 关系模型的优化

关系模型的优化是为了进一步提高数据库的性能,根据应用需要适当地修改调整数据模型的结构。关系数据模型的优化通常以规范化理论为指导,其目的是消除各种数据库操

作异常，提高查询效率，节省存储空间，方便数据库管理。常用的关系模型优化方法包括规范化和分解。

1. 规范化

规范化就是确定关系模式中各个属性之间的数据依赖，并逐一进行分析，考察是否存在部分函数依赖、传递依赖和多值依赖等，确定各关系模式属于第几范式。根据需求分析的处理要求，分析在这样的应用环境中，这些关系模式是否合适，确定是否对某些关系模式进行合并或者分解。

一般情况下，当所有的关系模式都符合 3NF 时能满足大多数应用环境的要求；如果不符合 3NF，可以进行分解，使其满足 3NF。

但在实际应用设计中，不是规范化程度越高的关系就越好。因为从低级别范式向高级别范式转换时，须将一个关系模式分解成多个关系模式，当查询操作的数据涉及多个关系时，需要进行耗时的连接运算，降低了系统效率。因此，有时为了提高某些查询或应用系统的性能，需对部分关系模式进行逆规范化处理，如增加连接操作需要的冗余属性和派生属性等。

例如，如果在应用程序中经常要查询课程名称和该课程的最高分和平均分，则每次查询都需要对"课程"和"选修"两个关系进行连接，花费大量的连接时间，因此可以考虑在课程关系中增加一个冗余属性"最高分"和一个派生属性"平均分"，可以避免查询时的连接操作。但是，这些冗余或派生属性会占用更多的磁盘空间，同时增加关系内容维护的工作量，所以在实际应用中要进行权衡。

2. 分解

为了提高数据操作的效率和存储空间的利用率，可以对关系模式进行必要的分解。分解包括水平分解和垂直分解。

1）水平分解

水平分解是指将一个关系的元组分为若干子集合，定义每个子集合为一个子关系，即将一个关系横向分解成两个或多个关系。根据"80/20"原则对关系进行水平分解。在一个大的关系中，经常使用的数据约占 20%，因此可以将经常使用的数据分解出来，形成一个子关系。

水平分解通常在以下情况使用。

（1）一个关系的数据量很大。水平分解后可以降低在查询时需要读的数据和索引的页数，同时降低索引层次，提高查询速度。

（2）数据本身有独立性。例如，一个关系中分别记录各个地区的数据或者不同时期的数据，特别是有些数据常用，而另外一些数据不常用。

水平分解会给应用增加复杂度，通常在查询时需要使用 UNION 操作连接多个子关系。但在大多数应用中，这种复杂性会超过它带来的优点。

2）垂直分解

垂直分解是把一个关系模式的属性集分成若干子集，定义每个子集为一个子关系，即将一个关系纵向分解成两个或多个关系。垂直分解的原则是将一个关系模式中经常使用的属性分解出来形成一个子关系模式，分解时要保证无损连接性和保持函数依赖性。

垂直分解后的关系列数变少，一个数据页能存放更多数据，查询时会减少 I/O 操作次数，提高系统效率；但也可能在查询时需要执行连接（JOIN）操作，从而降低效率。因此，是否进行垂直分解取决于分解关系模式后总的效率是否得到了提高。

6.4.3 设计用户子模式

将概念模型转换为全局逻辑模型后,还应该根据局部应用的需要,结合 DBMS 的特点,设计用户子模式。用户子模式也称外模式,是全体数据逻辑结构的子集。目前关系数据库管理系统都提供了视图机制,利用视图可以设计出更符合局部应用需要的用户子模式,此外也可以通过垂直分解的方式来实现。

设计用户子模式包括以下几个方面。

(1) 使用更符合用户习惯的别名。使用视图时,可以重新定义某些属性的名称,使其与用户习惯保持一致,以方便使用。视图中属性名的改变并不影响数据库的逻辑结构。

(2) 为不同级别的用户定义不同的用户模式。利用视图可以为不同级别的用户定义不同的用户模式,隐藏一些不想让其他用户操纵的信息,以提高数据的安全性。例如,在 Teach 数据库中可以设计学生子模式和教师子模式,学生子模式让学生只能看到学生的基本信息、课程信息和选课信息等与学生相关的数据,教师子模式让教师只能看到教师的基本信息、课程信息和任课信息等与教师相关的数据。

(3) 简化用户对系统的使用。某些局部应用中经常使用非常复杂的查询,如连接操作、分组查询和聚集函数查询等。为了方便用户,可以将这些复杂查询定义为视图,用户每次只对定义好的视图进行查询,极大地方便了用户的使用。

6.5 物理结构设计

数据库在物理设备上的存储结构与存取方法称为数据库的物理结构,它依赖于选定的数据库管理系统。为一个给定的逻辑数据模型选取一个最适合应用要求的物理结构的过程,就是数据库的物理结构设计。

数据库的物理结构设计通常分为两步。

(1) 确定数据库的物理结构,在关系数据库中主要指存取方法和存储结构。

(2) 对物理结构进行评价,评价的重点是时间和空间效率。

由于物理结构设计与具体的数据库管理系统有关,各种产品提供了不同的物理环境、存取方法和存储结构,能供设计人员使用的设计变量、参数范围都有很大差别,因此物理结构设计没有通用的方法,在进行物理设计之前,应注意所选择的 DBMS 的特点和计算机系统应用环境的特点。本节只讨论关系型数据库的物理结构设计。

关系型数据库物理结构设计的主要内容如下。

(1) 为关系模式选取存取方法。

(2) 设计关系及索引的物理存储结构。

6.5.1 选择关系模式存取方法

数据库系统是多用户共享的,为了满足用户快速存取的要求,必须选择有效的存取方法,对同一个关系要建立多条存取路径才能满足多用户的多种应用需求。一般数据库系统都为关系、索引等数据库对象提供了多种存取方法,主要有索引存取方法、聚簇存取方法和Hash 存取方法。

1. 索引存取方法的选择

索引存取方法就是根据应用要求确定对关系的哪些属性列建立索引、哪些属性列建立组合索引、哪些索引要设计为唯一索引等。

(1) 如果一个(或一组)属性经常在查询条件中出现,则考虑在这个(或这组)属性上建立索引(或组合索引)。

(2) 如果一个(或一组)属性经常作为最大值和最小值等聚集函数的参数,则考虑在这个(或这组)属性上建立索引(或组合索引)。

(3) 如果一个(或一组)属性经常在连接操作的连接条件中出现,则考虑在这个(或这组)属性上建立索引(或组合索引)。

关系上定义的索引数并不是越多越好,一是索引本身占用磁盘空间;二是系统为维护索引要付出代价,特别是对于更新频繁的关系,索引不能定义太多。

2. 聚簇存取方法的选择

为了提高某个属性(或属性组)的查询速度,把这个(或这组)属性(称为聚簇码)上具有相同值的元组集中存放在连续的物理块中称为聚簇。

聚簇功能可以大大提高单个关系中按聚簇码进行查询的效率。例如,要查询编号为"D1"的计算机学院的所有学生名单,假设计算机学院有 500 名学生,在极端情况下,这 500名学生对应的数据记录分布在 500 个不同的物理块上。尽管对学生关系已经按照所在学院建立索引,由索引很快找到了计算机学院学生的记录标识,避免了全表扫描,然而再由记录标识访问数据块时就要存取 500 个物理块,执行 500 次 I/O 操作。如果将同一学院的学生记录集中存放,那么每读一个物理块就可得到多条满足查询条件的记录,从而显著地减少访问磁盘的次数。

聚簇功能不但适用于单个关系,也适用于经常进行连接操作的多个关系。将经常进行连接操作的两个或多个表按连接属性(聚簇码)值聚集存放,可以大大提高连接操作的效率。例如,用户经常要按姓名查询学生成绩情况,这一查询涉及学生关系和选修关系的连接操作,即需要按学号连接这两个关系。为提高连接操作的效率,可以把具有相同学号值的学生记录和选修记录在物理上聚簇在一起。这就相当于把学生和选修这两个关系按"预连接"的形式存放,从而大大提高连接操作的效率。

一个数据库中可以建立多个聚簇,但一个关系只能加入一个聚簇。

设计聚簇的原则如下。

(1) 对经常在一起进行连接操作的关系,可以考虑存放在一个聚簇中。

(2) 如果一个关系的一组属性经常出现在相等比较条件中,则该单个关系可以建立聚簇。

(3) 如果一个关系的一个(或一组)属性上的值重复率很高,则该单个(或该组)关系可以建立聚簇。

✎ 注意:在关系中对应每个聚簇码值的平均记录数不要太少,否则聚簇的效果不明显。

3. Hash存取方法的选择

有些数据库管理系统提供了 Hash 存取方法。Hash 存取方法是根据查询条件的值,按 Hash 函数计算查询记录的地址,可以减少数据存取的 I/O 次数,加快存取速度。但并不是所有的关系都适合 Hash 存取,选择 Hash 存取方法的原则如下。

(1) 主要用于查询静态关系,而不是经常更新的关系。

(2) 关系的大小可预知,而且不变。

(3) 如果关系的大小动态改变,则数据库管理系统应能提供动态 Hash 存取方法。

(4) 作为查询条件的属性值域(散列键值),具有比较均匀的数值分布。

(5) 查询条件是相等的比较,而不是范围(大于或小于)。

6.5.2 确定数据库的存储结构

确定数据库的存储结构主要是指确定数据库中数据的存放位置,合理设置系统参数。数据库中的数据主要是指关系、索引、聚簇、日志和备份等。

选择存储结构时需要综合考虑数据存取时间上的高效性、存储空间的利用率、存储数据的安全性。

1. 确定数据的存放位置

为了提高系统性能,应该根据应用情况将数据的易变部分与稳定部分、经常存取部分与存取频率较低部分分开存放。如果系统采用多个磁盘和磁盘阵列,则将关系和索引存放在不同的磁盘上。查询时,两个驱动器并行工作,可以提高 I/O 读写速度。为了系统的安全,一般将日志文件和重要的系统文件存放在多个磁盘上,互为备份。另外,数据库文件和日志文件的备份由于数据量大,并且只在数据库恢复时使用,因此一般存储在磁带上。

2. 确定系统配置

DBMS 产品一般提供了大量的存储分配参数,供数据库设计人员和 DBA 对数据库进行物理优化,如同时使用数据库的用户数、内存分配参数、缓冲区分配参数、物理块的大小、物理块装填因子、时间片大小、锁的数目等参数。这些参数值都有系统给出的初始默认值,但这些值不一定适合每一种应用环境,因此在进行物理结构设计时,需要重新对这些参数赋值,以改善系统的性能;同时还要在系统运行阶段根据实际情况进一步调整和优化,以期切实改进系统性能。

6.5.3 物理结构的评价

数据库物理结构设计过程中需要对时间效率、空间效率、维护代价和各种用户要求进行权衡,其结果可以产生多种方案。数据库设计人员必须对这些方案进行细致的评价,从中选择一个较优的方案作为数据库的物理结构。

评价物理结构的方法完全依赖于所选用的 DBMS,主要是从定量估算各种方案的存储空间、存取时间和维护代价入手,对估算结果进行权衡、比较,选择一个较优的合理的物理结构。

如果选择的结构不符合用户需求,就需要重新修改设计。

【例 6-10】 为 Teach 数据库设计索引。

在 Teach 数据库的各个关系中，当建立主码约束、唯一性约束和外码约束时，都会在相应字段上建立索引。其他索引的建立应该根据上层应用的需求来确定。

如果在应用中经常查询不同职称的教师信息，就可以在教师关系的职称字段上建立索引；如果经常查询不同学期各门课程的开设情况，就应该在任课关系的开课学期字段上建立索引。

6.6　数据库的实施

完成数据库的物理结构设计之后，设计人员要用 RDBMS 提供的 DDL 和其他应用程序将数据库逻辑结构设计和物理结构设计结果严格描述出来，即建立数据库和数据库对象，然后组织数据入库，经过调试、试运行之后即可正式运行，这就是数据库实施阶段。

6.6.1　建立数据库结构

根据逻辑结构和物理结构设计的结果，使用提供的 DDL 严格描述数据库结构，即创建数据库及数据库中的各种对象，包括基本表、视图、索引和触发器等。例如，使用 CREATE TABLE、CREATE VIEW、CREATE INDEX 和 CREATE TRIGGER 等命令创建这些数据库对象。

6.6.2　数据载入

数据库结构建立好以后，就需要组织数据，并导入数据库中。

数据的来源及载入方式主要有以下几种。

（1）纸质数据。用户以前没有使用任何计算机软件协助业务工作，所有数据都以报表、档案、凭证和单据等纸质文件形式保存。组织这类数据入库的工作非常艰辛，一方面，需要用户按照数据库要求配合手工整理这些数据，保证数据的正确性、一致性和完整性；另一方面，还要将这些数据直接手工录入或使用简单有效的录入工具录入数据库中。

（2）文件型数据。用户已经使用过计算机软件协助业务工作，但是没有使用特定的数据库应用系统，所产生的数据存储在电子文档中，如 Word 文档、Excel 文档等。这类数据需要通过一些转换工具转换后导入数据库中，导入之前也需要用户配合核对数据。

（3）数据库数据。用户已经使用数据库应用系统协助业务工作，新系统是旧系统的改版或升级，甚至采用的 DBMS 也可能不同。这需要在了解原系统的逻辑结构基础上将数据迁移到新系统中。

6.6.3　编写与调试应用程序

数据库设计的特点之一是数据库的结构设计和行为设计相结合，即数据库应用系统中的程序设计与数据库设计是同步进行的,因此在组织数据入库的同时还要调试应用程序并进行测试。应用程序的设计、编码和调试的方法、步骤在其他程序设计课程中有详细讲解,这里不再展开。

6.6.4 数据库试运行

完成数据载入和应用程序的初步设计、调试后,就进入数据库试运行阶段,此阶段也称为联合调试。

数据库试运行期间,应利用性能监视工具对系统性能进行监视和分析。如果应用程序在少量数据的情况下,功能表现完全正常,那么在大量数据的情况下,主要看它的效率,特别是在并发访问情况下的效率。如果运行效率不能达到用户的要求,就要分析是应用程序本身的问题还是数据库设计的缺陷。对于应用程序的问题,就要以软件工程的方法排除;对于数据库设计的问题,可能需要返工,检查数据库的逻辑设计是否存在问题。接下来,分析逻辑结构在映射成物理结构时是否充分考虑了 DBMS 的特性。如果是,则应转储测试数据,重新生成物理模式。

经过反复测试,直至数据库应用程序功能正常,数据库运行效率也能满足需要,就可以删除模拟数据,将真正的数据全部装入数据库,进行最后的试运行。此时,最好原有的系统也处于正常运行状态,形成一种同一应用两个系统同时运行的局面,以确保用户的业务正常开展。

【例 6-11】 建立 Teach 数据库结构。

Teach 数据库的需求分析、概念结构设计、逻辑结构设计和物理结构设计已完成,在数据库实施阶段,就是根据以上的设计用 SQL 语言建立数据库及数据库中的基本表、视图、索引、存储过程、函数、触发器等对象。

(1) Teach 数据库中 Department 关系、Student 关系、Course 关系、Teacher 关系、SC 关系、TC 关系的创建,视图的创建,索引的创建见第 3 章相关例题。

(2) Teach 数据库中存储过程、函数、触发器等对象的创建见第 4 章相关例题。

6.7 数据库的运行和维护

数据库试运行合格后,就可以真正投入运行。但是,应用环境在不断变化,数据库运行过程中物理存储也会不断变化,因此对数据库设计进行评价、调整、修改等维护工作是一个长期任务,也是设计工作的继续和提高。

在数据库运行阶段,对数据库经常性的维护工作主要由 DBA 完成。数据库的维护工作主要有以下几个方面。

1. 数据库的转储和恢复

数据库的转储和恢复是系统正式运行后重要的维护工作之一。DBA 要针对不同的应用要求制订不同的转储计划,以保证一旦发生故障能尽快将数据库恢复到某种一致的状态,并尽可能减少对数据库的破坏。

2. 数据库的安全性、完整性控制

在数据库运行过程中，由于应用环境的变化，对安全性的要求也会发生变化。例如，有的数据原来是机密的，现在可以公开查询，而新加入的数据有可能是机密的。系统中用户的密级也会改变。这些都需要 DBA 根据实际情况修改原有的安全性控制。同样，由于应用环境的变化，数据库的完整性约束条件也会变化，DBA 应根据实际情况做出相应的修正，以满足用户要求。

3. 数据库性能的监督、分析和改进

在数据库运行过程中，监督系统运行，对监测数据进行分析，找出改进系统性能的方法是 DBA 的重要职责。目前有些 DBMS 产品提供了监测系统性能参数的工具，DBA 可以利用这些工具方便地得到系统运行过程中一系列性能参数的值。DBA 应该仔细分析这些数据，判断当前系统是否处于最佳运行状态，如果不是，应当考虑做哪些改进，如调整系统物理参数或者对数据库进行重组织或重构造等。

4. 数据库的重组织和重构造

1）数据库的重组织

数据库运行一段时间后，由于记录不断增、删、改，会使数据库的物理存储变坏，降低数据的存取效率，数据库性能下降，这时 DBA 就要对数据库进行重组织或部分重组织（只对频繁增、删的表进行重组织）。数据库的重组织不会改变原计划的数据逻辑结构和物理结构，只是按原计划要求重新安排存储位置，回收垃圾，减少指针链，提高系统性能。DBMS大多提供了供重组织数据库使用的实用程序，帮助 DBA 重新组织数据库。

2）数据库的重构造

当数据库应用环境变化时，如增加新的应用或新的实体，取消或改变某些已有应用，这些都会导致实体及实体间的联系发生相应的变化，使原来的数据库设计不能很好地满足新的要求，从而不得不适当调整数据库的模式和内模式，如增加新的数据项、改变数据项的类型、改变数据库的容量、增加或删除索引、修改完整性约束条件等，这就是数据库的重构造。

重构造数据库的程度是有限的。若应用变化太大，已无法通过重构数据库满足新的需求，或者重构数据库的代价太大，则表明现有数据库应用系统的生命周期已经结束，应该重新设计新的数据库系统，开始新数据库应用系统的生命周期。

6.8　数据库设计案例

6.8.1　需求分析

为了提高图书馆图书借阅的管理效率，设计一个图书借阅管理系统，利用该系统可以有效地管理图书信息、读者信息和图书借阅流程。该系统的功能如下。

图书信息管理：新书入库，现有图书信息的查询、修改和删除。有些图书属于馆藏版本，只能在馆内阅读，不得外借；大部分图书是流通的，可以借阅。

读者信息管理：为读者办理借书证并录入读者的相关信息。

读者类型管理：为读者分类（普通读者和 VIP 读者），读者类型不同，借阅期限和可借阅的图书数量也不同。

图书馆藏室管理：图书分类放在不同的馆藏室里，馆藏室分布在图书馆的不同楼层。

借阅管理：对每一本借出去的书，要记录其借出日期和应还日期；归还时如果超期，每本书每天罚款 0.1 元；可以查询每位读者的借阅信息。

6.8.2　概念结构设计

根据需求分析的描述，可以从系统中抽象出的实体、属性及实体之间的联系如下。
- 读者类别(类别编号，类别名称，最多借书数量，最长借阅时间，借书证有效期)。
- 读者(证件编号，姓名，性别，出生日期，联系电话，办证日期)。
- 馆藏室(馆藏室编号，馆藏室名称，馆藏室地点)。
- 图书(图书编号，书名，作者，出版社，单价，是否允许外借)。

一个馆藏室可以存放多本图书，每本书只存放在一个馆藏室里；每位读者只能办理一张借书证，可以借阅多本图书，也可以重复借阅某本图书，每本图书在不同时间段内可以被多位读者借阅。

图书借阅系统的全局 E-R 图如图 6-26 所示。

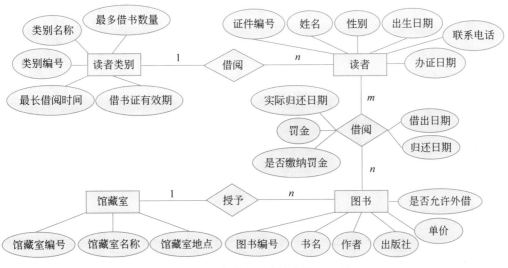

图 6-26　图书借阅系统的全局 E-R 图

6.8.3　逻辑结构设计

将全局 E-R 模型按转换规则转换成如下关系模式。
- 读者类别(类别编号，类别名称，最多借书数量，最长借阅时间，借书证有效期)。
- 读者(证件编号，姓名，性别，出生日期，联系电话，办证日期，类别编号)。
- 馆藏室(馆藏室编号，馆藏室名称，馆藏室地点)。
- 图书(图书编号，书名，作者，出版社，单价，是否允许外借，所在馆藏室)。

- 借阅(证件编号,图书编号,借出日期,归还日期,实际归还日期,罚金,是否缴纳罚金)。
  各关系模式的定义如表 6-1～表 6-5 所示。

表 6-1　读者类别（ReaderType）关系

列　　名	数据类型	可否为空	说　　明
tno	CHAR(3)	NOT NULL	类别编号
tname	VARCHAR(10)	NOT NULL	类别名称
maxcount	SMALLINT	NULL	最多借书数量
maxdays	SMALLINT	NULL	最长借阅时间
expires	DATE	NULL	借书证有效期

表 6-2　读者（Reader）关系

列　　名	数据类型	可否为空	说　　明
rno	CHAR(18)	NOT NULL	证件编号
rname	VARCHAR(10)	NOT NULL	姓名
rsex	CHAR(2)	NULL	性别
rbirth	DATE	NULL	出生日期
rtel	CHAR(11)	NOT NULL	联系电话
carddate	DATE	NULL	办证日期
tno	CHAR(3)	NOT NULL	类别编号

表 6-3　馆藏室（BookRoom）关系

列　　名	数据类型	可否为空	说　　明
brno	CHAR(5)	NOT NULL	馆藏室编号
brname	VARCHAR(20)	NOT NULL	馆藏室名称
brlocation	VARCHAR(30)	NULL	馆藏室地点

表 6-4　图书（Book）关系

列　　名	数据类型	可否为空	说　　明
bno	CHAR(13)	NOT NULL	图书编号
bname	VARCHAR(30)	NOT NULL	书名
bwriter	VARCHAR(10)	NULL	作者
bpublish	VARCHAR(30)	NULL	出版社
bprice	FLOAT	NULL	单价
allowlend	BOOL	NULL	是否允许外借
brno	CHAR(5)	NULL	所在馆藏室

表 6-5　借阅（Borrow）关系

列　　名	数据类型	可否为空	说　　明
rno	CHAR(18)	NOT NULL	证件编号
bno	CHAR(13)	NOT NULL	图书编号

续表

列 名	数据类型	可否为空	说 明
lenddate	DATE	NOT NULL	借出日期
returndate	DATE	NULL	归还日期
actualdate	DATE	NULL	实际归还日期
forfeit	FLOAT	NULL	罚金
fflag	BOOL	NULL	是否缴纳罚金

6.8.4 物理结构设计

为了提高对数据库中数据的查找速度,可以为各关系建立如下索引。由于 ReaderType 关系的 tno 字段、Reader 关系的 rno 字段、BookRoom 关系的 brno 字段、Book 关系的 bno 字段和 Borrow 关系的 rno 字段、bno 字段经常在连接条件中出现,且它们的值唯一,因此可在这些字段上建立唯一索引;由于 Reader 关系的 tno 字段、Book 关系的 brno 字段经常在查询条件中出现,因此可在这些字段上建立索引。

6.8.5 数据库的实施

1. 创建数据库和各个关系

(1) 创建数据库 BookDB。

```
CREATE DATABASE IF NOT EXISTS BookDB;
```

(2) 选择 BookDB 数据库为当前数据库。

```
USE BookDB;
```

(3) 创建读者类别(ReaderType)关系。

```
CREATE  TABLE  ReaderType
(tno  CHAR(3)  PRIMARY  KEY,
 tname VARCHAR(10)  NOT  NULL,
 maxcount  SMALLINT,
 maxdays  SMALLINT,
 expires  DATE
);
```

(4) 创建读者(Reader)关系。

```
CREATE  TABLE  Reader
(rno CHAR(18)  PRIMARY  KEY,
 rname VARCHAR(10)  NOT  NULL,
 rsex  CHAR(2),
 rbirth  DATE,
```

```
 rtel  CHAR(11)  NOT  NULL,
 carddate  DATE,
 tno  CHAR(3) NOT NOLL,
 FOREIGN KEY(tno) REFERENCES  ReaderType(tno)
);
```

（5）创建馆藏室（BookRoom）关系。

```
CREATE  TABLE  BookRoom
(brno  CHAR(5)  PRIMARY  KEY,
 brname  VARCHAR(20) NOT NOLL ,
 brlocation  VARCHAR(30)
);
```

（6）创建图书（Book）关系。

```
CREATE  TABLE  Book
(bno  CHAR(13)  PRIMARY  KEY,
 bname  VARCHAR(30)  NOT  NULL,
 bwriter  VARCHAR(10),
 bpublish  VARCHAR(30),
 bprice  FLOAT,
 allowlend  BOOL,
 brno  CHAR(5),
 FOREIGN KEY(brno) REFERENCES  BookRoom(brno)
);
```

（7）创建借阅（Borrow）关系。

```
CREATE  TABLE  Borrow
(rno  CHAR(18)  NOT  NULL
 bno  CHAR(13)  NOT  NULL
 lenddate  DATE,
 returndate  DATE,
 actualdate  DATE,
 forfeit  FLOAT,
 fflag  BOOL,
 PRIMARY  KEY(rno,bno,lenddate)
 FOREIGN KEY(rno)  REFERENCES Reader(rno),
 FOREIGN KEY(rno)  REFERENCES  Book(bno),
);
```

2. 创建索引

当为表创建主码约束时会自动在该列上建立唯一索引。ReaderType 关系的 tno 字段、Reader 关系的 rno 字段、BookRoom 关系的 brno 字段、Book 关系的 bno 字段和 Borrow 关系的（rno，bno）组合都是主码，因此在创建各主码约束时已自动在这些字段列上建立了唯一索引，无须再手动建立。

为 Reader 关系的 tno 字段、Book 关系的 brno 字段建立索引的语句如下：

```
CREATE INDEX  idx_reader_tno  ON  Reader(tno);
CREATE INDEX  idx_book_brno  ON  Book(brno);
```

3. 创建视图

（1）创建视图 BorrowView，用于显示当前读者的基本借阅信息。

```
CREATE  VIEW  BorrowView
AS
SELECT  rno,bname,bwriter,lenddate,returndate
FROM  Book,Borrow  WHERE  Book.bno=Borrow.bno;
```

（2）创建视图 FineView，用于显示当前读者的罚款信息。

```
CREATE  VIEW  FineView
AS
SELECT Reader.rno,rname,forfeit FROM Reader,Borrow
WHERE Reader.rno=Borrow.rno  AND  forfeit IS NOT NULL;
```

4. 创建触发器

（1）创建触发器 trg_Reader_Delete，实现当删除 Reader 关系中的读者信息时，级联删除 Borrow 关系中该读者的借阅信息。

```
CREATE TRIGGER  trg_Reader_Delete
  BEFORE  DELETE  ON  Reader
  FOR  EACH  ROW
  DELETE  FROM  Borrow  WHERE  rno=old.rno;
```

（2）创建触发器 trg_Borrow_Update，实现当更新 Borrow 关系中实际归还日期时，计算罚金。

```
CREATE TRIGGER  trg_Borrow_Update
  BEFORE  UPDATE
  ON  Borrow
  FOR  EACH  ROW
BEGIN
  IF  new.actualdate>old.returndate  THEN
      SET new.forfeit=( DATEDIFF(new.actualdate,old.returndate)) * 0.1;
  END  IF;
END;
```

5. 创建存储过程

（1）创建存储过程 Insert_Reader，向读者关系中插入新记录。

```
CREATE PROCEDURE  Insert_Reader(
  p_rno CHAR(18),
  p_rname VARCHAR(10),
  p_rsex  CHAR(2),
  p_rbirth  DATE,
  p_rtel  CHAR(11),
```

```
    p_carddate   DATE,
    p_tno   CHAR(3)
    )
BEGIN
  DECLARE info VARCHAR(20) DEFAULT '插入成功';
  DECLARE CONTINUE HANDLER FOR 1062 SET info='插入失败,不能插入重复的数据';
  INSERT   INTO   Reader
        VALUES(p_rno,p_rname,p_rsex,p_rbirth,p_rtel,p_carddate,p_tno);
SELECT info;
END;
```

（2）创建存储过程 Search_Reader,根据给定的读者编号返回该读者证件的有效期。

```
CREATE PROCEDURE   Search_Reader(
  p_rno   CHAR(18),
  OUT p_expires DATE)
BEGIN
    DECLARE info VARCHAR(30) DEFAULT '查询成功';
    DECLARE CONTINUE HANDLER FOR NOT FOUND SET info='该读者不存在!';
    SELECT   expires   INTO   p_expires   FROM   ReaderType,Reader
    WHERE   ReaderType.tno=Reader.tno   AND   rno=p_rno;
    SELECT info;
END;
```

本 章 小 结

本章介绍了数据库设计的方法和步骤,详细介绍了数据库设计的各个阶段的任务、方法和成果。数据库设计分为需求分析阶段、概念结构设计阶段、逻辑结构设计阶段、物理结构设计阶段、数据库实施阶段、数据库运行和维护阶段,按照软件工程的思想,设计过程是过程迭代和逐步求精。其中,每个阶段的结果作为下一个阶段的输入,若发现在某个阶段出现问题,可回溯到上面任何一个阶段。

数据库设计属于方法学的范畴,应主要掌握基本方法和一般原则,并能在数据库设计过程中加以灵活运用,设计出符合实际需求的数据库。

习　　题

一、选择题

1. 以下不是数据库设计特点的是（　　　）。

　A. 狭义的数据库设计就是指设计数据库的各级模式并建立数据库

　B. 十二分技术,七分管理,三分基础数据

  C. 数据库的数据设计和对数据的处理相结合

  D. 数据库的设计应充分考虑具体的应用环境

  2. 在数据库设计中,E-R 模型是进行(　　)的主要工具。

  A. 需求分析   B. 概念设计   C. 逻辑设计   D. 物理设计

  3. 在数据库逻辑设计阶段,需要将(　　)转换为关系数据模型。

  A. E-R 模型   B. 层次模型   C. 关系模型   D. 网状模型

  4. 在数据库设计中,学生的学号在某一局部应用中定义为字符型,而在另一局部应用中定义为整型,这称为(　　)。

  A. 属性冲突   B. 命名冲突   C. 联系冲突   D. 结构冲突

  5. 在数据库设计中,在某一局部应用中"房间"表示教室,而在另一局部应用中"房间"表示寝室,这称为(　　)。

  A. 属性冲突   B. 命名冲突   C. 联系冲突   D. 结构冲突

  6. 在数据库设计中,在某一局部应用中,"学生"实体包括"学号""姓名""平均成绩"三个属性,而在另一局部应用中"学生"实体包括"学号""姓名""性别""党员否"四个属性,这称为(　　)。

  A. 属性冲突   B. 命名冲突   C. 联系冲突   D. 结构冲突

  7. 在 E-R 模型中有三个不同的实体,三个 $m:n$ 联系,根据 E-R 模型转换为关系模型的规则,转换后的关系数目是(　　)个。

  A. 4   B. 5   C. 6   D. 7

  8. 在 E-R 模型中有三个不同的实体,一个 $m:n$ 联系,两个 $1:n$ 联系,根据 E-R 模型转换为关系模型的规则,转换后的关系数目不可能是(　　)个。

  A. 4   B. 5   C. 6   D. 7

  9. 确定数据的存放位置时,应当把经常存取的数据和不常存取的数据(　　)。

  A. 不分开存放 B. 分开存放   C. 一起存放   D. 固定位置存放

  10. 最常用的重要的优化模式方法是根据应用的不同要求对关系模式进行(　　)。

  A. 垂直分割   B. 水平分割

  C. 实体和属性分离   D. 垂直和水平分割

二、简答题

  1. 简述数据库设计的步骤。

  2. 简述数据库设计的方法。

  3. 简述数据库设计中需求分析阶段、概念结构设计阶段和逻辑结构设计阶段的任务、方法及成果。

  4. 在数据库概念结构设计中,抽象实体和属性的三个原则是什么?

三、数据库设计题

  1. 某集团有若干工厂。每个工厂可以生产多种产品,每种产品可以在多个工厂生产,每个工厂按照固定的计划数量生产产品。每个工厂聘用多名职工,且每名职工只能在一个工厂工作,工厂按照规定的聘期和工资聘用工人。工厂的属性有工厂编号、厂名和地址。产品的属性有产品编号、产品名和规格。职工的属性有职工号和姓名。

  回答以下问题:

（1）结合上述信息，分析设计该集团的 E-R 图。

（2）将上述 E-R 图转换为关系模式（要求：1∶1 和 1∶n 的联系需要合并）；指出每个关系模式的主码和外码，主码加下画线表示，外码加波浪线表示。

2．某医院病房计算机管理中需要如下信息：

科室：科室名，地址，电话。

病房：病房号，床位数量，电话。

医生：工号，医生姓名，职称，年龄。

病人：病历号，病人姓名，性别，年龄，诊断详情。

其中，一个科室有多个病房、多名医生，一个病房只能属于一个科室，一名医生只属于一个科室，但可负责多个病人的诊治，一个病人的诊治医生可以有多个，每名医生诊治某一病人有诊治时间；一个病房可以容纳多个病人住院，每个病人只能住在一个病房。

试回答下列问题：

（1）结合上述信息，分析设计该系统的 E-R 图。

（2）将上述 E-R 图转换为关系模式（要求：1∶1 和 1∶n 的联系需要合并）；指出每个关系模式的主码和外码，主码加下画线表示，外码加波浪线表示。

（3）若科室名为变长字符型且最大长度为 30，是主码；地址为变长字符型且最大长度为 20，且不重名；电话为定长字符型且长度为 11，不能为空值。请用 SQL 语句创建科室关系。

（4）创建一个名为"医生诊治"的视图，功能是统计所有医生的姓名及其诊断的病人姓名和诊治时间，视图包含"医生姓名""病人姓名"和"诊治时间"共三列。

（5）在应用中，如果经常需要查询某位病人的已就诊的相关情况及诊治医生，请为该数据库设计索引并用 SQL 语句实现。

第7章 数据库安全性

📝 本章学习目标

（1）了解计算机系统的安全标准 TCSEC/TDI 和 CC。

（2）理解数据库的安全控制机制。

（3）掌握用户的管理与权限的授予和回收。

（4）理解角色的使用。

重点：数据库的存取控制机制 DAC 和 MAC，权限的授予与回收。

难点：MAC 安全机制和角色管理。

本章学习导航

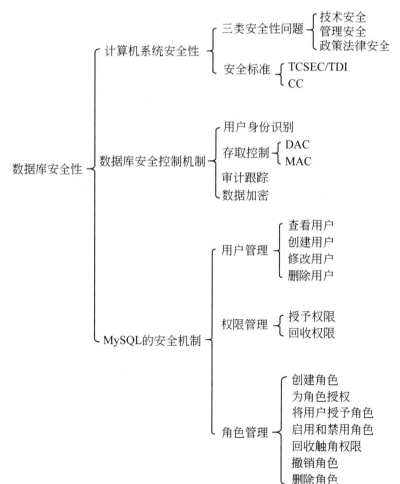

数据库作为信息管理、办公自动化和企业资源规划等各种业务系统的后台数据管理系统，存放着大量共享的数据。这些数据已成为企业和国家的无形资产，因此必须要考虑整个数据库的安全保护问题。

数据库的安全性是指保护数据库，以防止不合法的使用造成数据泄露、更改或破坏。不合法的使用一般是指合法用户进行的非法操作及非法用户进行的所有操作。数据库的安全性就是保证所有合法的用户进行合法的操作。

数据库是整个计算机系统的一部分，本章首先介绍整个计算机系统的安全性，然后介绍数据库系统的安全性控制，最后介绍 MySQL 数据库系统的安全性管理。

7.1　计算机安全性概述

7.1.1　计算机系统的三类安全性问题

计算机系统的安全性是指为计算机系统建立和采取的各种安全保护措施，保护计算机系统中的硬件、软件及数据，防止其因偶然或恶意的操作而导致系统遭到破坏、数据遭到更改或泄露等。

计算机安全除了计算机系统本身的技术问题之外，还涉及诸如管理、安全和法律法规等问题。概括起来，计算机系统的安全性问题可分为以下三大类。

1. 技术安全类

技术安全类是指计算机系统中采用具有一定安全性的硬件、软件来实现对计算机系统及其存储数据的安全保护，当计算机系统受到无意或恶意的攻击时仍然能保证系统正常运行，保证系统内的数据不增加、不丢失、不泄露。

2. 管理安全类

管理安全类是指由于管理不善导致的计算机设备和数据介质的物理破坏、丢失等软硬件意外故障及场地的意外事故等安全问题。

3. 政策法律安全类

政策法律安全类是指政府部门建立的有关计算机犯罪、数据安全保密的法律道德准则和政策法规、法令。

7.1.2　安全标准简介

为了评估计算机及信息安全技术方面的安全性，世界各国建立了一系列的安全标准，其中最重要的是 TCSEC/TDI 标准和 CC(Common Criteria)标准。

1. TCSEC/TDI 标准

1985 年，美国国防部(Department of Defense,DoD)正式颁布了《DoD 可信计算机系统评估准则》(简称 TCSEC 或 DoD85，又称"橘皮书")。1991 年，美国国家计算机安全中心(National Computer Security Center,NCSC)颁布了《可信计算机系统评估准则关于可信数据库系统的解释》(简称 TDI，又称"紫皮书")，将 TCSEC 标准扩展到数据库管理系统。二者合起来形成了最早的信息安全及数据库安全评估体系。

TCSEC/TDI 将系统安全分为四组七个等级,按照安全性从低到高依次是 D、C(C1、C2)、B(B1、B2、B3)、A(A1),如表 7-1 所示。

表 7-1 TCSEC/TDI 安全级别划分

安 全 级 别	定 义	安 全 级 别	定 义
D	最小保护	B2	结构化保护
C1	自主安全保护	B3	安全域
C2	受控的存取保护	A1	验证设计
B1	标记安全保护		

(1) D 级:最低安全级别。保留 D 级的目的是将一切不符合更高标准的系统统归于 D 级。例如,DOS 就是操作系统中安全标准为 D 级的典型例子。

(2) C1 级:只提供了非常初级的自主安全保护,能够实现对用户和数据的分离,进行自主存取控制(Discretionary Access Control,DAC),保护或限制用户权限的传播。

(3) C2 级:实际是安全产品的最低级别,提供受控的存取保护,即将 C1 级的 DAC 进一步细化,以个人身份注册负责,并实施审计和资源隔离。

(4) B1 级:标记安全保护,对系统的数据加以标记,并对标记的主体和客体实施强制存取控制(Mandatory Access Control,MAC)及审计等安全机制。

(5) B2 级:结构化保护,建立形式化的安全策略模型并对系统内的所有主体和客体实施 DAC 和 MAC。

(6) B3 级:安全域,提供审计和系统恢复过程,而且必须指定安全管理员(通常是 DBA)。

(7) A1 级:验证设计,提供 B3 级保护的同时给出系统的形式化设计说明和验证,以确保各级安全保护真正实现。

2. CC 标准

CC 是将世界各国的 IT 安全标准统一起来的普通准则,CC 2.1 版本于 1999 年被 ISO 采用为国际标准,2001 年被我国采用为国家标准。目前,CC 已经基本取代了 TCSEC,成为评估信息产品安全性的主要标准。

CC 将系统安全分为 EAL1~EAL7 七个等级,其安全性依次升高,如表 7-2 所示。

表 7-2 CC 安全级别划分

CC 安全级别	定 义	TCSEC 安全级别(近似相当)
EAL1	功能测试	
EAL2	结构测试	C1
EAL3	系统地测试和检查	C2
EAL4	系统地设计、测试和复查	B1
EAL5	半形式化设计和测试	B2
EAL6	半形式化验证的设计和测试	B3
EAL7	形式化验证的设计和测试	A1

7.2 数据库安全性控制

数据库安全性控制是拒绝对数据库的所有可能的非法访问。因此,在一般的计算机系统中,安全措施是一级一级层层设置的,其安全模型如图 7-1 所示。

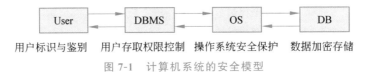

图 7-1　计算机系统的安全模型

当用户进入计算机系统时,系统首先根据输入的用户标识进行身份识别,只有合法的用户才允许进入系统。

对已进入系统的用户,DBMS 还要进行存取控制,只允许用户在所授予的权限内进行合法的操作。

DBMS 是建立在操作系统之上的,操作系统应该能保证数据库中的数据必须由 DBMS 访问,而用户不能越过 DBMS,直接通过操作系统或其他方式访问。

数据最后通过加密方式存储到数据库中,即便非法者得到了数据,也无法识别数据内容。

7.2.1　用户标识与鉴别

用户标识与鉴别是数据库系统的最外层安全保护措施。其方法是由系统提供一定的方式让用户标识自己的身份,每次用户要求进入系统时,由系统进行核对,通过身份验证后用户才会获得系统使用权。

常用的用户标识与鉴别方法如下。

1. 用户名和口令

系统内部记录着所有合法的用户名和口令,当用户输入正确的用户名和口令后才能进入系统,否则不能使用系统。

2. 预先约定的计算过程或函数

用户名和口令识别比较简单,容易被窃取,可以用更复杂的方法来实现身份验证。例如,当用户进入系统时,系统提供一个随机数,用户根据约定好的计算过程或函数进行计算,系统根据用户的计算结果正确与否进一步鉴定用户身份。约定的计算过程越复杂,系统就越安全。

3. 磁卡或 IC 卡

将用户信息写入磁卡或 IC 卡中,进入系统时刷卡验证。但是,这需要付出一定的经济代价,如购买读卡器。

4. 声音、指纹和签名等

使用每个人具有的特征(如声音、指纹和签名等)识别用户是安全性比较高的识别方法,但同样也需要付出一定的经济代价,如购买识别的装置和算法,同时也要考虑到有一定的误判率。

7.2.2 存取控制

数据库的安全性措施中最重要的是 DBMS 的存取控制机制。存取控制主要是指允许合法的用户拥有对数据的操作权限,禁止不合法的用户接近数据。

1. 存取控制机制

DBMS 的存取控制机制由以下两部分组成。

1) 定义存取权限

定义用户的存取权限,并将用户权限登记到数据字典中。

用户权限是指不同的用户对于不同的数据对象允许执行的操作权限。DBMS 提供适当的语言为用户定义权限,并存放在数据字典中,称为安全规则或授权规则。每个用户只能访问其有权存取的数据并执行有使用权限的操作。

用户权限由四个要素组成:权限授出用户(Grantor)、权限接受用户(Grantee)、数据对象(Object)、操作权限(Operate)。

(1) 权限授出用户:一般是指数据对象的创建者或拥有者和超级用户 DBA,它们都拥有数据对象的所有操作权限。

(2) 权限接受用户:系统中任何合法的用户。

(3) 数据对象:基本表中的字段、基本表、视图、索引、存储过程等。

(4) 操作权限:SELECT、INSERT、DELETE、UPDATE、CREATE、ALTER、DROP 和 ALL PRIVILEGES 等。

授权就是定义用户在什么对象上可进行哪些类型的操作。

假设 DBA 只为用户 User1 授予了查询 Student 表的权限,则用户 User1 只能查询 Student 表,其他操作都是不允许的。

2) 检查存取权限

当用户发出存取数据的操作请求后,DBMS 查找数据字典,根据安全规则进行合法权限检查。若用户的操作请求超出了定义的权限,系统将拒绝执行该操作。

例如,用户 User1 向系统发出删除 Student 表的命令,DBMS 查找数据字典进行合法权限检查,发现用户 User1 没有删除 Student 表的权限,则拒绝执行该命令。

用户权限定义和存取权限检查策略一起组成了 DBMS 的安全子系统。

2. 存取控制策略

目前,大多数 DBMS 支持的存取控制策略主要有以下两种。

1) 自主存取控制

自主存取控制方法的特点如下。

存取控制策略

(1) 同一用户对于不同的数据库对象有不同的存取权限。

(2) 不同的用户对同一对象也有不同的权限。

(3) 用户还可将其拥有的存取权限转授给其他用户。

由以上特点可以看出,自主存取控制能够通过授权机制有效地控制其他用户对敏感数据的存取。但是，由于用户对数据的存取权限是"自主的"，因此用户可以自由决定将数据的存取权限授予其他用户，这可能存在数据的"无意泄露"。其原因是这种机制仅仅通过对数据的存取权限进行安全控制，而没有对数据本身进行安全标识。要解决这一问题，可以使用强制存取控制。

自主存取控制非常灵活，属于 C1 安全级别。

2）强制存取控制

强制存取控制是指系统为保证更高程度的安全性，按照 TCSEC/TDI 标准中安全策略的要求采取的强制存取检查手段，它不是由用户能直接感知或控制的。

在 MAC 中，DBMS 管理的全部实体分为主体和客体两大类。主体是指系统中活动的实体，如用户、进程等；客体是系统中的被动实体，如文件、基本表、视图等。对主体和客体的每一个实例（值）都指派一个敏感度标记（Label），主体的敏感度标记称为许可证级别（Clearance Level），客体的敏感度标记称为密级（Classification Level）。敏感度标记有若干级别，从高到低依次为绝密（Top Secret）、机密（Secret）、可信（Confidential）和公开（Public）等。

强制存取控制方法的特点如下。

（1）每一个数据对象被标以一定的密级。

（2）每一个用户被授予某一个级别的许可证。

（3）通过对比主体和客体的级别，最终确定主体能否存取客体，只有具有合法许可证的用户才可以存取数据。

在 MAC 中，主体存取客体要遵循如下规则。

（1）仅当主体的许可证级别大于或等于客体的密级时，该主体才能读取相应的客体。

（2）仅当主体的许可证级别等于客体的密级时，该主体才能写相应的客体。

这两条规则均禁止了拥有高许可证级别的主体更新低密级的数据对象，从而防止了敏感数据的泄露。

强制存取控制是对数据本身进行标记，无论数据如何复制，标记与数据都是一个不可分的整体，只有符合密级标记要求的用户才可以操纵数据，从而提供了更高级别的安全性，属于 B1 安全级别。强制存取控制适用于那些对数据有严格而固定密级分类的部门，如军事部门或政府部门。

TCSEC 中建立的安全级别之间具有向下兼容的关系，即较高安全级别提供的安全保护要包含较低级别的所有保护。因此，在实现 MAC 时首先要实现 DAC，DAC 与 MAC 共同构成了 DBMS 的安全机制，如图 7-2 所示。

图 7-2 DAC＋MAC 安全检查

7.2.3 审计跟踪

任何系统的安全保护措施都不是绝对可靠的，蓄意盗窃者、破坏数据的人总会想方设法打破这些控制。在安全性要求较高的系统中，必须以审计作为预防手段。审计功能是一种监视措施，它把用户对数据库的所有操作自动记录下来，存入审计日志（Audit Log）中。记录的内容一般包括操作类型（查询、插入、更新、删除）、操作终端标识与操作者标识、操作日期和时间、操作涉及的相关数据、数据的前象和后象等。DBA 可以利用审计跟踪的信息重现导致数据库现有状况的一系列事件,找出非法存取数据的人、时间和内容等。

审计非常耗费时间和空间,所以 DBMS 把它作为系统的可选特征,DBA 根据应用环境对安全性的要求,可以灵活地打开或关闭审计功能。

7.2.4 数据加密

对于高度敏感的数据,如财务数据、军事数据、国家机密,除以上安全性措施外,还可以采用数据加密(Data Encryption)技术。

数据加密是防止数据库中数据在存储和传输中失密的有效手段。加密的基本思想是根据一定的算法将原始数据(术语为明文,Plain Text)变化为不可直接识别的格式(术语为密文,Cipher Text),数据以密文的形式存储和传输。

加密方法主要有两种:一种是替换方法,该方法使用密钥(Encryption Key)将明文中的每一个字符转换为密文中的一个字符;另一种是置换方法,该方法仅将明文的字符按不同的顺序重新排列。单独使用这两种方法的任意一种都是不够安全的,但是将这两种方法结合起来就能提供相当高的安全保障。例如,美国 1977 年制定的官方加密标准——数据加密标准(Data Encryption Standard,DES)就是使用这种结合算法的例子。关于加密的有关技术已超出本书范围,有专门课程讨论,本书不再详细介绍。

数据加密后,对于不知道解密算法的人,即使利用系统安全措施的漏洞非法访问到数据,也只能看到一些无法辨认的二进制代码;当合法的用户检索数据时,首先提供密钥,由系统解码后,才能得到可识别的数据。

目前,很多数据库产品提供了数据加密例行程序,还有一些未提供加密程序的产品也提供了相应的接口,允许用户使用其他厂商的加密程序对数据加密。

由于数据加密与解密是比较费时的操作,而且数据加密与解密程序会占用大量系统资源,因此数据加密功能通常也作为可选特征,允许用户自由选择,只对高度机密的数据加密。

无论采用什么安全措施,都不能保证数据库绝对安全。因此,好的安全措施应该使那些试图破坏安全的人所花费的代价远远超过他们所得到的利益,这也是整个数据库安全机制设计的目标。

7.3 MySQL 的安全机制

为了防止对数据库进行非法操作,MySQL 定义了一套完整的安全机制,包括用户管理、权限管理和角色管理。

7.3.1 用户管理

1. 查询用户

MySQL 的用户账号包括用户名和主机名两部分,表示形式为 USER@HOST,如 root

账号的完整形式为 root@localhost。MySQL 的所有用户账号及相关的信息都存储在 mysql 数据库的 user 表里，其中用户名存放在 user 字段里，主机名存放在 host 字段里。查看用户账号的命令如下：

```
select user,host from mysql.user;
```

结果如下。

```
+------------------+-----------+
| user             | host      |
+------------------+-----------+
| mysql.infoschema | localhost |
| mysql.session    | localhost |
| mysql.sys        | localhost |
| root             | localhost |
+------------------+-----------+
```

主机名可以为以下三种形式。

（1）localhost：表示本地主机，即该用户只能在 MySQL 服务器所在的机器上登录。

（2）%：表示任何主机，即该用户可以在 MySQL 服务器以外的其他机器上登录，此为默认选项。

（3）指定某一 IP 或某一网段，表示该用户只能在指定机器或指定网段内的机器上登录。

其中，root 为超级用户，拥有所有权限，该用户是 MySQL 安装完成后自动创建的。为了安全起见，应当为普通用户创建普通账号，并使其在规定的权限内进行数据库操作。

2. 创建用户

使用 CREATE USER 语句创建 MySQL 用户，其语法格式如下：

```
CREATE  USER  '用户名'@'主机名' IDENTIFIED  BY  '密码';
```

说明：

（1）用户一定要包括用户名和主机名两部分，形式为 USER@HOST。用户名和主机名两边的单引号不是必需的，但如果其中包含特殊字符，则是必需的。下同。

（2）刚创建的用户就可以连接对应的主机，不需要额外授权。

【例 7-1】 创建用户 usera，主机名为 localhost，密码是 a123。

```
create user 'usera'@'localhost' identified by 'a123';
```

再次查看用户信息，结果如下：

```
+------------------+-----------+
| user             | host      |
+------------------+-----------+
| mysql.infoschema | localhost |
| mysql.session    | localhost |
| mysql.sys        | localhost |
```

```
| root                 | localhost    |
| usera                | localhost    |
+------------------+----------+
```

3. 修改用户名

可以使用 RENAME USER 语句修改已有用户的用户名,其语法格式如下:

RENAME USER <旧用户名> TO <新用户名>;

【例 7-2】 将用户 usera 的名称修改为 userb。

RENAME USER 'usera'@'localhost' TO 'userb'@'localhost';

查看用户信息,结果如下。

```
+------------------+----------+
| user                 | host         |
+------------------+----------+
| mysql.infoschema     | localhost    |
| mysql.session        | localhost    |
| mysql.sys            | localhost    |
| root                 | localhost    |
| userb                | localhost    |
+------------------+----------+
```

4. 修改用户密码

使用 SET PASSWORD 语句修改某个用户的密码,其语法格式如下:

ALTER USER <用户> DENTIFIED WITH mysql_native_password BY '新密码';

【例 7-3】 修改用户 userb 的密码为"b123"。

ALTER USER 'userb'@'localhost' IDENTIFIED WITH mysql_native_password BY 'b123';

提示:ALTER USER 是 MySQL 8.0 版本中修改用户密码的语句,不同于 MySQL 5.X 等早期版本中的用户密码修改语句。

5. 删除用户

当一个用户不再使用时,可以将其删除。使用 DROP USER 命令删除用户,其语法格式如下:

DROP USER [IF EXISTS] <用户名列表>;

【例 7-4】 删除用户 userb。

DROP USER IF EXISTS userb@localhost;

7.3.2 权限管理

权限是预先定义好的执行某种 SQL 语句以实现对服务器或数据库操作对象操作的能

力,通过为用户分配权限进行安全管理。根据作用范围不同,MySQL 的权限分为管理权限
(也称全局权限)、数据库权限、表权限和列权限。

(1) 管理权限:作用于提供 MySQL 服务的实例下的所有数据库,如创建用户的权限、
创建数据库的权限,并将授予的权限记录在 mysql.user 表里。

(2) 数据库权限:作用于指定的数据库,拥有对指定数据库中所有对象的相关操作权
限,如在 Teach 数据库中创建表和删除表的权限等,并将授予的权限记录在 mysql.db 表里。

(3) 表权限:作用于指定的表,拥有对指定表的相关操作权限,如对 Student 表进行增、
删、改、查的权限,并将授予的权限记录在 mysql.tables_priv 表里。

(4) 列权限:作用于指定表的指定列,拥有对指定列的相关权限,如对 Student 表
sname 列的更新权限,并将授予的权限记录在 mysql.columns_priv 表里。

表 7-3 列出了常用的 MySQL 权限。

表 7-3　常用的 MySQL 权限

权　　限	权 限 说 明	权 限 级 别
CREATE USER	创建用户的权限,也包括 ALTER USER、RENAME USER、DROP USER	管理
PROCESS	查看进程的权限	管理
SHOW DATABASES	查看数据库的权限	管理
SHUTDOWN	关闭数据库的权限	管理
SUPER	执行 kill 线程的权限	管理
LOCK TABLES	锁表权限	管理/数据库
RELOAD	执行服务器命令的权限	管理
PROCESS	查看进程的权限	管理
CREATE	创建数据库、表的权限	管理/数据库/表
DROP	删除数据库、表、视图的权限	管理/数据库/表
CREATE VIEW	创建视图的权限	管理/数据库
SHOW VIEW	查看视图的权限	管理/数据库
CREATE ROUTINE	创建存储过程、函数的权限	管理/数据库
ALTER ROUTINE	修改存储过程、函数的权限	管理/数据库
EXECUTE ROUTINE	执行存储过程、函数的权限	管理/数据库
SELECT	查询权限	管理/数据库/表/列
DELETE	删除数据的权限	管理/数据库/表
UPDATE	更新权限	管理/数据库/表/列
INSERT	插入权限	管理/数据库/表
ALTER	修改表结构的权限	管理/数据库/表
INDEX	定义、删除索引的权限	管理/数据库/表/列
TRIGGER	创建、删除、执行、显示触发器的权限	管理/数据库
ALL/ALL PRIVILEGES	所有权限	管理/数据库/表
USAGE	没有任何权限	管理

提示:对于管理级别的权限授予,需要用户重新建立与数据库的连接后才能生效;

对于数据库级别的权限授予,需要用户执行"use <数据库名>"命令后才能生效;对于表级和列级的权限授予,即时生效。

1. 授予权限

授权就是定义用户在什么对象上可进行哪些类型的操作。一般情况下,授权由 root 用户或具有 GRANT 权限的其他用户完成。

使用 GRANT 语句授予权限,其语法格式如下:

```
GRANT  <权限列表>  ON  <数据库名.表名>
TO  <用户账号列表>
[ WITH  ADMIN  OPTION ];
```

说明:

(1) 如果指定多个权限,则用逗号分隔。

(2) 如果有多个用户账号,则用逗号分隔。

(3) 数据库名.表名:指定数据库中的指定表,是表级或列级权限。

数据库名.*:指定数据库中的所有表,是数据库级权限。

.:所有数据库的所有表,是管理级权限。

(4) WITH ADMIN OPTION:表示允许接受权限的用户将该权限转授给其他用户。

【例 7-5】 由 root 用户授予 usera 用户创建数据库的权限。

```
GRANT CREATE ON *.* TO usera@localhost;
```

在 mysql.USER 表中查看权限,如下:

```
SELECT host,user,create_priv FROM mysql.user;

+-----------+-------------------+-------------+
| host      | user              | create_priv |
+-----------+-------------------+-------------+
| localhost | mysql.infoschema  | N           |
| localhost | mysql.session     | N           |
| localhost | mysql.sys         | N           |
| localhost | root              | Y           |
| localhost | usera             | Y           |
+-----------+-------------------+-------------+
```

至此,用户 usera 可以创建数据库,并且可以在任意数据库中创建表,但不能进行删除表、查询表等其他操作。

能力拓展:由 usera 用户创建数据库 dba,并在其中创建表 test,表结构自定。

【例 7-6】 由 root 用户授予 usera 用户在 dba 数据库中删除表的权限。

```
GRANT DROP ON dba.* TO usera@localhost;
```

在 mysql.db 表中查看权限,如下:

```
SELECT host,db,user,drop_priv FROM mysql.db;
```

```
+-----------+---------------------+-----------------+-----------+
| host      | db                  | user            | drop_priv |
+-----------+---------------------+-----------------+-----------+
| localhost | dba                 | usera           | Y         |
| localhost | performance_schema  | mysql.session   | N         |
| localhost | sys                 | mysql.sys       | N         |
+-----------+---------------------+-----------------+-----------+
```

至此，用户 usera 可以删除数据库 dba 里的表，但不能删除其他数据库里的表。

 能力拓展：由 usera 用户删除数据库 dba 里的 test 表。

【例 7-7】 由 root 用户授予 usera 用户查询 Teach 数据库中 Student 表的权限，并允许 usera 将该权限转授给其他用户。

```
GRANT SELECT ON Teach.Student TO usera@localhost WITH GRANT OPTION;
```

在 mysql.tables_priv 表中查看权限，如下：

```
SELECT host,db,user,table_name,grantor,table_priv FROM mysql.tables_priv;
```

```
+-----------+-------+---------------+------------+----------------+--------------+
| host      | db    | user          | table_name | grantor        | table_priv   |
+-----------+-------+---------------+------------+----------------+--------------+
| localhost | mysql | mysql.session | user       | boot@          | Select       |
| localhost | sys   | mysql.sys     | sys_config | root@localhost | Select       |
| localhost | teach | usera         | student    | root@localhost | Select,Grant |
+-----------+-------+---------------+------------+----------------+--------------+
```

至此，用户 usera 可以查询 Teach 数据库中 Student 表的内容，但不能查看其他表的内容。请读者自行练习并查看测试结果。

拓展阅读

权限的传播

MySQL 中，权限可以传播。当用户 A 将某权限授予用户 B，并允许用户 B 将该权限转授给其他用户，此时若用户 B 将该权限授予用户 C，那么用户 A、用户 B 和用户 C 都拥有了该权限，这称为权限的传播。

在例 7-7 中，usera 用户获得了查询 Teach 数据库中 Student 表的权限，并允许它将该权限转授给其他用户。那么，在 usera 用户的连接下，可以将该权限授予其他用户，如 userb，然后在 userb 的连接下测试是否拥有该权限。其步骤如下。

第 1 步：在 root 用户的连接下创建用户 userb。

```
CREATE USER 'userb'@'localhost' IDENTIFIED BY 'b123';
```

第 2 步：在 usera 用户的连接下授予 userb 用户查询 Teach 数据库中 Student 表的权限。

```
GRANT SELECT ON Teach.Student TO userb@localhost;
```

第 3 步：在 userb 用户的连接下进行权限测试。

```
SELECT * FROM Teach.Student;
```

结果是可以查看到 Teach 数据库中 Student 表的内容，说明权限的传播成功。

【例 7-8】 由 root 用户授予 usera 用户更新 Teach 数据库中 Student 表中的 dno 列值的权限。

```
GRANT UPDATE(dno) ON Teach.Student TO usera@localhost;
```

在 mysql.columns_priv 表中查看权限，如下：

```
SELECT host,db,user,table_name,column_name,column_priv FROM mysql.columns_priv;
```

```
+-----------+-------+-------+------------+-------------+-------------+
| host      | db    | user  | table_name | column_name | column_priv |
+-----------+-------+-------+------------+-------------+-------------+
| localhost | Teach | usera | Student    | Dno         | Update      |
+-----------+-------+-------+------------+-------------+-------------+
```

至此，用户 usera 可以更新 Teach 数据库里 Student 表中 dno 列的值，但是不能更新其他列的值。请读者自行验证测试。

2. 回收权限

回收权限就是取消用户在相应对象上的操作权力。一般情况下，回收权限由 root 用户或具有 REVOKE 权限的其他用户完成。

使用 REVOKE 语句回收权限，其语法格式如下：

```
REVOKE  <权限列表> ON  <数据库名.表名>
FROM  <用户账号列表>;
```

提示：回收权限的语法就是将授予权限语法中的 GRANT 换成 REVOKE，TO 换成 FROM。

【例 7-9】 由 root 用户回收 usera 用户查询 Teach 数据库中 Student 表的权限。

```
REVOKE SELECT ON Teach.Student FROM usera@localhost;
```

在 mysql.columns_priv 表中再次查看权限，如下：

```
SELECT host,db,user,table_name,grantor,table_priv FROM mysql.tables_priv;
```

```
+-----------+-------+---------------+------------+-----------------+------------+
| host      | db    | user          | table_name | grantor         | table_priv |
+-----------+-------+---------------+------------+-----------------+------------+
| localhost | mysql | mysql.session | user       | boot@           | Select     |
| localhost | sys   | mysql.sys     | sys_config | root@localhost  | Select     |
| localhost | teach | usera         | student    | root@localhost  | Grant      |
| localhost | teach | userb         | student    | usera@localhost | Select     |
+-----------+-------+---------------+------------+-----------------+------------+
```

至此，用户 usera 已经无法查询 Teach 数据库中 Sudent 表的内容，权限被回收。请读者自行验证测试。

 拓展阅读

权限的级联回收

MySQL 中，权限不能级联回收，即用户 A 将某权限授予用户 B，用户 B 又将该权限转授给用户 C。当用户 A 回收授予用户 B 的该权限时，用户 B 转授给用户 C 的该权限无法级联回收。

在例 7-9 中，root 用户回收了 usera 用户查询 Teach 数据库中 Student 表的权限，但无法级联回收 usera 用户转授给 userb 用户的该查询权限，userb 依然拥有查询 Teach 数据库中 Student 表的权限。

7.3.3 角色管理

MySQL 中的权限类型多而复杂，如果逐一为每个用户授予或回收相应的权限，工作量将会非常大。为了简化权限的管理，MySQL 提供了角色的概念。角色是被命名的一组与数据库操作相关的权限，即角色是权限的集合。当为用户授予角色时，相当于为用户授予了多种权限，这样就避免了向用户逐一授权，从而简化了用户权限的管理。

1. 创建角色

使用 CREATE ROLE 语句创建新角色，执行该语句的用户必须具有 CREATE ROLE 权限。创建角色的语法格式如下：

```
CREATE  ROLE  <角色名列表>;
```

提示：角色名和用户名相同，也包括用户名和主机名两部分，表示形式为 USER@HOST。如果没有 HOST，则默认为'%'。

【例 7-10】 在 root 用户连接下创建角色 rstudent 和 rteacher。

```
CREATE  ROLE  rstudent,rteacher;
```

刚创建的角色没有任何权限，这时的角色没有意义。因此，在创建角色后，通常会立即为它授予权限。

2. 为角色授权

使用 GRANT 语句为角色授权，其语法格式如下：

```
GRANT  <权限列表>  ON  <数据库名.表名>
TO  <角色名列表>
```

提示：角色的授权与用户的授权语法相同，查看角色权限与查看用户权限的语法也相同。

【例 7-11】 授予角色 rstudent 查询 Teach 数据库中所有表的权限，授予角色 rteacher 查询并更新 Teach 数据库中所有表的权限。

```
GRANT SELECT ON Teach.* TO rstudent;
```

```
GRANT SELECT,UPDATE ON Teach.* TO rteacher;
```

3. 将角色授予用户

将角色授予用户,它才能发挥出应有的作用,其语法格式如下:

```
GRANT  <角色名>  TO  <用户名>;
```

【例7-12】 将角色rstudent授予用户usera,将角色rteacher授予用户userb。

```
GRANT rstudent TO usera@localhost;
GRANT rteacher TO userb@localhost;
```

4. 设置默认角色

当用户拥有多个角色时,可以指定其中的一个角色为默认角色。

设置默认角色的语法格式如下:

```
SET DEFAULT ROLE  角色名列表 TO 用户名 ;
```

当用户账户连接到数据库服务器时,可以让默认的角色处于活动状态。

5. 启用和禁用角色

一旦用户被授予某个角色,将拥有该角色包含的一切权限,但用户也不是任何时候都需要这个角色。出于安全考虑,用户可以有选择地启用或禁用角色。使用SET ROLE语句启用或禁用角色,其语法格式如下:

```
SET  ROLE  角色名列表|ALL [EXCEPT  角色名列表]|DEFAULT|NONE;
```

说明:

(1)角色名列表表示启用指定的角色。

(2)ALL表示启用所有角色,ALL[EXCEPT角色名列表]表示启用除了指定角色外的其他所有角色。

(3)DEFAULT表示启用由SET DEFAULT ROLE语句设置的默认角色。

(4)NONE表示不启用任何角色。

【例7-13】 启用用户usera上的rstudent角色,使用户usera拥有rstudent角色的所有权限。

在usera用户的连接下进行以下操作。

(1)查看当前会话下usera用户已启用的所有角色。

```
SELECT current_role();
```

结果如下:

```
+----------------+
| current_role() |
+----------------+
| NONE           |
+----------------+
```

结果表示没有启用任何角色。

（2）启用用户 usera 上的 rstudent 角色。

```
SET ROLE rstudent;
```

（3）再次查看当前会话下 usera 用户已启用的所有角色。

```
SELECT current_role();
```

结果如下：

```
+----------------+
| current_role() |
+----------------+
| `rstudent`@`%` |
+----------------+
```

（4）测试角色 rstudent 为用户 usera 带来的权限。

在 usera 的连接下进行以下测试。

```
SELECT * FROM Teach.Student;
SELECT * FROM Teach.Teacher;
```

以上操作均查询成功，说明 usera 用户已启用了 rstudent 角色带来的权限。

📖 能力拓展：请读者自行完成启用 userb 用户上的 rteacher 角色，并进行测试。

6. 回收角色权限

使用 REVOKE 回收授予角色的权限，其语法格式如下：

```
REVOKE <权限列表> ON   <数据库名.表名>
FROM   <角色名列表>;
```

【例 7-14】 在 root 用户连接下，回收角色 rstudent 查询 Teach 数据库中所有表的权限。

```
REVOKE SELECT ON Teach.* FROM rstudent;
```

7. 撤销角色

如果用户的某个角色不再需要，可以将其撤销。撤销角色的语法格式如下：

```
REVOKE   <角色名> FROM   <用户账号列表>;
```

【例 7-15】 在 root 用户连接下，撤销用户 usera 拥有的 rstudent 角色。

```
REVOKE   rstudent FROM   usera@localhost;
```

8. 删除角色

当一个角色不再需要时，可以将其删除。角色删除后，使用该角色的用户的权限也同时被回收。使用 DROP   ROLE 语句删除角色，其语法格式如下：

```
DROP   ROLE   <角色名列表>;
```

【例 7-16】 在 root 用户连接下，删除 rstudent 和 rteacher 角色。

```
DROP ROLE rstudent,rteacher;
```

本 章 小 结

　　本章首先介绍了整个计算机系统的安全性和 TCSEC/TDI、CC 两个标准，然后详细介绍了数据库的安全性。

　　数据库的安全性是指保护数据库，以防止不合法的使用造成的数据泄露、更改或破坏。实现数据库安全的方法有很多，如用户标识和鉴定、用户存取权限控制、审计和数据加密等。自主存取控制可通过 GRANT 和 REVOKE 语句实现。

　　安全总是相对的，我们能做的只能是让那些试图破坏安全的人花费的代价远远超过他们得到的利益。

习　　题

一、选择题

1. 下列安全标准被称为紫皮书的是(　　)。
　　A. TCSEC/TDI　　　B. TCSEC　　　　　C. TDI　　　　　　　D. CC
2. 下列在 TCSEC/TDI 标准安全等级中，安全性最高的是(　　)。
　　A. D　　　　　　　B. B2　　　　　　　C. C2　　　　　　　D. A1
3. 下列不属于实现数据库系统安全性的主要技术和方法的是(　　)。
　　A. 用户身份识别　　　　　　　　　B. 存取控制技术
　　C. 视图技术　　　　　　　　　　　D. 审计技术
4. 数据库的安全性防范对象主要是(　　)。
　　A. 合法用户　　　　　　　　　　　B. 不合语义的数据
　　C. 非法操作　　　　　　　　　　　D. 不正确的数据
5. 以下不属于用户身份识别的方法是(　　)。
　　A. 用户名和口令　　　　　　　　　B. 数据加密
　　C. 指纹识别　　　　　　　　　　　D. 声音识别
6. 在数据库系统中，用于定义用户可以对哪些数据对象进行何种操作的是(　　)。
　　A. 审计　　　　　B. 授权　　　　　C. 加密　　　　　D. 视图
7. 下列对数据库安全机制的描述，不正确的是(　　)。
　　A. 对一条 SQL 语句进行安全检查时，先进行 DAC 检查，再进行 MAC 检查
　　B. 审计和数据加密都是可选的功能
　　C. DAC 中只考虑主体，MAC 中不仅考虑主体，还考虑客体
　　D. 只要做好安全措施，数据库就是绝对安全的
8. 实现授权的语句是(　　)。
　　A. GRANT　　　　　　　　　　　　B. COMMIT
　　C. ROLLBACK　　　　　　　　　　D. REVOKE

9. (　　)是一组与数据库操作相关的权限的集合。

    A. DBA   B. 审计   C. 视图   D. 角色

二、简答题

1. 简述实现数据库安全性控制的常用方法和技术。

2. 简述 DAC 和 MAC。

3. 简述 MAC 中主体读取客体要遵循的规则。

第 8 章 数据库并发控制

本章学习目标

（1）理解事务的定义和 ACID 特性。

（2）掌握并发操作带来的三种数据不一致及其解决方法。

（3）理解锁的定义与作用。

（4）理解活锁、死锁及其解决方法。

（5）掌握并发调度的可串行性。

（6）理解两段锁协议。

重点：并发操作带来的三种数据不一致及其解决方法。

难点：并发调度可串行性的判断。

本章学习导航

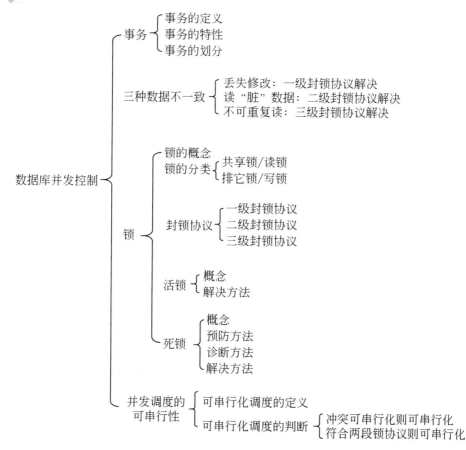

事务是数据库应用程序的基本逻辑单元。数据库是一个共享资源，允许多个用户并发操作，因此同一时刻系统中并发运行的事务可达数百个。如果对并发操作不加以控制，就无法保证数据库中数据的正确性，从而破坏数据库的一致性，所以 DBMS 必须提供并发控制机制。

8.1 事 务

事务是数据库并发控制和恢复的基本单位。

8.1.1 事务的概念

事务（Transaction）是用户定义的一个数据库操作序列，这些操作要么全做，要么全不做，是一个不可分割的工作单位。

例如，从银行账户 A 中取出 1 万元，存入账户 B。定义一个转账事务，该事务包含如下两个操作：①A＝A－10000；②B＝B＋10000。

这两个操作要么全做，要么全不做。如果全做，则说明转账成功；如果全不做，则说明没有转账。但不能只做了第一个操作 A＝A－10000，没有做第二个操作 B＝B＋10000，否则说明事务出现了故障，导致 A 账户里的 1 万元钱没有存入 B 账户里，且不知去向。

8.1.2 事务的 ACID 特性

事务具有四个特性：原子性（Atomicity）、一致性（Consistency）、隔离性（Isolation）和持续性（Durability），这四个特性简称为 ACID 特性。

1. 原子性
事务是数据库的逻辑工作单位，是不可分割的工作单元。事务中包括的诸操作要么全做，要么全不做。

2. 一致性
事务执行的结果必须是使数据库从一个一致性状态变到另一个一致性状态。一致性状态是指数据库中只包含成功事务提交的结果，不一致状态是指数据库中包含失败事务提交的部分结果。

例如，前面提到的银行转账事务，若两个操作都做了，转账成功，则数据库处于一致状态；若只做了第一个操作，且结果已提交到数据库中，此时发生了故障，致使第二个操作没有做，少了 1 万元，这时数据库就处于不一致状态。可见一致性与原子性是密切相关的。

3. 隔离性
一个事务的执行不能被其他事务干扰，即一个事务内部的操作及使用的数据对其他并发事务是隔离的，并发执行的各个事务之间不能互相干扰。

例如，图 8-1 所示的两个交叉并行执行的事务 T1 和 T2 的操作破坏了事务的隔离性。
事务 T1 对数据 A 进行读写操作，事务 T1 中的 A 没有对事务 T2 隔离，事务 T2 也是对数据 A 进行读写操作,导致 T1 的修改结果被 T2 的修改结果覆盖。

4. 持续性

持续性也称永久性(Permanence),是指一个事务一旦提交,它对数据库中数据的改变就应该是永久性的,接下来的其他操作或故障不应该对其执行结果有任何影响。

T1	T2
R(A)=16	
	R(A)=16
A=A−1	
W(A)=15	
	A=A−3
	W(A)=13

图 8-1　交叉并行事务的操作示例

8.1.3　MySQL 中的事务处理

一个程序在后台运行时通常被分割成多个事务,即一个程序由多个事务组成。事务可以是一条 SQL 语句、一组 SQL 语句或整个程序。事务中的多条 SQL 语句被当作一个基本的工作单元处理。

1. 事务的划分

MySQL 中的事务划分有隐式划分和显式划分两种方式。

1) 隐式划分

在 MySQL 中,当一个会话开始时,系统变量 AUTOCOMMIT 值为 1,即默认开启了自动提交功能。此时程序中的每一条修改语句都被默认自动划分为一个事务,语句开始执行时事务即开始,语句对数据库的修改会被立即提交,并永久性地保存在磁盘上。该语句执行完,一个事务也就结束了。在整个过程中不需要明确指出事务的开始、提交及结束。

2) 显式划分

当设置系统变量 AUTOCOMMIT 值为 0 时,事务不会自动提交,此时需手动显式划分事务。当一个应用程序的第一条 SQL 语句或者在 COMMIT 或 ROLLBACK 语句后的第一条 SQL 语句执行后,一个新的事务就开始了。另外,也可以使用 START TRANSACTION 语句显式地开始一个事务。事务以 COMMIT 或 ROLLBACK 结束,如下。

```
[START  TRANSACTION]        [START  TRANSACTION]
  SQL 语句 1                   SQL 语句 1
  SQL 语句 2                   SQL 语句 2
  ...                         ...
COMMIT                      ROLLBACK
```

COMMIT 表示提交,即提交事务的所有更新操作,把对数据库的更新写回磁盘上的物理数据库中,事务正常结束。

ROLLBACK 表示撤销事务,即撤销事务的所有更新操作,回滚到事务开始时的状态,并结束当前这个事务。

提示:MySQL 中只有存储类型为 InnoDB 和 BDB 类型的表才支持事务,其他存储类型的表不支持事务。

MySQL 的事务不支持嵌套功能,当某个事务还未结束,系统又重新开始另一个事务时,之前的事务会被自动提交。

2. 提交事务

当事务正常结束后，使用 COMMIT 提交事务的所有操作，更新磁盘中的物理数据库。若一个会话中对数据的更新没有使用 COMMIT 提交，则其修改结果仅存在于内存中，没有写入物理数据库，那么另一个会话就看不到数据的修改。只有 COMMIT 提交后，其他会话才能看到数据的修改，并在此基础上继续进行操作。

【例 8-1】 在 root 用户的连接下，将 Department 表中 D1 学院的办公地点修改为 C202；COMMIT 提交；在提交前后分别在 usera 用户的连接下查询数据的修改情况。

第 1 步：在 root 用户的连接下，首先设置系统变量 AUTOCOMMIT 值为 0，然后将 Department 表中 D1 学院的办公地点修改为 C202，并查询修改结果。

```
SET @@autocommit=0;
UPDATE  Department  SET  office='C202'  WHERE  dno='D1';
SELECT * FROM Department;
```

结果如下：

```
+-----+------------+--------+--------------+
| dno | dname      | office | note         |
+-----+------------+--------+--------------+
| D1  | 计算机学院  | C202   | 成立于 2001 年 |
| D2  | 软件学院    | S201   | 成立于 2011 年 |
| D3  | 网络学院    | F301   | 成立于 2019 年 |
| D4  | 工学院      | B206   | 成立于 2000 年 |
+-----+------------+--------+--------------+
```

查询结果显示，D1 学院的办公地点已修改为 C202，但是没有 COMMIT 提交，修改结果在内存中。

第 2 步：提交前，在 usera 用户的连接下查询修改结果。

```
SELECT  *  FROM  Teach.Department;
```

结果如下：

```
+-----+------------+--------+--------------+
| dno | dname      | office | note         |
+-----+------------+--------+--------------+
| D1  | 计算机学院  | C101   | 成立于 2001 年 |
| D2  | 软件学院    | S201   | 成立于 2011 年 |
| D3  | 网络学院    | F301   | 成立于 2019 年 |
| D4  | 工学院      | B206   | 成立于 2000 年 |
+-----+------------+--------+--------------+
```

usera 用户没有看到对数据的修改，D1 学院的办公地点还是 C101。

第 3 步：回到 root 用户的连接下，COMMIT 提交对数据的修改。

```
COMMIT;
```

提交后，数据的修改已写入物理数据库中。

第4步：提交后，在usera用户的连接下再次查询修改结果。

```
SELECT  *  FROM  Teach.Department;
```

结果如下：

```
+-----+-----------+--------+-------------+
| dno | dname     | office | note        |
+-----+-----------+--------+-------------+
| D1  | 计算机学院 | C202   | 成立于 2001 年 |
| D2  | 软件学院   | S201   | 成立于 2011 年 |
| D3  | 网络学院   | F301   | 成立于 2019 年 |
| D4  | 工学院     | B206   | 成立于 2000 年 |
+-----+-----------+--------+-------------+
```

提交后，在usera用户的连接下才能看到对数据的修改。

3. 撤销事务

使用ROLLBACK撤销事务，撤销事务所有的更新操作，回到事务开始时的状态。

【例 8-2】 首先在Department表中插入一条记录，然后修改这条记录，最后回滚事务，观察事务回退到哪里。

```
START TRANSACTION;
SELECT * FROM  Department;
INSERT  INTO  Department  VALUES('D6','文学院','D206','成立于 1982 年');
UPDATE  Department  SET  office='E201'  WHERE  dno='D6';
ROLLBACK;
SELECT  *  FROM  Department;
```

4. 回滚事务

在事务中建立一个或多个保存点，当撤销事务时，可以回滚到指定的保存点。建立保存点的语法格式如下。

```
SAVEPOINT  保存点名;
```

建立保存点可以将一个大的事务划分成多个小部分，这样既降低了编写事务的复杂度，又能防止因事务出错而进行大批量的回滚。

回滚事务至保存点的语法格式如下：

```
ROLLBACK TO [SAVEPOINT] <保存点名>;
```

将事务回滚到指定的保存点，同时该保存点之后的保存点将被删除。

【例 8-3】 建立保存点，回滚到指定保存点练习。

```
START TRANSACTION;
UPDATE  Department  SET  office='E201'  WHERE  dno='D1';
SAVEPOINT  S1;
UPDATE  Department  SET  office='E202'  WHERE  dno='D1';
SAVEPOINT  S2;
UPDATE  Department  SET  office='E203'  WHERE  dno='D1';
```

```
UPDATE  Department  SET  office='E204'  WHERE  dno='D1';
ROLLBACK  TO SAVEPOINT  S1;
SELECT  *  FROM  Department;
```

8.1.4 事务的执行方式

在单处理机系统中，事务的执行有串行和交叉并发执行两种方式。

事务的串行就是按顺序依次执行，执行完一个事务后才能开始另一个事务，如图 8-2 所示。

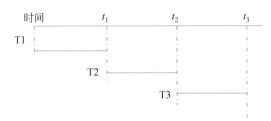

图 8-2 事务的串行

事务串行时，许多系统资源处于空闲状态，不能充分利用系统资源，发挥数据库共享资源的特点。

事务的交叉并发执行是指多个事务轮流交叉执行，如图 8-3 所示。

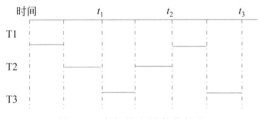

图 8-3 事务的交叉并发执行

事务的交叉并发执行虽然没有真正地并行执行，但是减少了处理机的空闲时间，提高了系统的效率。本章主要介绍单处理机系统下事务交叉并发执行带来的并发控制问题。

8.2 并发控制

事务是并发控制的基本单位，保证事务的 ACID 特性是事务处理的重要任务。事务的 ACID 特性可能遭到破坏的原因之一就是多个事务对数据库的并发操作。因此，DBMS 必须对并发操作进行正确的调度，以保证事务的隔离性和一致性。如果对并发操作不加以控制，就可能会破坏数据的一致性，具体表现包括丢失修改（Lost Update）、读"脏"数据（Dirty Read）和不可重复读（Non-repeatable Read）。

并发控制

下面以火车票售票系统为例，说明并发操作带来的数据不一致问题。

8.2.1 丢失修改

火车票售票系统操作序列 1 如下。

(1) 甲售票点运行事务 T1,读出车票余额 A 为 16 张。

(2) 乙售票点运行事务 T2,读出车票余额 A 也为 16 张。

(3) 甲售票点卖出 1 张车票,将 A 修改为 15,写回数据库。

(4) 乙售票点卖出 3 张车票,将 A 修改为 13,写回数据库。

该操作序列如图 8-4(a)所示。在该操作序列下,乙售票点的数据修改结果覆盖了甲售票点的修改结果,导致实际卖出 4 张票,系统中却显示只卖出了 3 张。这就是并发操作带来的丢失修改问题。

丢失修改就是两个事务 T1 和 T2 读取同一数据并分别进行修改,T1 先提交了修改结果,T2 后提交的修改结果覆盖了 T1 提交的结果,导致 T1 的修改结果丢失。

8.2.2 读"脏"数据

火车票售票系统操作序列 2 如下。

(1) 甲售票点运行事务 T1,读出车票余额 A 为 16 张。

(2) 甲售票点卖出 6 张票,修改 A=10,并写入数据库。

(3) 乙售票点运行事务 T2,读出车票余额 A 为 10 张。

(4) 甲售票点撤销了之前的操作,车票余额 A 恢复到 16 张。

该操作序列如图 8-4(b)所示。在该操作序列下,甲售票点实际上最终一张票也没有售出,系统中车票的余额还是 16 张;而乙售票点读取了甲售票点的一个过渡性的无用数据,显示票的余额是 10 张。这就是并发操作带来的读"脏"数据问题。

读"脏"数据就是事务 T1 修改某一数据,并将其写回磁盘。事务 T2 读取同一数据后,事务 T1 由于某种原因被撤销,这时事务 T1 修改过的数据恢复原值,而事务 T2 读取到的是一个过渡性的不再需要的"脏"数据,与数据库中的数据不同。

8.2.3 不可重复读

火车票售票系统操作序列 3 如下。

(1) 甲售票点运行事务 T1,读出车票余额 A 为 16 张。

(2) 乙售票点运行事务 T2,读出车票余额 A 也为 16 张。

(3) 乙售票点卖出 6 张车票,将 A 修改为 10,写回数据库。

(4) 甲售票点运行事务 T1,再次读取车票余额 A 为 10 张。

该操作序列如图 8-4(c)所示。在该操作序列下,甲售票点两次读取数据的过程中,乙售票点修改了甲售票点要读取的数据,导致甲售票点两次读取的数据不一致。这就是并发操作带来的不可重复读问题。

T1	T2	T1	T2	T1	T2
R(A)=16		R(A)=16		R(A)=16	
	R(A)=16	A=A−6			R(A)=16
A=A−1		W(A)=10			A=A−6
W(A)=15					W(A)=10
			R(A)=10		
	A=A−3	ROLLBACK		R(A)=10	
	W(A)=13	A恢复为16			

(a) 丢失修改	(b) 读 "脏" 数据	(c) 不可重复读

图 8-4　并发操作中的三种数据不一致

不可重复读是指事务 T1 读取某一数据后，事务 T2 对其进行更改，当事务 T1 再次读该数据时，无法再现前一次读取的结果，读取的结果与上一次不同。

具体地说，不可重复读包括以下三种情况。

（1）事务 T1 读取某一数据后，事务 T2 对其做了修改，当事务 T1 再次读该数据时，读取的结果与上一次不同。

（2）事务 T1 按一定条件从数据库中读取了某些数据记录后，事务 T2 删除了其中的部分记录，当 T1 再次按相同条件读取数据时，发现某些记录消失了。

（3）事务 T1 按一定条件从数据库中读取了某些数据记录后，事务 T2 插入了一些记录，当 T1 再次按相同条件读取数据时，发现多了一些记录。

后两种不可重复读有时也称为幻影（Phantom Row）现象。

产生上述三类数据不一致的主要原因是并发执行的事务破坏了事务的隔离性。并发控制就是要用正确的方式调度并发操作，使一个事务的执行不受其他事务的干扰，从而避免造成数据的不一致性。

并发控制的主要技术有封锁（Locking）、时间戳（Timestamp）和乐观控制法，商用DBMS 一般采用封锁方法。

8.3　封　　锁

封锁是实现并发控制的一个非常重要的技术。封锁就是事务 T 在对某个数据对象（如表、记录等）操作之前，先向系统发出请求，对其加锁。加锁后事务 T 就对该数据对象有了一定的控制，在事务 T 释放它的锁之前，其他事务不能更新此数据对象。具体的控制机制由锁的类型决定。

8.3.1　基本锁

锁有多种不同的类型，其中最基本的有两种：排它锁（Exclusive Locks，简称 X 锁）和共享锁（Share Locks，简称 S 锁）。

1. 排它锁

排它锁又称写锁。若事务 T 对数据对象 A 加 X 锁,则事务 T 既可以对 A 进行读操作,也可以进行写操作。其他任何事务都不能再对 A 加任何类型的锁,因而不能进行任何操作,直到事务 T 释放 A 上的 X 锁。因此,排它锁就是独占锁。

2. 共享锁

共享锁又称读锁。若事务 T 对数据对象 A 加 S 锁,则事务 T 可以对 A 进行读操作,但不能进行写操作。其他事务只能对 A 加 S 锁,而不能再加 X 锁,直到事务 T 释放 A 上的 S 锁。

3. 锁的相容矩阵

排它锁和共享锁的控制方式可以用图 8-5 所示的相容矩阵来表示。

T2持有锁	T1请求锁		
	S	X	—
S	Y	N	Y
X	N	N	Y
—	Y	Y	Y

图 8-5　锁的相容矩阵

图 8-5 中,第一列表示事务 T2 目前已获得的数据对象上的锁的类型,S 表示共享锁,X 表示排它锁,—表示没有锁;第一行表示事务 T1 对同一数据对象发出的封锁请求;矩阵中的 Y 表示事务 T1 的封锁要求与事务 T2 已有的锁相容,封锁请求可以满足;矩阵中的 N 表示事务 T1 的封锁要求与事务 T2 已有的锁冲突,封锁请求被拒绝。

4. 封锁粒度

封锁对象的大小称为封锁粒度(Lock Granularity)。根据不同的数据处理要求,封锁对象从小到大依次可以是属性值、属性值集合、元组、关系、整个数据库等逻辑单元,也可以是页(数据页或索引页)、块等物理单元。

封锁粒度与系统的并发度和并发控制的开销密切相关。封锁粒度越小,系统中能够被封锁的对象就越多,并发度越高,系统开销就越大;反之,封锁粒度越大,系统中能够被封锁的对象就越少,并发度越低,系统开销就越小。

在实际开发中,选择封锁粒度应同时考虑封锁开销和并发度两个因素,对系统开销与并发度进行权衡,选择适当的封锁粒度,以求得最优的效果。一般来说,需要处理大量元组的事务时可以以关系为封锁粒度,需要处理多个关系的大量元组的事务时可以以数据库为封锁粒度;而对于一个处理少量元组的用户事务,以元组为封锁粒度则比较合适。

8.3.2　封锁协议

在使用封锁时需要遵守一些规则,如何时开始封锁、锁定多长时间、何时释放锁等,这些规则称为封锁协议(Lock Protocol)。

前面提到的并发操作带来的丢失修改、读"脏"数据和不可重复读等数据不一致问题，可以通过三级封锁协议来解决。

1. 一级封锁协议

事务 T 在修改数据对象之前必须对其加 X 锁，直到事务结束才能释放 X 锁。如果事务 T 仅仅是读取数据 A，则不需要加任何锁。

一级封锁协议可以防止丢失修改，并保证事务是可恢复的，如图 8-6(a)所示。

事务 T1 对数据 A 既读又写，需要向系统申请对数据 A 加 X 锁，此时数据 A 没有加任何类型的锁，事务 T1 的加锁申请获得批准，对数据 A 加了 X 锁，然后对数据 A 进行读写操作。此时，事务 T2 因对数据 A 既读又写，也需要向系统申请对数据 A 加 X 锁，但数据 A 已被事务 T1 加上了 X 锁，因此事务 T2 的加锁申请被拒绝，只能等待，等到事务 T1 释放了数据 A 上的 X 锁，事务 T2 的加锁申请才获得批准，然后才能对数据 A 进行读写操作。

但是，一级封锁协议中对只读取数据的操作不加锁，因此它不能防止读"脏"数据和不可重复读。

2. 二级封锁协议

二级封锁协议是在一级封锁协议的基础上再加上进一步的规定：事务 T 在读取数据对象之前必须对其加 S 锁，读完后立即释放 S 锁。

二级封锁协议不但可以解决丢失修改问题，还可以防止读"脏"数据，如图 8-6(b)所示。

事务 T1 对数据 A 既读又写，需要向系统申请对数据 A 加 X 锁，此时数据 A 没有加任何类型的锁，事务 T1 的加锁申请获得批准，对数据 A 加了 X 锁，然后对数据 A 进行读写操作。此时，事务 T2 要对数据 A 进行读操作，需要向系统申请对数据 A 加 S 锁，但是数据 A 已经被事务 T1 加上了 X 锁，因此事务 T2 的加锁申请被拒绝，只能等待，等到事务 T1 释放了数据 A 上的 X 锁，事务 T2 的加锁申请才获得批准，然后才能对数据 A 进行读操作。

但是，二级封锁协议在读取数据之后就立即释放了 S 锁，所以它不能解决不可重复读问题。

3. 三级封锁协议

三级封锁协议是在一级封锁协议的基础上再加上进一步的规定：事务 T 在读取数据对象之前必须对其加 S 锁，读完后并不立即释放 S 锁，直到事务 T 结束才释放，如图 8-6(c)所示。

事务 T1 对数据 A 进行读操作，需要向系统申请对数据 A 加 S 锁，此时数据 A 没有加任何类型的锁，事务 T1 的加锁申请获得批准，对数据 A 加了 S 锁，然后对数据 A 进行读操作。此时，事务 T2 要对数据 A 进行读写操作，需要向系统申请对数据 A 加 X 锁，但数据 A 已经被事务 T1 加上了 S 锁，因此事务 T2 的加锁申请被拒绝，只能等待，等到事务 T1 释放了数据 A 上的 S 锁，事务 T2 的加锁申请才获得批准，然后才能对数据 A 进行读写操作。

三级封锁协议除了可以解决丢失修改和读"脏"数据问题外，还可以进一步防止不可重复读，彻底解决了并发操作带来的三种数据不一致问题。

8.3.3 活锁与死锁

封锁技术可以防止并发操作带来的数据不一致问题，但也可能会引起活锁（Live Lock）、死锁（Dead Lock）等新的问题。

T1	T2	T1	T2	T1	T2
Xlock A		Xlock A		Slock A	
R(A)=16		R(A)=16		R(A)=16	
		A=A−6			
	Xlock A	W(A)=10			Xlock A
A=A−1	等待				等待
W(A)=15	等待		Slock A	R(A)=16	等待
Commit	等待	ROLLBACK	等待	Commit	等待
Unlock A	等待	(A恢复为16)	等待	Unlock A	等待
	Xlock A	Unlock A	等待		Xlock A
	R(A)=15		Slock A		R(A)=16
	A=A−3		R(A)=16		A=A−6
	W(A)=12		Commit		W(A)=10
	Commit		Unlock A		Commit
	Unlock A				Unlock A

(a) 解决丢失修改	(b) 解决读"脏"数据	(c) 解决不可重复读

图 8-6 使用封锁机制解决三种数据不一致的示例

1. 活锁

活锁是指系统中的某个事务永远处于等待状态,得不到封锁的机会。

在图 8-7 中,事务 T1 首先获得了对数据 A 加锁,事务 T2、T3 和 T4 也依次申请对数据 A 加锁,在事务 T1 释放之前,它们只能等待;当事务 T1 释放锁以后,事务 T3 获得了对数据 A 加锁,事务 T2 和事务 T4 仍需等待;当事务 T3 释放锁后,事务 T4 获得了对数据 A 加锁。依此类推,事务 T2 可能永远处于等待状态,从而发生了活锁。

T1	T2	T3	T4
Lock A			
	Lock A		
	等待	Lock A	
	等待	等待	Lock A
Unlock A	等待	等待	等待
	等待	Lock A	等待
	等待	等待	等待
	等待	Unlock A	等待
	等待		Lock A

图 8-7 活锁

解决活锁的简单方法是采用"先来先服务"策略,即简单的排队方式。当多个事务请求封锁同一数据对象时,系统按照请求封锁的先后次序对事务排队,依次获得加锁的批准。

如果事务有优先级,那么优先级低的事务即使排队也很难轮上封锁的机会。此时可以采用"升级"方法来解决,当一个事务等待时间超过规定时间还轮不上封锁时,可以提高其优先级使其获得封锁。

2. 死锁

如果系统中有两个或两个以上的事务都处于等待状态,并且每个事务都在等待其中另一个事务解除封锁,它才能继续执行下去,但是哪个事务也不释放自己获得的锁,所以只好互相等待下去,造成任何一个事务都无法继续执行,这种现象称为死锁。

在图 8-8 中,首先,事务 T1 获得了对数据 A 加锁,事务 T2 获得了对数据 B 加锁;然后,事务 T1 又申请对数据 B 加锁,因为数据 B 已经被事务 T2 封锁,于是事务 T1 等待事务 T2 释放数据 B 上的锁;接着,事务 T2 又申请对数据 A 加锁,因为数据 A 已经被事务 T1 封锁,于是事务 T2 等待事务 T1 释放数据 A 上的锁。这样就出现了事务 T1 和事务 T2 互相等待的局面,两个事务永远都不能结束,形成死锁。

T1	T2
Lock A	
	Lock B
Lock B	
等待	
等待	Lock A
等待	等待
等待	等待

图 8-8　死锁

解决死锁问题有两类方法,一类是采取一定的措施预防死锁的发生;另一类是允许发生死锁,但是要采取一定的手段定期诊断系统中有无死锁,若有则解除它。

1) 死锁的预防

死锁产生的原因是两个或多个事务都已经封锁了一些数据对象,然后又都请求对已经被其他事务封锁的数据对象加锁,从而出现死等待。预防死锁的发生就是要破坏产生死锁的条件。预防死锁通常有一次封锁法和顺序封锁法两种方法。

(1) 一次封锁法。

一次封锁法要求每个事务必须一次将所有要使用的数据全部加锁,否则就不能继续执行。图 8-8 中,事务 T1 首先要将数据 A 和数据 B 全都加上锁,然后才能执行,而事务 T2 等待,事务 T1 执行完以后释放数据 A 和数据 B 上的锁,事务 T2 才能继续执行,这样就不会发生死锁。

一次封锁法虽然可以有效地防止死锁的发生,但是也存在以下问题:第一,一次将所有可能用到的数据加锁,扩大了封锁范围,降低了系统的并发度;第二,数据库中的数据是不断变化的,原来不要求封锁的数据,在执行过程中可能会变成封锁对象,所以很难事先精确地确定每个事务要封锁的数据对象,为此只能扩大封锁范围,将事务在执行过程中可能要封锁的数据对象全部加锁,这就进一步降低了并发度。

(2) 顺序封锁法。

顺序封锁法是预先对数据对象规定一个封锁顺序,所有事务都按照该顺序实行封锁。

顺序封锁法也可以有效地防止死锁的发生,但是同样存在以下问题:第一,数据库系统中可封锁的数据对象极其多,并且随着数据的插入、删除等操作而不断地变化,要维护这样量大而多变的资源的封锁顺序非常困难,成本很高;第二,事务的封锁请求可以随着事务的执行而动态地决定,很难事先确定每一个事务要封锁哪些对象,因此也就很难按规定的顺序施加封锁。

预防死锁的代价很高,因此 DBMS 的并发控制子系统必须定期检测系统中是否存在死锁,一旦检测到死锁,就要设法解除它。

2）死锁的诊断

死锁的诊断有以下两种方法。

（1）超时法。

如果一个事务的等待时间超过了规定时限，就认为发生了死锁。超时法的优点是实现简单，但其也有明显的缺点：一是有可能误判死锁，由于某种原因导致事务的执行时间超过了时限，系统会误认为发生了死锁；二是若时限设置得太长，死锁发生后不能及时被发现。

（2）事务等待图法。

事务等待图是一个有向图 $G = (T, U)$，其中 T 为节点的集合，每个节点表示正在运行的事务；U 为边的集合，每条边表示事务等待的情况。若事务 T1 等待事务 T2，则从事务 T1 到事务 T2 有一条有向边，如图 8-9 所示。

图 8-9　事务等待图

事务等待图动态地反映了所有事务的等待情况。并发控制子系统周期性地（如每隔数秒）检测事务等待图，如果发现图中存在回路，则表示系统中出现了死锁。

在图 8-9 中，事务 T1 等待事务 T2，事务 T2 等待事务 T3，事务 T3 等待事务 T4，事务 T4 又等待事务 T1，产生了死锁；同时，事务 T3 还等待事务 T2，在大回路中又有小的回路。

3）死锁的解除

解除死锁通常采用的方法是选择一个处理死锁代价最小的事务，将其撤销，释放该事务持有的所有锁，使其他事务得以继续运行下去。

8.4　并发调度的可串行性

DBMS 对并发事务的不同调度可能会产生不同的结果，那么什么样的调度是正确的呢？

如果一个事务运行过程中没有其他事务在同时运行，即其没有受到其他事务的干扰，那么就可以认为该事务的运行结果是正常的或者预想的，即将所有事务串行起来的调度策略一定是正确的。多个事务以不同的顺序串行执行可能会产生不同的结果，但由于不会将数据库置于不一致状态，因此可以认为都是正确的。

但是，系统中多数事务都不是串行执行的，而是并发交叉执行的，这就要给出判断准则，即什么样的并发事务是正确的。

8.4.1　可串行化调度

多个事务的并发执行是正确的，当且仅当其结果与按某一次串行地执行它们时的结果相同。这种并行调度策略称为可串行化（Serializable）的调度。

可串行性（Serializability）是并行事务正确性的唯一准则，即一个给定的并发调度，当且仅当它可串行化时才被认为是正确的调度。

【例 8-4】　现有两个事务 T1 和 T2,分别包含如下操作序列。

事务 T1：读数据 B;A＝B+1;写回 A。

事务 T2：读数据 A;B＝A+1;写回 B。

假设数据 A 和 B 的初值都是 2。

事务 T1 和 T2 的不同调度策略如图 8-10 所示。

T1	T2	T1	T2	T1	T2	T1	T2
SLOCK B			Slock A	Slock B		Slock B	
R(B)=2			R(A)=2	R(B)=2		R(B)=2	
Unlock B			Unlock A		Slock A	Unlock B	
Xlock A			Xlock B		R(A)=2	Xlock A	
A=B+1			B=A+1	Unlock B			Slock A
W(A)=3			W(B)=3		Unlock A	A=B+1	等待
Unlock A			Unlock B	Xlock A		W(A)=3	等待
Commit			Commit	A=B+1		Unlock A	等待
	SLOCK A	SLOCK B		W(A)=3		Commit	等待
	R(A)=3	R(B)=3			Xlock B		R(A)=3
	Unlock A	Unlock B			B=A+1		Unlock A
	Xlock B	Xlock A			W(B)=3		Xlock B
	B=A+1	A=B+1					B=A+1
	W(B)=4	W(A)=4		Unlock A			W(B)=4
	Unlock B	Unlock A		Commit			Unlock B
	Commit	Commit			Unlock B		Commit
					Commit		

(a) 串行调度T1和T2　　(b) 串行调度T2和T1　　(c) 不可串行化的并发调度　　(d) 可串行化的并发调度

图 8-10　例 8-4 中事务 T1 和 T2 的不同调度策略

各种调度的结果如下。

（a）串行调度 T1 和 T2：A＝3,B＝4。

（b）串行调度 T2 和 T1：A＝4,B＝3。

（c）不可串行化的并发调度：A＝3,B＝3。

（d）可串行化的并发调度：A＝3,B＝4。

其中,图 8-10(a)和(b)是串行调度,其结果一定是正确的;(c)的并发调度结果与(a)和(b)的串行结果都不相同,因此(c)是不可串行化的调度;(d)的并发调度结果与(a)的串行结果相同,因此(d)是可串行化的调度,是正确的调度。

8.4.2　冲突可串行化调度

1. 冲突的操作

在多个并发执行事务中,各事务的操作序列在时间上交叉执行,不同事务在时间上相邻的两个操作在不影响最终结果的前提下是可以交换执行的,这两个操作是不冲突的操作;否则,是不可以交换执行的,这两个操作就是冲突的操作。

冲突的操作是指不同的事务对同一个数据的操作中至少有一个写操作。不同事务对同一数据的相邻操作类型如图 8-11 所示。

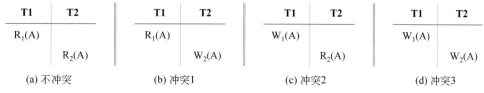

图 8-11 不同事务对同一数据的相邻操作类型

不冲突的操作是指不同的事务对同一个数据的读操作和不同事务对不同数据的任何操作。不同事务对不同数据的相邻操作类型如图 8-12 所示。

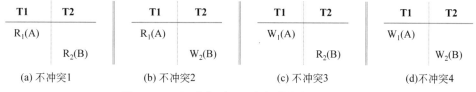

图 8-12 不同事务对不同数据的相邻操作类型

总结以上内容,对于时间上相邻的两个操作,能交换的是不冲突的操作,即不同事务对同一个数据的读操作、不同事务对不同数据的任何操作。

不能交换的是冲突的操作,即不同事务对同一数据的操作中至少有一个写操作、同一事务的两个操作。

2. 冲突可串行化的调度

一个调度 SC 在保证冲突操作的次序不变的情况下,通过交换两个事务不冲突操作的次序得到另一个调度 SC′,如果 SC′ 是串行的,那么就称调度 SC 是冲突可串行化的调度。

冲突可串行化的调度

如果一个调度是冲突可串行化的,那么它一定是可串行化的。可以用这种方法判断一个调度是否是冲突可串行化的。

【例 8-5】 现有调度 $SC = R_1(A)W_1(A)R_2(A)W_2(A)R_1(B)W_1(B)R_2(B)W_2(B)$,该调度是冲突可串行化的吗? 为什么?

分析:图 8-13(a)是 SC 调度序列的图形化表示,其中 $R_1(B)$ 和 $W_2(A)$ 两个操作是不同事务对不同数据的读写操作,不冲突,因此可以交换,交换后得到(b)中的操作序列;(b)中的 $R_1(B)$ 和 $R_2(A)$ 两个操作是不同事务对不同数据的读操作,不冲突,因此可以交换,交换后得到(c)中的操作序列;(c)中的 $W_1(B)$ 和 $W_2(A)$ 两个操作是不同事务对不同数据的写操作,不冲突,因此可以交换,交换后得到(d)中的操作序列;(d)中的 $W_1(B)$ 和 $R_2(A)$ 两个操作是不同事务对不同数据的写操作和读操作,不冲突,因此可以交换,交换后得到(e)中的操作序列;(e)中的操作序列相当于串行调度 T1 和 T2,因此该调度 SC 是冲突可串行化的。

T1	T2		T1	T2		T1	T2		T1	T2		T1	T2
$R_1(A)$			$R_1(A)$			$R_1(A)$			$R_1(A)$			$R_1(A)$	
$W_1(A)$			$W_1(A)$			$W_1(A)$			$W_1(A)$			$W_1(A)$	
	$R_2(A)$			**$R_2(A)$**		$R_1(B)$			$R_1(B)$			$R_1(B)$	
	$W_2(A)$		**$R_1(B)$**				$R_2(A)$			**$R_2(A)$**		$W_1(B)$	
$R_1(B)$				$W_2(A)$			**$W_2(A)$**		**$W_1(B)$**				$R_2(A)$
$W_1(B)$			$W_1(B)$			**$W_1(B)$**				$W_2(A)$			$W_2(A)$
	$R_2(B)$			$R_2(B)$			$R_2(B)$			$R_2(B)$			$R_2(B)$
	$W_2(B)$			$W_2(B)$			$W_2(B)$			$W_2(B)$			$W_2(B)$
(a)			(b)			(c)			(d)			(e)	

图 8-13 例 8-5 中 SC 的调度序列

$SC = R_1(A)W_1(A)R_2(A)\mathbf{W_2(A)}\mathbf{R_1(B)}W_1(B)R_2(B)W_2(B)$

$<=> R_1(A)W_1(A)\mathbf{R_2(A)}\mathbf{R_1(B)}W_2(A)W_1(B)R_2(B)W_2(B)$

$<=> R_1(A)W_1(A)R_1(B)R_2(A)\mathbf{W_2(A)}\mathbf{W_1(B)}R_2(B)W_2(B)$

$<=> R_1(A)W_1(A)R_1(B)\mathbf{R_2(A)}\mathbf{W_1(B)}W_2(A)R_2(B)W_2(B)$

$<=> R_1(A)W_1(A)R_1(B)W_1(B)R_2(A)W_2(A)R_2(B)W_2(B)$

$<=> T1T2 = SC'$

调度 SC 通过多次交换不冲突的操作得到一个串行调度序列 SC′，因此调度 SC 是冲突可串行化的。

应该指出，冲突可串行化调度是可串行化调度的充分条件，而不是必要条件。前面提到，封锁可以解决并发控制带来的问题，那么如何封锁才能产生可串行化调度呢？8.5 节的两段锁协议（Two-Phase Locking，2PL）就可以产生可串行化的调度。

8.5　两段锁协议

两段锁协议能实现并发调度的可串行性，从而保证调度的正确性。

两段锁协议规定所有的事务在封锁时应遵守以下两条规则。

（1）在对任何数据进行读写操作之前，事务首先要获得对该数据的封锁。

（2）在释放一个封锁之后，事务不再申请和获得任何其他封锁。

两段锁的含义是，事务分为两个阶段，第一阶段是获得封锁，也称扩展阶段。在该阶段，事务可以申请获得任何数据项上的任何类型的锁，但是不能释放任何锁。第二阶段是释放封锁，也称收缩阶段。在该阶段，事务可以释放任何数据项上的任何类型的锁，但是不能再申请任何锁。

例如，图 8-14 中，事务 T1 遵守两段锁协议，事务 T2 不遵守两段锁协议。

若并发事务都遵守两段锁协议，则对这些事务的所有并行调度策略都是可串行化的，如图 8-15(a) 所示。但是，如果并发事务的一个调度是可串行化的，则不一定所有事务都符合两段锁协议，即事务遵守两段锁协议是可串行化调度的充分条件，而不是必要条件。图 8-15(b)

T1	T2
Slock A	Slock A
Slock B	Unlock A
Xlock C	Snlock B
Unlock B	Xnlock C
Unlock A	Unlock C
Unlock C	Unlock B

(a) 遵守两段锁协议 (b) 不遵守两段锁协议

图 8-14 两段锁协议示例

所示是可串行化的调度,但事务 T1 和事务 T2 不遵守两段锁协议。

T1	T2	T1	T2
Slock B		Slock B	
R(B)=2		R(B)=2	
Xlock A		Unlock B	
	Slock A	Xlock A	
	等待		Slock A
A=B+1	等待	A=B+1	等待
W(A)=3	等待	W(A)=3	等待
Unlock B	等待	Unlock A	等待
Unlock A	等待	Commit	等待
Commit	等待		R(A)=3
	Slock A		Unlock A
	R(A)=3		Xlock B
	Xlock B		B=A+1
	B=A+1		W(B)=4
	W(B)=4		Unlock B
	Unlock B		Commit
	Unlock A		
	Commit		

(a) 遵守两段锁协议,可串行化 (b) 不遵守两段锁协议,可串行化

图 8-15 两段锁协议与可串行化

两段锁协议不要求事务必须一次将所有要使用的数据全部加锁,因此遵守两段锁协议的事务也可能会发生死锁,如图 8-16 所示。

T1	T2
Slock B	
R(B)=2	
	Slock A
	R(A)=2
Xlock A	
等待	Xlock A
等待	等待

图 8-16　遵守两段锁协议的事务可能发生死锁

本 章 小 结

本章介绍了在单处理机系统中多个事务交叉并发执行时的管理技术,以保证数据的一致性。事务是数据库的逻辑工作单元,是由若干操作组成的序列,这些操作要么全做,要么全不做。只要 DBMS 能保证系统中所有事务的原子性、一致性、隔离性和持续性,也就保证了数据库处于一致状态。

事务是并发控制的基本单位,多个事务的并发执行若不加以控制,就可能会带来丢失修改、读"脏"数据和不可重复读等问题。其解决方法是对事务中的数据加读锁或写锁,并制定相关的锁协议。但是,加锁的同时会带来死锁和活锁问题,因此并发控制机制必须提供合适的解决方法。

并发控制机制判断事务操作是否正确的标准是可串行性,即事务并发操作的结果与某一次串行执行事务的结果相同。若事务中的封锁都遵守两段锁协议,就能保证是可串行化的调度,反之不成立。但是,遵守两段锁协议的事务也可能会发生死锁。

习　　题

一、选择题

1. 事务的原子性是指(　　　)。

　A. 事务中包含的操作要么全做,要么全不做

　B. 事务一旦提交,对数据库的改变是永久的

　C. 一个事务内部的操作及使用的数据对并发的其他事务是隔离的

　D. 事务必须是使数据库从一个一致状态变到另一个一致状态

2. 一个事务执行过程中,其正在访问的数据被其他事务修改,导致处理结果不正确,这

是由于违背了事务的(　　)。

　　A. 原子性　　　　　B. 一致性　　　　　C. 隔离性　　　　　D. 持久性

3. 实现事务提交的语句是(　　)。

　　A. COMMIT　　　　B. ROLLBACK　　　C. GRANT　　　　　D. REVOKE

4. 解决并发控制带来的数据不一致问题普遍采用的技术是(　　)。

　　A. 存取控制　　　　B. 封锁　　　　　　C. 恢复　　　　　　D. 协商

5. 在数据库的并发操作中,"脏"数据指的是(　　)。

　　A. 未回退的数据　　B. 未提交的数据

　　C. 回退的数据　　　D. 未提交随后又被撤销的数据

6. 事务回滚语句 ROLLBACK 执行的结果是(　　)。

　　A. 跳转到事务程序开始处继续执行

　　B. 撤销上次正常提交后的所有更新操作

　　C. 将事务中所有变量值恢复到事务开始时的初值

　　D. 跳转到事务程序结束处继续执行

7. T1 和 T2 两个事务的并发操作顺序如下,该操作序列属于(　　)。

　　T1 读 A=20

　　T2 读 A=20

　　T1 中 A=A−10

　　T1 写回 A=10

　　T2 中 A=A−5

　　T2 写回 A=15

　　A. 不可重复读　　　B. 读"脏"数据　　C. 丢失修改　　　D. 不存在问题

8. T1 和 T2 两个事务的并发操作顺序如下,该操作序列属于(　　)。

　　T1 读 A=20

　　T1 中 A=A−10

　　T1 写回 A=10

　　T2 读 A=10

　　T1 中执行 ROLLBACK

　　恢复 A=20

　　A. 不可重复读　　　B. 读"脏"数据　　C. 丢失修改　　　D. 不存在问题

9. 若事务 T 对数据 R 加 X 锁,则 T 对 R(　　)。

　　A. 既可读又可写　　　　　　　　　B. 不能读也不能写

　　C. 只能读不能写　　　　　　　　　D. 只能写不能读

10. 一级封锁协议可以解决并发操作带来的(　　)不一致性问题。

　　A. 数据丢失修改　　　　　　　　　B. 数据不可重复读

　　C. 读"脏"数据　　　　　　　　　　D. 数据重复修改

11. 下列能保证不产生死锁的是(　　)。

　　A. 两段锁协议　　　B. 一次封锁法　　C. 二级封锁协议　　D. 三级封锁协议

12. 在事务等待图中,若多个事务的等待关系形成一个循环,就出现了(　　)。

A. 事务执行成功　B. 事务执行失败　　C. 活锁　　　　　D. 死锁

13. 下列关于并发调度的描述，不正确的是（　　　）。

A. 多个事务以不同的顺序串行执行，虽然会产生不同的结果，但都可以认为是正确的

B. 多个事务并发交叉执行时，结果很难预料，因此都是错误的

C. 多个事务并发交叉执行时，只要其结果与某一次串行地执行它们时的结果相同，就可以认为是正确的

D. 可串行化的调度一定是正确的

14. 下列（　　　）操作是冲突的。

A. T1 读 A，T2 写 B　　　　　　　　B. T1 写 A，T2 读 B

C. T1 读 A，T2 写 A　　　　　　　　D. T1 读 A，T2 读 A

15. 在并发控制技术中，最常用的是封锁机制，基本的封锁类型有排它锁 X 和共享锁 S，下列关于两种锁的相容性描述不正确的是（　　　）。

A. X/X：TRUE　　　　　　　　　　　B. S/S：TRUE

C. S/X：FALSE　　　　　　　　　　　D. X/S：FALSE

二、简答题

1. 简述事务的概念及特性。

2. 简述并发操作带来的三种数据不一致情况及解决方法。

3. 简述活锁和死锁的定义。

4. 简述死锁的诊断及解除方法。

5. 简述两段锁协议。

第 9 章 数据库恢复技术

本章学习目标

（1）理解故障的种类。

（2）理解两种数据库恢复的实现技术。

（3）掌握各类故障的恢复策略。

（4）理解具有检查点的恢复技术。

重点：各类故障的恢复策略。

难点：介质故障的恢复、具有检查点的恢复技术。

本章学习导航

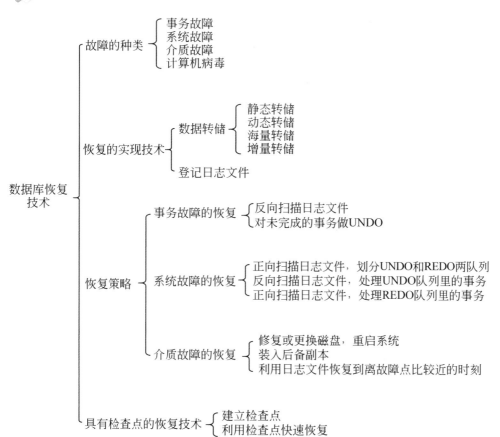

　　尽管数据库系统中采取了各种保护措施来防止数据库的安全性和完整性遭到破坏，保证并发事务的正确执行，但是计算机系统中的故障还是难免的，如硬件的故障、软件的错误、操作员的失误及恶意的破坏。这些故障轻则造成事务非正常中断，影响数据库中数据的正确性；重则破坏数据库，使数据库中全部或部分数据丢失。

　　因此，DBMS 必须具有把数据库从错误状态恢复到某一已知的正确状态（也称一致状态或完整状态）的功能，这就是数据库的恢复。数据库系统采用的恢复技术是否行之有效，不仅对系统的可靠程度起着决定性作用，而且对系统的运行效率也有很大影响，是衡量数据库系统性能优劣的重要指标。

9.1　故障的种类

　　数据库系统中常见的故障主要有四类：事务故障、系统故障、介质故障和计算机病毒。

9.1.1　事务故障

　　事务故障就是某个事务在运行过程中由于种种原因未运行至正常终止点就中断了。事务故障主要有预期的和非预期的两种。

1. 预期的事务故障

　　预期的事务故障是指在事务运行过程中可以预先估计到并能由程序进行处理的故障。例如下面转账余额不足的例子。

```
START  TRANSACTION
   READ(A);
   A:=A-500;
   IF(A<0)  THEN
      {
        提示'金额不足,无法完成转账';
        ROLLBACK;
      }
   ELSE
      {
        WRITE(A);
        READ(B);
        B:=B+500;
        WRITE(B);
        COMMIT;
      }
```

　　本例中，从账户 A 转账 500 元到账户 B，如果账户 A 的余额不足 500 元，则转账无法完成，用 ROLLBACK 撤销之前的操作；如果账户 A 的余额大于 500 元，则转账成功。其中，账户 A 的余额不足 500 元，导致无法转账的情况，程序是可以预期并进行处理的。但是，事务中还有很多其他错误是不可预期的。

2. 非预期的事务故障

非预期的事务故障是指在事务运行过程中没有预先估计到的错误,而且程序无法自行进行处理,如数据错误(将 3500 输入为 5300)、运算溢出、事务发生死锁而被选中撤销该事务等。一般来说,事务故障主要是指这种非预期的故障。

事务故障一般不会影响其他事务,也不会破坏整个数据库,是一种最轻也是最常见的故障。

9.1.2 系统故障

系统故障又称软故障,是指造成系统停止运行、不得不重新启动的任何事件,如特定类型的硬件错误(如 CPU 故障)、操作系统故障、DBMS 代码错误、系统断电等。

系统故障会影响正在运行的所有事务,使之非正常终止,但不会破坏数据库,内存中数据库缓冲区的信息会全部丢失。

系统故障发生时,系统中所有事务的状态分为以下两种。

(1)未完成的事务。发生系统故障时,一些尚未完成的事务被中断,其部分结果已写入物理数据库中,造成了数据库中数据的不一致。

(2)已完成的事务。发生系统故障时,有些已经完成的事务对数据的更改部分或全部留在内存缓冲区中,还没来得及写入物理数据库中。系统故障使得内存缓冲区中的数据全部丢失,这也会造成数据库中数据的不一致。

9.1.3 介质故障

介质故障又称硬故障,是指外存储器故障,导致外存中的数据部分或全部丢失。引起介质故障的原因有磁盘损坏、磁头碰撞或瞬时强磁场干扰等。

介质故障将破坏部分或整个数据库,并影响正在存取这部分数据的所有事务。

介质故障比前两类故障发生的可能性小得多,但一旦发生,其破坏性也最大。

9.1.4 计算机病毒

计算机病毒是一种人为的故障或破坏,是人为故意设计的一种计算机程序,破坏计算机的软硬件系统。计算机病毒一般可以繁殖和传播,并对计算机系统包括数据库造成不同程度的危害。

各类故障对数据库的影响有两种可能性:一是数据库本身被破坏;二是数据库没有被破坏,但数据可能不正确,这是由于事务的运行被非正常终止造成的。

9.2 恢复的实现技术

数据库恢复的基本原理是基于冗余数据。冗余数据是指在一个数据集合中重复的数据。数据库中任何一部分被破坏的或者不正确的数据都可以利用存储在系统其他地方的冗余数据来重建。

数据库的恢复机制涉及两个关键问题：一是如何建立冗余数据；二是如何利用这些冗余数据实施数据库恢复。

建立冗余数据最常用的技术是数据转储（Backup）和登记日志文件（Logging）。

9.2.1 数据转储

数据转储是指 DBA 定期地将整个数据复制到磁带或另一个磁盘上保存起来的过程，这些备用的数据文本称为后备副本或后援副本。

1. 转储的分类

（1）根据转储期间是否允许事务运行，将转储分为静态转储和动态转储。

① 静态转储是指在系统中无运行事务时进行转储。静态转储期间不允许有任何数据存取活动，因此必须在当前所有事务结束之后才能开始进行数据转储，新的事务必须要等到转储结束之后才能开始，即静态转储开始时数据库处于一致状态。静态转储期间，数据库处于停止服务状态。

静态转储实现简单，而且转储结束后得到的一定是一个数据的一致性副本。但是，由于转储期间不允许有事务运行，系统暂时处于停止服务状态，因此占用了系统时间，降低了数据库的可用性。

② 动态转储是指转储期间允许对数据库进行存取和修改，即转储和用户事务可以并发执行。动态转储不用等待正在运行的用户事务结束，也不会影响新事务的运行，但是不能保证副本中的数据正确有效。例如，在转储期间某个时刻 T_a，系统把数据 $A=100$ 转储到了磁带上，而下一时刻 T_b，某一事务将 A 修改为 200，当转储结束后，后备副本上的 A 已是过时数据。

（2）根据每次转储的数据量的不同，将转储分为海量转储和增量转储。

海量转储是指转储整个数据库中的全部数据，增量转储是指只转储上次转储后更新过的数据。

海量转储和增量转储都可以在静态和动态下进行，因此数据转储最终的分类如表 9-1 所示。

表 9-1　数据转储的分类

转储方式	转储状态	
	动态转储	静态转储
海量转储	动态海量转储	静态海量转储
增量转储	动态增量转储	静态增量转储

2. 转储的策略

DBA 应定期进行数据转储，制作后备副本。但转储十分耗费时间和资源，不能频繁进行，因此应该根据数据库使用情况确定适当的转储周期和转储方法。例如，对于银行或者购票系统的数据库，一般是 24 小时服务，数据库不能停止运行，可以每隔一小时进行一次动态增量转储；对于不常使用的数据库，可以每月进行一次静态海量转储。

9.2.2　登记日志文件

1. 日志文件

日志文件(Log)是用来记录事务对数据库的更新操作的文件。日志文件主要有两种格式：以记录为单位的日志文件和以数据块为单位的日志文件。

1) 以记录为单位的日志文件

以记录为单位的日志文件的内容主要包括各个事务的开始标记(START TRANSACTION)、结束标记(COMMIT 或 ROLLBACK)、所有更新操作。

以上每项均作为日志文件中的一个日志记录(Log Record)。每个日志记录的内容主要包括事务标识(标明是哪个事务)、操作类型(插入、删除或修改)、操作对象(记录 ID 等内部标识)、更新前数据的旧值(对插入操作而言，此项为空值)、更新后数据的新值(对删除操作而言，此项为空值)。

2) 以数据块为单位的日志文件

以数据块为单位的日志文件主要内容包括事务标识(标明是哪个事务)、更新前的数据块、更新后的数据块。

由于其将更新前的整个数据块和更新后的整个数据块都放入日志文件中，因此操作类型和操作对象等信息就不必放入日志记录中。

2. 登记日志文件的原则

为保证数据库是可恢复的,登记日志文件时必须遵循两条原则。

(1) 登记的次序严格按并行事务执行的时间次序。

(2) 必须先写日志文件,后写数据库。

写日志文件和写数据库是两个不同的操作。写数据库是把对数据的修改写到数据库中,写日志文件是把修改该数据的日志记录写到日志文件中。在这两个操作之间可能发生故障,即这两个写操作只完成了一个。如果先写了数据库修改,而在日志文件中没有登记该修改,那么以后就无法恢复该修改;如果先写日志文件,但是没有修改数据库,按照日志文件恢复时只是多执行一次不必要的 UNDO 操作,并不会影响数据库的正确性。所以,为了安全,一定要先写日志文件,即首先把日志记录写到日志文件中,然后写数据库的修改。这就是"先写日志文件"的原则。

9.3　恢复策略

数据库系统运行时,发生的故障类型不同,其恢复策略也不完全相同。

9.3.1　事务故障的恢复

事务故障是指事务在运行至正常终止点前被终止,这时恢复子系统可以利用日志文件撤销(UNDO)该事务对数据库的修改。事务故障的恢复由系统

事务故障
的恢复

自动完成，不需要用户干预，因此对用户是透明的。事务故障恢复的具体步骤如下。

第 1 步：反向扫描日志文件（从最后向前扫描日志文件），查找该事务的更新操作。

第 2 步：对该事务的更新操作执行逆操作，即将日志记录中"更新前的值"写入数据库。

① 若是插入操作，"更新前的值"为空，则相当于做删除操作。

② 若是删除操作，"更新后的值"为空，则相当于做插入操作。

③ 若是修改操作，则用更新前的值代替更新后的值。

第 3 步：继续反向扫描日志文件，查找该事务的其他更新操作，并做同样处理。

第 4 步：如此处理下去，直至读到此事务的开始标记，事务故障恢复即完成。

9.3.2 系统故障的恢复

系统故障
的恢复

前面提到，系统故障发生时，系统中所有事务的状态分为两种：未完成的事务对数据的部分更新结果已经写入数据库中、已完成的事务对数据的部分或全部更新还没来得及写入数据库中。恢复时要对这两种状态的事务分别进行处理。

系统故障的恢复是由系统在重新启动时自动完成的，不需要用户干预。

系统故障恢复的具体步骤如下。

第 1 步：正向扫描日志文件（从头扫描日志文件），找出故障发生前已经提交的事务（这些事务既有 START TRANSACTION 记录，也有 COMMIT 记录），将其事务标识记入重做（REDO）队列。同时，找出故障发生时尚未完成的事务（这些事务只有 START TRANSACTION 记录），将其事务标识记入撤销（UNDO）队列。

第 2 步：对撤销队列中的各个事务进行撤销处理。

UNDO 处理的方法是：反向扫描日志文件，对每个 UNDO 事务的更新操作执行逆操作，即将日志记录中"更新前的值"写入数据库中。

第 3 步：对重做队列中的各个事务进行重做处理。

REDO 处理的方法是：正向扫描日志文件，对每个 REDO 事务重新执行日志文件登记的操作，即将日志记录中"更新后的值"写入数据库中。

9.3.3 介质故障的恢复

介质故障
的恢复

发生介质故障时，磁盘上的物理数据和日志文件已经损坏，这是最严重的故障。其恢复方法是利用转储的副本重装数据库，然后用日志文件将其恢复到故障前某一时刻的一致状态。

介质故障的恢复需要 DBA 介入，但是 DBA 只需重装最近转储的数据库副本和有关的日志文件，然后执行系统提供的恢复命令即可，具体的恢复操作仍由 DBMS 完成。

介质故障恢复的具体步骤如下。

第 1 步：修复或更换磁盘系统，并重新启动系统。

第 2 步：装入最新的数据库后备副本（离故障发生时刻最近的转储副本），使数据库恢复到最近一次转储时的一致状态。

若装入的是最新的静态副本，由于静态副本一定是数据一致性的副本，因此数据库会恢复到该静态副本转储完成时的正确状态,此时不需要日志文件辅助恢复。例如,在图 9-1中,装完静态副本就能将数据库恢复到 t_b 时刻的一致状态。

图 9-1 利用静态副本恢复数据库

若装入的是最新动态副本,由于动态副本不一定是数据一致性的副本,因此数据库要想恢复到该动态副本转储完成时的正确状态,还需要同时装入转储开始时刻的日志文件副本,利用恢复系统故障的方法(REDO+UNDO),才能将数据库恢复到转储结束时的一致状态。例如,在图 9-2 中,装完动态副本后,数据库在 T_b 时刻还不能达到一致状态,必须再利用转储期间的日志文件才能将数据库恢复到 T_b 时刻的一致状态。

图 9-2 利用动态副本恢复数据库

第 3 步:装入转储结束时刻开始的系统正常运行时的日志文件副本,重做已完成的事务,使系统恢复到离故障点比较近的一致状态。

例如,在图 9-1 和图 9-2 中,当在第二步都达到 T_b 时刻的一致状态后,均可利用转储完成时开始的日志文件将系统恢复到离故障点 T_f 时刻比较近的 T_c 时刻的一致状态,如图 9-3 所示。

图 9-3 利用转储后的日志文件恢复数据库到离故障点较近的时刻

9.4 具有检查点的恢复技术

利用日志技术进行数据库恢复时，恢复子系统必须搜索整个日志文件，以确定哪些事务需要 REDO，哪些事务需要 UNDO。搜索整个日志文件需要耗费大量的时间，且很多需要 REDO 的事务实际上已经将它们的更新操作写入数据库中，然后恢复子系统又重新执行了这些操作，浪费了大量时间。为了解决这些问题，出现了具有检查点（Checkpoint）的恢复技术。

9.4.1 检查点记录

为了在数据库恢复时减少搜索日志文件的时间，可以在日志文件中增加一类新的记录——检查点记录，其内容包括建立检查点时刻所有正在执行的事务清单和这些事务最近一个日志记录的地址。

同时，还要增加一个重新开始文件，记录各个检查点记录在日志文件中的地址，如图 9-4 所示。

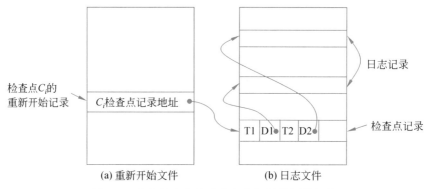

图 9-4 具有检查点的日志文件和重新开始文件

具有检查点的日志文件需要动态维护，方法是周期性地执行如下操作：建立检查点，保存数据库状态。其具体步骤如下。

第 1 步：将当前日志缓冲区中的所有日志记录写入磁盘的日志文件上。

第 2 步：在日志文件中写入一个检查点记录。

第 3 步：将当前数据缓冲区的所有数据记录写入磁盘的数据库中。

第 4 步：把检查点记录在日志文件中的地址写入重新开始文件中。

恢复子系统可以定期或不定期地建立检查点，保存数据库状态，如可以每隔一小时建立一个检查点，或是当日志文件已经写满一半时建立一个检查点。

9.4.2 利用检查点的恢复策略

系统出现故障时，先从重新开始文件中找到最后一个检查点记录在日志文件中的地址，再由该地址在日志文件中找到最后一个检查点记录,然后把事务分成五类分别进行处理,如图 9-5 所示。

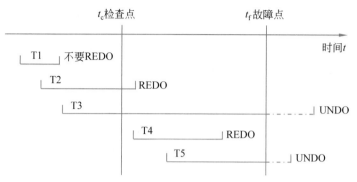

图 9-5 具有检查点的日志文件中事务的分类

事务 T1:检查点之前就已经提交。这类事务对数据的更新已经写入数据库中,因此不需要重做。

事务 T2:检查点之前开始,故障点之前完成。这类事务对数据库的修改仍留在缓冲区,还没有写入物理数据库中,因此需要重做。

事务 T3:检查点之前开始,故障点时还没有完成。这类事务还没有做完,必须要对其执行撤销操作。

事务 T4:检查点之后开始,故障点之前完成。这类事务对数据库的修改仍然留在缓冲区,还没有写入物理数据库中,因此需要重做。

事务 T5:检查点之后开始,故障点时还没有完成。这类事务还没有做完,必须要对其执行撤销操作。

总的来说,所有在检查点前完成的事务都不需要进行任何处理,这节省了大量搜索日志文件的时间;在最后一个检查点和故障点之间已完成的事务要重做;在故障点发生时还没有完成的事务要撤销。

本 章 小 结

本章介绍了数据库故障的种类及其恢复方法。数据库的恢复是指系统发生故障后,把数据库从错误状态恢复到某一正确状态的功能。登记日志文件和建立后备副本是数据库恢复中常用的技术。

数据库在使用过程中可能出现的故障有三类:事务故障、系统故障和介质故障。对事务故障的恢复只需使用日志文件,对日志文件进行一次反向扫描即可解决问题;系统故障的恢复也只需使用日志文件,对日志文件进行正向、反向、正向三次扫描,区别 REDO 和 UNDO 事务并分别进行处理;介质故障的恢复主要使用后备副本,必要时可配合日志文件使用。

习　　题

一、选择题

1. 关于事务的故障与恢复，下列描述正确的是（　　）。

    A. 事务日志用来记录事务执行的频度

    B. 采用动态增量的副本恢复数据库时，可以不使用日志文件

    C. 采用静态增量的副本恢复数据库时，必须使用日志文件

    D. 具有检查点的日志文件可以提高故障恢复的效率

2. 由于输入数据违反完整性约束而导致的故障属于（　　）。

    A. 事务故障　　　　　B. 系统故障　　　　　C. 介质故障　　　　　D. 计算机病毒

3. 在事务运行时转储全部数据的转储方式称为（　　）。

    A. 静态海量转储　　　　　　　　　　B. 静态海量转储

    C. 动态海量转储　　　　　　　　　　D. 动态增量转储

4. 绝大多数的故障恢复要用到的重要文件是（　　）。

    A. 索引文件　　　　B. 日志文件　　　　C. 数据库文件　　　　D. 备注文件

5. 后备副本的主要用途是（　　）。

    A. 安全性控制　　　B. 数据存储　　　　C. 数据转储　　　　D. 故障恢复

6. 日志文件主要用于保存（　　）。

    A. 对数据库的更新操作　　　　　　　B. 对数据库的读操作

    C. 程序运行的最终结果　　　　　　　D. 程序运行的中间结果

7. 在数据库恢复中，对已经提交但更新还没来得及写入磁盘的事务执行（　　）。

    A. UNDO 处理　　　　　　　　　　　B. REDO 处理

    C. ABORT 处理　　　　　　　　　　 D. ROLLBACK 处理

8. 在数据库恢复中，对尚未提交的事务执行（　　）。

    A. UNDO 处理　　　　　　　　　　　B. REDO 处理

    C. ABORT 处理　　　　　　　　　　 D. ROLLBACK 处理

9. 为保证数据库是可恢复的，登记日志文件时必须遵循两条原则：登记的次序严格按照并发事务执行的时间次序；（　　）。

    A. 必须先写日志文件，后写数据库

    B. 必须先写数据库，后写日志文件

    C. 必须保证数据库和日志文件同步操作

    D. 日志文件视情况选择性登记

二、简答题

1. 简述事务故障及其恢复步骤。

2. 简述系统故障及其恢复步骤。

3. 简述介质故障及其恢复步骤。

4. 简述系统故障发生时，系统中所有事务的两种状态及其解决方法。

参 考 文 献

[1] Abraham Silberschatz,Henry F. Korth, S. Sudarshan,等. 数据库系统概念[M]. 杨冬青,李红燕,张金波,等译. 7 版. 北京:机械工业出版社,2021.

[2] 萨师煊,王珊. 数据库系统概论[M]. 5 版. 北京:高等教育出版社,2017.

[3] Alex Petrov. 数据库系统内幕[M]. 黄鹏程,傅宇,张晨,译. 北京:机械工业出版社,2020.

[4] Thomas Connolly,Carolyn Begg. 数据库系统:设计、实现与管理(基础篇)[M]. 宁洪,译. 6 版. 北京:机械工业出版社,2016.

[5] Jeffrey D. Ullman,Jennifer Widom. 数据库系统基础教程[M]. 岳丽华,金培权,万寿红,等译. 3 版. 北京:机械工业出版社,2009.

[6] David M. Kroenke,David J. Auer. 数据库处理—基础、设计与实现[M]. 孙未未,译. 13 版. 北京:电子工业出版社,2016.

[7] Ramez Elmasri,Shamkant B. Navathe,等. 数据库系统基础[M]. 陈宗斌,译. 7 版. 北京:清华大学出版社,2020.

[8] 李辉,等. 数据库系统原理及 MySQL 应用教程[M]. 2 版. 北京:机械工业出版社,2019.

[9] 叶明全,等. 数据库技术与应用[M]. 3 版. 合肥:安徽大学出版社,2020.

[10] 葛洪伟,等. 数据库系统原理教程[M]. 北京:中国电力出版社,2021.

[11] 党德鹏. 数据库应用、设计与实现[M]. 2 版. 北京:清华大学出版社,2021.

[12] 何玉洁. 数据库原理及应用[M]. 3 版. 北京:人民邮电出版社,2021.

[13] 李月军,付良廷. 数据库原理及应用(MySQL 版)[M]. 北京:清华大学出版社,2019.

[14] 卜耀华,石玉芳. MySQL 数据库应用与实践教程[M]. 北京:清华大学出版社,2017.

[15] 瞿英,等. 数据库原理及应用(MySQL 版)[M]. 北京:中国水利水电出版社,2021.

[16] 单光庆,等. MySQL 数据库技术应用教程[M]. 北京:清华大学出版社,2021.

[17] 陆慧娟,等. 数据库系统原理[M]. 3 版. 北京:中国电力出版社,2021.

[18] 孟凡荣,等. 数据库原理与应用(MySQL 版)[M]. 北京:清华大学出版社,2019.

[19] 刘亚军,等. 数据库原理与应用(微视频版)[M]. 北京:清华大学出版社,2020.